U0429548

《深入浅出西门子自动化产品系列丛书》编委会

深入浅出西门子自动化产品系列丛书

深入浅出
西门子 S7－200 PLC
(第3版)

西门子(中国)有限公司
工业业务领域
工业自动化与驱动技术集团

北京航空航天大学出版社

内容简介

本书主要介绍西门子公司小型可编程序控制器 S7－200 PLC 的软件和硬件功能，以实用、易用为主线，涉及 S7－200 PLC 的方方面面；同时编者也将多年的宝贵使用经验贯穿内容始终，使读者能够有所借鉴。

本书分为 4 章：第 1 章是 S7－200 PLC 系统概述，主要介绍 S7－200 PLC 的硬件部分和通信功能；第 2 章主要介绍 S7－200 PLC 编程软件 STEP 7－Micro/WIN V4.0 的使用和联机调试；第 3 章介绍 S7－200 PLC 的常用功能，并辅以简单的编程实例；第 4 章介绍 S7－200 PLC 与人机操作界面（HMI）的连接。

本书主要供大专院校师生、电气设计人员以及 PLC 编程调试人员等使用。

图书在版编目（CIP）数据

深入浅出西门子 S7－200 PLC/西门子（中国）有限公司编著. —3 版. —北京：北京航空航天大学出版社，2007.7

ISBN 978－7－81124－115－0

Ⅰ.深… Ⅱ.西… Ⅲ.可编程序控制器，西门子 S7－200 PLC Ⅳ.TP332.3

中国版本图书馆 CIP 数据核字（2007）第 092439 号

深入浅出西门子 S7－200 PLC（第 3 版）

西门子（中国）有限公司

工业业务领域

工业自动化与驱动技术集团

责任编辑 胡 敏

*

北京航空航天大学出版社出版发行

北京市海淀区学院路 37 号（100191） 发行部电话：010－82317024 传真：010－82328026

http://www.buaapress.com.cn E-mail：bhpress@263.net

北京兴华昌盛印刷有限公司印装 各地书店经销

*

开本：787×1 092 1/16 印张：13.5 字数：346 千字

2007 年 7 月第 3 版 2015 年 4 月第 8 次印刷 印数：29001～32 000 册

ISBN 978-7-81124-115-0 定价：34.00 元（含光盘）

第3版前言

S7－200系列可编程序控制器（PLC）是德国西门子公司的产品，自20世纪90年代中期引入中国以来，经过1998年和2004年两次大规模的产品升级以及10余年的市场磨练，凭借强大的组网能力、友好易用的编程软件、极高的性价比和不断的创新逐渐成为市场上众多小型可编程序控制器的领跑者，深受中国用户的喜爱。《深入浅出西门子S7－200 PLC》主要介绍了S7－200 PLC的软件和硬件功能，涉及到S7－200 PLC的方方面面。本书一经发行就受到了读者的极大欢迎，自发行至今已经重印了8次，销量达到38 000册。在此向所有关心、支持和使用S7－200 PLC以及《深入浅出西门子S7－200 PLC》的朋友们表示最诚挚的感谢！

为了回报广大用户对S7－200 PLC的厚爱，西门子公司于2004年8月成功发布了功能卓越、技术领先的新一代S7－200 PLC，产品包括新CPU 224XP，升级CPU 221、CPU 222、CPU 224和CPU 226。新一代S7－200 PLC新增加了数据归档、配方以及PID自整定等功能，能够更好地满足用户不断提高的控制需求。同时，西门子也推出了可以自行定制的文本显示器TD400C以及专为S7－200 PLC量身定做的触摸屏K－TP 178micro。

为了将最新的产品信息及时传递到每位读者手中，我们再次组织编写人员对本书进行了再版和更新。本书作者均为西门子公司资深的S7－200 PLC技术支持工程师，他们对S7－200 PLC均有深刻的理解，并且具有丰富的应用实践经验。相信本书无论对大专院校师生、电气设计人员，还是编程调试人员，都会有所帮助。

本书分为4章：第1章是S7－200 PLC系统概述，主要介绍S7－200 PLC的硬件部分和通信功能，新增加了S7－200产品信息，使得每位读者可独立进行S7－200 PLC硬件选型和配置；第2章主要介绍S7－200编程软件STEP 7－Micro/WIN V4.0的使用和联机调试，这些内容使得每位读者对S7－200 PLC编程软件驾轻就熟；第3章介绍S7－200 PLC的常用功能，增加了数据归档、配方以及PID自整定等功能，每种功能都辅以简单的编程实例与程序注释，图文并茂，可令读者轻松自如地掌握S7－200 PLC的常用功能；第4章介绍S7－200 PLC与人机操作界面（HMI）的连接，重点介绍常用TD400C文本显示器和触摸屏K－TP 178micro的新功能以及配置和组态，并且介绍用于上位机软件与S7－200 PLC通信的OPC Server软件——PC Access。

在编写第3版的同时，我们还对该书的配套光盘进行了更新。在阅读本书之前，建议读者先安装光盘中的S7－200 PLC演示版软件，这样在阅读的同时，还可以进行软件操作，更利于S7－200 PLC的软件学习。当阅读完本书后，如果还想继续深入了解某一部分的内容，可以查阅光盘中的《S7－200 系统手册》、《TD400C 手册》和《K－TP 178micro 手册》。该光盘中还包括《S7－200 应用论文集》，这是我们从 S7－200 PLC 众多应用中精选出来的应用案例，希望对读者能够有所借鉴。另外，光盘中的 S7－200 PLC 高级通信指南中包含讲述 S7－200 PLC 高级通信的文章，如使用无线调制解调器通信、以太网通信等；其中还有 S7－200 PLC 使用技巧集，每个技巧都辅以程序实例，认真学习并体会，定会达到事半功倍的效果。光盘中新添加的 S7－200 PLC 应用快速入门、西门子小型自动化手册集锦以及 S7－200 产品样本等内容，相信能够帮助每位读者更好地使用 S7－200 PLC。

如果想得到更多关于 S7－200 PLC 的资料和信息，请登陆 S7－200 PLC 中文网站：www. S7－200. com。

再次感谢广大读者对西门子 S7－200 PLC 系列产品的大力支持！下面让我们一起来体会轻松学习 S7－200 PLC 的乐趣吧！

目　录

第 4 章　HMI(人机操作界面)

第1章　S7－200系统概述

1.1　系统功能概述

S7－200 PLC系统是紧凑型可编程序控制器。S7－200系统的硬件构架由多种型号的CPU模块和扩展模块组成，能够满足各种设备的自动化控制需求。S7－200除具有PLC基本的控制功能外，更在如下方面有其独到之处，这些也正是S7－200如此受欢迎的原因。

1. 功能强大的指令集

S7－200的指令集包括位逻辑指令、计数器、定时器、复杂数学运算指令、PID指令、字符串指令、时钟指令、通信指令以及与智能模块配合的专用指令等。

2. 丰富强大的通信功能

S7－200提供了近10种通信方式以满足不同的应用需求，从简单的S7－200之间的PPI通信到PROFIBUS－DP网络通信，甚至以太网通信。在联网需求已日益成为必需的今天，强大的通信功能为用户提供了更多的选择。可以说，S7－200的通信能力已经远远超出了小型PLC的整体水平。

3. 编程软件的易用性

S7－200系统的编程软件STEP 7－Micro/WIN为用户提供了开发、编辑和监控的良好编程环境。全中文的界面、中文的在线帮助信息、Windows的界面风格以及丰富的编程向导，能使用户快速进入状态，得心应手。

4. 不断地创新

创新是西门子公司的一贯风格，在S7－200上更是体现得淋漓尽致。永不停歇地推出新产品，使更多的需求梦想成为现实，这正是S7－200成为市场佼佼者的原动力。

“千里之行，始于足下”，下面让我们从S7－200的CPU模块开始一起踏上我们的轻松之旅吧！

1.2　S7－200 CPU和扩展模块

S7－200是由西门子自动化与驱动集团开发、生产的小型模块化PLC系统。PLC是Programmable Logic Controller（可编程逻辑控制器）的缩写词。S7－200 PLC除了能够进行传统的继电逻辑控制、计数和计时控制，还能进行复杂的数学运算、处理模拟量信号，并可支持多种协议和形式的数据通信。

一个实际的S7－200控制系统可由多个模块化的组件和设备组成。西门子自动化与驱动集团能够提供适用于S7－200系统的全套系列产品以及满足各种控制任务的解决方案。

1.2.1　S7 - 200 系统

1. 模块化设计

模块化设计为各种具体的应用提供了极大的适应性和灵活性，便于扩展功能，有效地提高了系统的性能-价格比。西门子自动化与驱动集团按照现代工业自动控制规律和标准，精心规划、设计和制造 S7 - 200 系列产品。这包括在硬件和软件两方面都能提供设计人员所需的经济而灵活的模块化功能。

自动化控制要为实际的生产制造工艺服务。控制系统需要从实际的工艺过程获得代表当前实际状态的过程信号以及操作人员的操作指令，按照工艺控制规律对这些信号和指令进行逻辑和数学运算，最后把运算得出的控制信号传递给具体的执行机构，完成控制任务。

S7 - 200 的核心部件是 CPU(中央处理单元)，实际的控制运算就在 CPU 中进行。系统设计开发人员必须根据实际的工艺要求，在软件开发环境中选择合适的指令，把它们编辑、组合成能够完成控制功能的程序并下载到 CPU 中执行。这种由应用开发人员编制的程序称为用户程序。

CPU 必须通过硬件接口取得实际过程信号和操作指令，这些接口就是数字量和模拟量信号的输入点(通道)；CPU 发出的控制指令也要通过硬件接口才能驱动系统中的执行机构，这些接口就是数字量和模拟量信号的输出点(通道)。这些用于输入/输出信号的硬件接口简称为I/O(Input/Output)。

西门子生产几种型号的 S7 - 200 CPU，每种 CPU 拥有不同的 I/O 点数和特殊功能，但是它们的核心处理芯片的运算能力相同。如果控制系统需要更多的 I/O 点数，可以通过附加 I/O扩展模块的方式实现。为此西门子生产了一系列输入/输出扩展模块。

所有的扩展模块都是用自身配有的总线扩展电缆方便地与 CPU 或其他扩展模块相连。为获得一些特殊功能或更多的通信能力，S7 - 200 系统提供各种通信模块和工艺控制模块，用户可以根据自己的实际需要选用。

在 CPU 上还能直接安装外插存储卡和电池卡，用以保存数据或者提供数据保持的缓冲电源等。

S7 - 200 系列中还包括了人机界面(HMI)设备，有文本显示型(TD)和具有触摸屏的图形显示型(TP)等。西门子还提供了 OPC Server 软件以方便地与在计算机上运行的 HMI 软件连接。

除了特别为 S7 - 200 系列开发设计的相关产品外，西门子还提供范围宽广、种类繁多的自动化与驱动类产品。作为西门子自动化与驱动系列产品的一个组成部分，S7 - 200 可以很容易地与西门子的其他系列产品搭配和联网，获得最优性能。

2. S7 - 200 的特性

S7 - 200 系列产品具有高性能的中央处理器和种类繁多的扩展模块，因其模块化的灵活设计而具有广泛的适用范围，同时具有极高的性价比。S7 - 200 无论单机运行，还是互相或者与其他设备组成网络，都具有优异的表现。

S7 - 200 的主要特性有：

- 快速的中央处理运算能力。
- 极丰富的编程指令集。
- 响应快速的数字量和模拟量输入/输出通道。

● 操作便捷，易于掌握。
● 强大的通信能力。
● 丰富的扩展模块。

S7 - 200 CPU 集成了丰富的内置功能：

● 高速计数器输入。
● 短暂脉冲捕捉功能。
● 高速脉冲输出。
● I/O 硬件中断事件。
● 特殊功能相关的中断功能。
● PID 控制，PID 自整定功能。
● 支持多种生产工艺配方。
● 数据记录(归档)。

此外，S7 - 200 还支持以下功能：

● 用户自定义的库指令，便于模块化编程。
● 完善的密码和知识产权保护功能。
● 在 RUN(运行)状态下的在线编程能力。
● 直接读/写实际 I/O。
● 可调整的数字量和模拟量的输入滤波。
● 定义数字量和模拟量在 STOP(停止)时的状态。
● 多种数据保持设置。
● 一个可由用户定义的 LED 状态指示灯。

1.2.2　S7 - 200 CPU

1. S7 - 200 CPU 外形

S7 - 200 CPU 外形如图 1 - 1 所示。

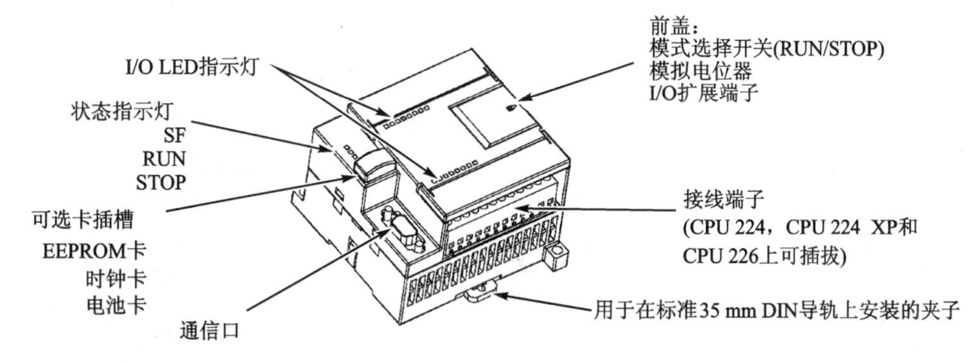

图 1 - 1　S7 - 200 CPU 外型

2. S7 - 200 CPU 规格

S7 - 200 CPU 将一个微处理器、一个集成的电源和若干数字量 I/O 点集成在一个紧凑的模块化封装中。西门子提供多种类型的 CPU，以适应各种应用的要求。不同类型的 CPU 具有不同的规格参数，但核心计算能力相同。

不同时期生产的 S7-200 产品功能和指标也不尽相同。一般地,新产品总是在性能上优于旧产品,并且向下兼容旧产品。新、旧产品可由不同的产品订货号和版本号区分。

目前提供的 S7-200 CPU 有:CPU 221、CPU 222、CPU 224、CPU 224 XP 和 CPU 226。S7-200 CPU 规格如表 1-1 所列。S7-200 CPU 和部分扩展模块如图 1-2 所示。

表 1-1 S7-200 CPU 规格表

<table>
<tr><th colspan="2">特 性</th><th>CPU 221</th><th>CPU 222</th><th>CPU 224</th><th>CPU 224 XP</th><th>CPU 226</th></tr>
<tr><td colspan="2">外形尺寸/(mm×mm×mm)</td><td colspan="2">90×80×62</td><td>120.5×80×62</td><td>190×80×62</td><td>190×80×62</td></tr>
<tr><td rowspan="2">程序存储区/字节</td><td>使用运行编程模式</td><td colspan="2" rowspan="2">4 096</td><td>8 192</td><td>12 288</td><td>16 384</td></tr>
<tr><td>不使用运行编程模式</td><td>12 288</td><td>16 384</td><td>24 576</td></tr>
<tr><td colspan="2">数据存储区/字节</td><td colspan="2">2 048</td><td>8 192</td><td colspan="2">10 240</td></tr>
<tr><td rowspan="2">掉电数据保存时间</td><td>内置超级电容</td><td colspan="2">50 小时</td><td colspan="3">100 小时</td></tr>
<tr><td>外插电池卡</td><td colspan="5">连续使用 200 天</td></tr>
<tr><td rowspan="2">本机 I/O</td><td>数字量</td><td>6 入/4 出</td><td>8 入/6 出</td><td colspan="2">14 入/10 出</td><td>24 入/16 出</td></tr>
<tr><td>模拟量</td><td colspan="3">无</td><td>2 入/1 出</td><td>无</td></tr>
<tr><td rowspan="2">I/O 映像区</td><td>数字量</td><td colspan="5">256(128 入/128 出)</td></tr>
<tr><td>模拟量</td><td>无</td><td>32(16 入/16 出)</td><td colspan="3">64(32 入/32 出)</td></tr>
<tr><td colspan="2">最大扩展模块数量</td><td>0</td><td>2</td><td colspan="3">7</td></tr>
<tr><td rowspan="3">高速计数器</td><td>总数</td><td colspan="2">4</td><td colspan="3">6</td></tr>
<tr><td>单相/kHz</td><td colspan="2">30×4</td><td>30×6</td><td>30×4
200×2</td><td>30×6</td></tr>
<tr><td>双相/kHz</td><td colspan="2">20×2</td><td>20×4</td><td>20×3
100×1</td><td>20×4</td></tr>
<tr><td colspan="2">高速脉冲输出(DC)/kHz</td><td colspan="3">20×2</td><td>100×2</td><td>20×2</td></tr>
<tr><td colspan="2">定时器</td><td colspan="5">256 (1 ms×4, 10 ms×16, 100 ms×236)</td></tr>
<tr><td colspan="2">计数器</td><td colspan="5">256</td></tr>
<tr><td colspan="2">中间存储器/位</td><td colspan="5">256 (118 可存入 EEPROM)</td></tr>
<tr><td colspan="2">时间中断</td><td colspan="5">特殊存储器中断×2 (精度 1 ms)+定时器中断×2</td></tr>
<tr><td colspan="2">数字量输入硬件中断</td><td colspan="5">4 上升沿和/或 4 下降沿</td></tr>
<tr><td colspan="2">模拟电位器</td><td colspan="2">1(8 位精度)</td><td colspan="3">2(8 位精度)</td></tr>
<tr><td colspan="2">实时时钟</td><td colspan="2">另配外插时钟/电池卡</td><td colspan="3">内置</td></tr>
<tr><td colspan="2">可配外插卡</td><td colspan="2">存储卡、电池卡、时钟/电池卡</td><td colspan="3">存储卡、电池卡</td></tr>
<tr><td colspan="2">布尔指令运算速度/μs</td><td colspan="5">0.22</td></tr>
<tr><td colspan="2">本体通信口</td><td colspan="2">RS-485×1</td><td colspan="3">RS-485×2</td></tr>
<tr><td colspan="2">PPI、DP/T 通信速率</td><td colspan="5">9.6、19.2、187.5K 波特</td></tr>
<tr><td colspan="2">自由口通信速率</td><td colspan="5">1.2~115.2K 波特</td></tr>
<tr><td rowspan="2">供电能力/mA</td><td>5 V DC</td><td>0</td><td>340</td><td colspan="2">660</td><td>1 000</td></tr>
<tr><td>24 V DC</td><td>180</td><td>180</td><td colspan="2">280</td><td>400</td></tr>
</table>

CPU 224 XP 相比其他型号具有更高的硬件指标，如高达 100 kHz 的脉冲输出、100/200 kHz 的双相/单相高速脉冲输入，CPU 本体上的模拟量 I/O 等。

对于每个型号，西门子提供直流（24 V）和交流（120～240 V）两种电源供电的 CPU。如 CPU 224 DC/DC/DC 和 CPU 224 AC/DC/Relay。每个类型都有各自的订货号，可以单独订货。

- DC/DC/DC：说明 CPU 是直流供电，直流数字量输入，数字量输出点是晶体管直流电路的类型。
- AC/DC/Relay：说明 CPU 是交流供电，直流数字量输入，数字量输出点是继电器触点的类型。

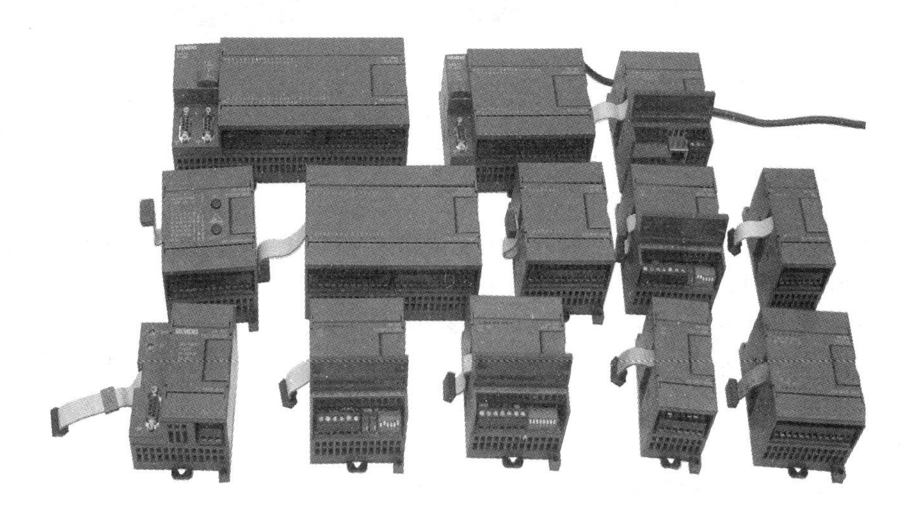

图 1－2 S7－200 CPU 和扩展模块（部分）

3. S7－200 CPU 外插卡

CPU 上有一个可选卡插槽，可根据需要插入三种外插卡中的一个（如图1－3 所示）。外插卡须单独订货。

（1）存储卡

外插存储卡可用来保存 CPU 中的系统块、程序和数据块，以及配方和数据记录（归档）。

外插存储卡不能用来扩展 CPU 的程序和数据存储空间。

在 CPU 上插入存储卡后，可使用编程软件 STEP 7－Micro/WIN 将 CPU 中的存储内容（系统块、程序块和数据块等）复制到卡中；把存储卡插到其他 CPU 上，上电时存储卡的内容会自动复制到 CPU 中。在这种情况下，存储卡可用于传递程序。被写入的 CPU 必须和提供内容来源的 CPU 相同，或更新、型号更高。

新的外插存储卡还可以用于保存工程项目中的配方数据，或者把过程数据记录到卡中（归档）。要实现这些功能，需要使用 STEP 7－Micro/WIN 进行相应的配置。

(2) 实时时钟/电池卡

用于 CPU 221 和 CPU 222,以提供实时时钟功能,卡中包括了后备电池。

(3) 电池卡

外插电池卡可为所有类型的 CPU 提供数据保持的后备电池。电池卡可与 CPU 内置的超级电容配合,构成"内置超级电容+电池卡"的工作机制。电池在超级电容放电完毕后起作用。

图 1-3 外插卡

1.2.3 扩展模块

S7-200 CPU 为了扩展 I/O 点和执行特殊的功能,可以连接扩展模块(CPU 221 除外)。扩展模块主要有如下几类:

- 数字量 I/O 模块。
- 模拟量 I/O 模块。
- 通信模块。
- 特殊功能模块。

1. 数字量 I/O 扩展模块

数字量信号就是用电信号的有、无,分别表示控制逻辑上的"1"和"0"状态信号,又称为开关量信号。数字量 I/O 扩展模块专门用于扩展 S7-200 系统的数字量 I/O 数量。

(1) EM 221:数字量输入扩展模块

EM 221 包括 3 种类型:

- 8 点 24 V DC 输入。
- 8 点 120/230 V AC 输入。
- 16 点 24 V DC 输入。

(2) EM 222:数字量输出扩展模块

EM 222 包括 5 种类型:

- 8 点 24 V DC(晶体管)输出,每点 0.75 A。
- 8 点继电器输出,每点 2 A。
- 8 点 120/230 V AC 输出。
- 4 点 24 V DC 输出,每点 5 A。
- 4 点继电器输出,每点 10 A。

(3) EM 223:数字量输入/输出扩展模块

EM 223 共有 8 种类型:

- 4 点 24 V DC 输入/4 点 24 V DC 输出。
- 4 点 24 V DC 输入/4 点继电器输出。
- 8 点 24 V DC 输入/8 点 24 V DC 输出。
- 8 点 24 V DC 输入/8 点继电器输出。
- 16 点 24 V DC 输入/16 点 24 V DC 输出。
- 16 点 24 V DC 输入/16 点继电器输出。
- 32 点 24 V DC 输入/32 点 24 V DC 输出。
- 32 点 24 V DC 输入/32 点继电器输出。

各种模块具有各自的订货号。不同类型的扩展模块可以组合在一起使用，可以连接的CPU 类型不限。

数字量扩展模块通用规范如表 1-2 所列。

表 1-2　数字量扩展模块通用规范

模块名称和描述	尺寸(W×H×D)/(mm×mm×mm)	质量/g	损耗/W	电源要求	
				+5 V DC	+24 V DC
EM 221 DI 8×24 V DC	46×80×62	150	2	30 mA	接通时:4 mA/输入点
EM 221 DI 8×AC 120/230 V	71.2×80×62	160	3	30 mA	—
EM 221 DI 16×24 V DC	71.2×80×62	160	3	70 mA	接通时:4 mA/输入点
EM 222 DO 4×24 V DC	46×80×62	120	3	40 mA	—
EM 222 DO 8×24 V DC	46×80×62	150	2	50 mA	—
EM 222 DO 4×继电器输出	46×80×62	150	4	30 mA	接通时:20 mA/输出点
EM 222 DO 8×继电器输出	46×80×62	170	2	40 mA	接通时:9 mA/输出点
EM 222 DO 8×AC 120/230 V	71.2×80×62	165	4	110 mA	—
EM 223 24 V DC 4 In/4 Out	46×80×62	160	2	40 mA	接通时:4 mA/输入点
EM 223 24 V DC 4 In/4 继电器输出	46×80×62	170	2	40 mA	接通时:4 mA/输入点 接通时:9 mA/输出点

续表 1-2

模块名称和描述	尺寸(W×H×D)/(mm×mm×mm)	质量/g	损耗/W	电源要求	
				+5 V DC	+24 V DC
EM 223 24 V DC 8 In/8 Out	71.2×80×62	200	3	80 mA	接通时:4 mA/输入点
EM 223 24 V DC 8 In/8 继电器输出	71.2×80×62	300	3	80 mA	接通时:4 mA/输入点 接通时:9 mA/输出点
EM 223 24 V DC 16 In/16 Out	137.3×80×62	360	6	160 mA	接通时:4 mA/输入点
EM 223 24 V DC 16 In/16 继电器输出	137.3×80×62	400	6	150 mA	接通时:4 mA/输入点 接通时:9 mA/输出点
EM 223 24 V DC 32 In/32 Out	196×80×62	500	9	240 mA	接通时:4 mA/输入点
EM 223 24 V DC 32 In/32 继电器输出	196×80×62	580	130	205 mA	接通时:4 mA/输入点 接通时: 9 mA/输出点

2. 模拟量 I/O 扩展模块

生产过程中有许多电压、电流信号,用连续变化的形式表示流量、温度、压力等工艺参数的大小,就是模拟量信号。这些信号在一定范围内连续变化,如-10~+10 V 电压,或者 0/4~20 mA 电流。

S7-200 CPU 不能直接处理模拟量信号。必须通过专门的硬件接口,把模拟量信号转换为 CPU 可以处理的数据,或者将 CPU 运算得出的数据转换为模拟量信号。数据的大小与模拟量信号的大小相关,数据的地址由模拟量信号的硬件连接所决定。用户程序通过访问模拟量信号对应的数据地址,获取或输出真实的模拟量信号。S7-200 提供了专用的模拟量模块来处理模拟量信号。

- EM 231:模拟量输入模块,4 通道电流/电压输入。
- EM 232:模拟量输出模块,2 通道电流/电压输出。
- EM 235:模拟量输入/输出模块,4 通道电流/电压输入、1 通道电流/电压输出。

模拟量扩展模块通用规范如表 1-3 所列。

表 1-3 模拟量扩展模块通用规范

模块名称和描述	尺寸(W×H×D)/(mm×mm×mm)	质量/g	损耗/W	电源要求/mA	
				+5 V DC	+24 V DC
EM 231 模拟输入,4 输入	71.2×80×62	183	2	20 mA	60 mA
EM 232 模拟输出,2 输出	46×80×62	148	2	20 mA	70 mA(两个输出都是 20 mA)
EM 235 模拟量混合模块 4 输入/1 输出	71.2×80×62	186	2	30 mA	60 mA(输出为 20 mA)

3. 温度测量扩展模块

温度测量模块是模拟量模块的特殊形式,可以直接连接 TC(热电偶)和 RTD(热电阻)以测量温度。它们各自都可以支持多种热电偶和热电阻，使用时只需简单设置就可以直接得到摄氏（或华氏）温度数值。

- EM 231 TC：热电偶输入模块，4 输入通道。
- EM 231 RTD：热电阻输入模块，2 输入通道。

用户程序可以访问温度测量模块的模拟量数据地址，直接读取温度值。

温度模块通用规范如表 1－4 所列。

表 1－4　温度模块通用规范

模块名称和描述	尺寸(W×H×D)/(mm×mm×mm)	质量/g	损耗/W	电源要求/mA	
				+5 V DC	+24 V DC
EM 231 模拟输入热电偶，4 输入	71.2×80×62	210	1.8	87	60
EM 231 模拟输入热电阻，2 输入	71.2×80×62	210	1.8	87	60

4. 特殊功能模块

S7－200 还提供了一些特殊模块，用以完成特定的任务。例如：定位控制模块 EM 253，它能产生脉冲串，通过驱动装置带动步进电机或伺服电机进行速度和位置的开环控制。每个模块可以控制一台电机。

5. 通信模块

S7－200 系统提供以下几种通信模块，以适应不同的通信方式。

- EM 277：PROFIBUS－DP 从站通信模块，同时也支持 MPI 从站通信。
- EM 241：调制解调器（Modem）通信模块。
- CP243－1：工业以太网通信模块。
- CP243－1 IT：工业以太网通信模块，同时支持 Web/E-mail 等 IT 应用功能。
- CP243－2：AS－Interface 主站模块，可连接最多 62 个 AS－Interface 从站。

6. 总线延长电缆

如果 S7－200 CPU 和扩展模块不能安装在一起，可以选用总线延长电缆，以适应灵活安装的需求。电缆长度 0.8 m，一个 S7－200 系统只能安装一条总线延长电缆，如图 1－4 所示。

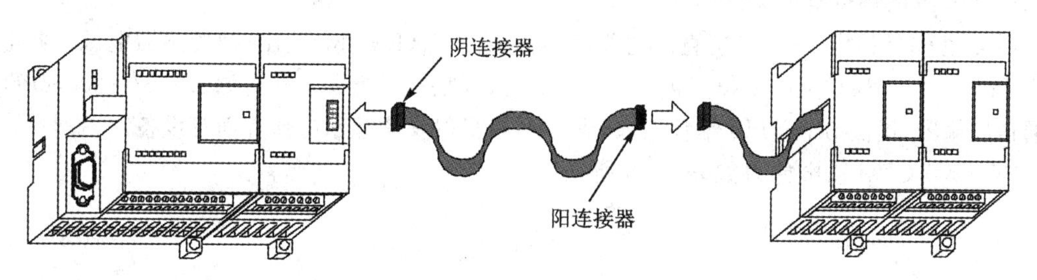

图 1－4　总线延长电缆

1.2.4 S7－200 CN 产品

西门子为了满足中国市场的客户需求，挑选 SIMATIC S7－200 系列中在中国广受欢迎的产品，在中国的西门子工厂制造，作为 S7－200 CN 产品推出。相对于 SIMATIC S7－200 产品，S7－200 CN 具有如下特点：

- 完全与 SIMATIC S7－200 兼容。
- 具有独特的订货号，并与 SIMATIC 产品对应。
- 没有 CE 认证、UL 认证等各种认证标记。

由于在中国国内的西门子工厂制造，因此供货周期大大缩短；又加没有各种认证费用，产品价格也较 SIMATIC 产品低。

S7－200 CN 产品和 SIMATIC S7－200 产品完全兼容，同代和同版本的产品功能完全一致，它们的 CPU 和扩展模块可以混用、代换。

本书对 S7－200 CN 和 SIMATIC S7－200 产品同样适用。

1.2.5 最大 I/O 配置

1. 最大 I/O 的约束条件

一个实际的 S7－200 系统的最大 I/O 点数受到以下几个因素的限制：

- CPU 的 I/O 映像区的大小。
- CPU 本体和扩展模块的 I/O 点数。
- CPU 所能扩展的模块数目。
- CPU 内部的 5 V 直流电源容量是否满足所有扩展模块的需要。
- CPU 所带智能模块对 I/O 地址的占用。

上述因素综合起作用。CPU 电源供电能力对扩展模块的连接个数有决定性影响，从而在很大程度上影响了 I/O 点的最大数目。

2. 电源计算

所有的 S7－200 CPU 都有内部电源，可为 CPU 自身、扩展模块和其他用电设备提供 5 V、24 V 直流电源。

扩展模块通过与 CPU 连接的总线连接电缆取得 5 V 直流电源。5 V 直流电源不能通过添加外部电源增加供电能力。

CPU 还向外提供一个 24 V 直流电源，从电源输出点(L＋，M)引出，即传感器电源。此电源可为 CPU 和扩展模块上的 I/O 点供电，也可为扩展模块提供电源。此电源还从S7－200 CPU 上的通信口输出，提供给 PC/PPI 编程电缆，或 TD 400C 等文本显示操作界面等设备。

S7－200 CPU 供电能力如表 1－5 所列。

表 1－5　S7－200 CPU 供电能力　　mA

CPU 型号	5 V DC	24 V DC
CPU 221	—(不能加扩展模块)	180
CPU 222	340	180
CPU 224/224 XP	660	280
CPU 226	1 000	400

由表 1－5 可见，不同规格的 CPU 提供 5 V 和 24 V 直流电源的容量不同。每个实际项目都要就电源容量进行规划计算。

每个扩展模块都需要 5 V 直流电源，应当检查所有扩展模块的 5 V 直流电源需求是否超出 CPU 的供电能力，如果超出，就必须减少或改变模块配置。

如果使用 CPU 上的 24 V 直流传感器电源为扩展模块供应 24 V 直流电源，或者为 CPU 和扩展模块上的 I/O 点提供 24 V 直流电源，这些电源需求都要根据 CPU 的供电能力进行计算。如果所需电流超出了传感器电源的供电能力，就需要增加外接 24 V 直流电源。外接的电源不能和 S7－200 CPU 上的传感器电源并联，但外接电源的负极必须和 CPU 传感器电源的负极(M 端)连接。

连接到 CPU 通信口上、由 CPU 提供 24 V 直流电源的 PC/PPI 电缆和 TD 文本显示器不需要纳入电源计算。

一个电源计算的示例如表 1－6 所列。

表 1－6　电源计算举例

CPU 供电能力		5 V DC	24 V DC
CPU 224 AC/DC/继电器		660 mA	280 mA
		减去以下电源需求	减去以下电源需求
CPU 224 之 14 输入所需		—	14×4 mA=56 mA
1×EM 221	模块本身需要	1×30 mA=30 mA	—
	每个 8 输入点	—	1×8×4 mA=32 mA
3×EM 223	模块本身需要	3×80 mA=240 mA	—
	每个 8 输入点	—	3×8×4 mA=96 mA
	每个 8 继电器输出	—	3×8×9 mA=216 mA
总需求		30+240=270 mA	56+32+96+216=400 mA
计算		660－270=390 mA	280－400=－120 mA
总电流差额		剩 390 mA	缺 120 mA

从表 1－6 可以看出，CPU 的 5 V 直流电源还有富余，而 CPU 的 24 V 直流传感器电源供电能力不足，需要外接附加电源。

⚠ 附加的 24 V 直流电源负极必须与 CPU 输出的传感器电源负极(M端)连接。

3. 扩展模块连接数和 I/O 地址排列

不同的 CPU 能带的扩展模块数日不同。

- CPU 221：0 个扩展模块。
- CPU 222：2 个扩展模块。
- CPU 224/224 XP：7 个扩展模块。
- CPU 226：7 个扩展模块。

S7－200 按照 I/O 的类型排列地址，共有 4 类。

- DI：数字量输入。
- DO：数字量输出。
- AI：模拟量输入。
- AO：模拟量输出。

每一类 I/O 分别排列地址。从 CPU 开始算起，I/O 点地址从左到右按由小到大的规律排列。扩展模块的类型和位置一旦确定，则它的 I/O 点地址也随之决定。

4. 最大 I/O

综合上述约束条件，我们可以得出 S7－200 系统的最大 I/O 数目。

S7－200 最大 I/O 如表 1－7 所列。

表 1－7 S7－200 最大 I/O

模块			5 V 电源/mA	数字量输入	数字量输出	模拟量输入	模拟量输出
CPU 221			不能扩展				
CPU 222	最大数字量输入/输出	CPU	340	8	6		
		1×EM 223 32 DI/32 DO 1×EM 223 8 DI/8 DO DC/DC	－320	40	40		
		1×EM 223 32 DI/32 DO 1×EM 223 8 DI/8 DO DC/继电器	－285				
		总 和	>0	48	46		
	最大模拟量输入	CPU	340	8	6		
		2×EM 235 4 AI/1 AO	－60			8	2
		总 和	>0	8	6	8	2
	最大模拟量输出	CPU	340	8	6		
		2×EM 232 2 AO	－40			0	4
		总 和	>0	8	6	0	4

续表 1－7

模　块			5 V 电源/mA	数字量输入	数字量输出	模拟量输入	模拟量输出
CPU 224/224 XP	最大数字量输入/继电器输出	CPU	660	14	10		
		3×EM 223 32 DI/32 DO	－615	96	96		
		1×EM 223 4 DI/4 DO	－40	4	4		
		总　和	>0	114	100		
	最大数字量输入/DC 输出	CPU	660	14	10		
		2×EM 223 32 DI/32 DO	－480	64	64		
		1×EM 223 16 DI/16 DO	－160	16	16		
		总　和	>0	94	90		
CPU 226	最大数字量输入/继电器输出	CPU	1 000	24	16		
		3×EM 223 32 DI/32 DO	－615	96	96		
		1×EM 223 16 DI/16 DO	－150	16	16		
		总　和	>0	128	128		
	最大数字量输入/DC 输出	CPU	1 000	24	16		
		3×EM 223 32 DI/32 DO	－720	96	96		
		1×EM 223 16 DI/16 DO	－160	16	16		
		总　和	>0	128	128		
CPU 224 或 CPU 226	最大模拟量输入	CPU	>660	14(24)	10(16)		
		7×EM 235 4 AI/1 AO	－210			28	7
		总　和	>0	14(24)	10(16)	28	7
	最大模拟量输出	CPU	>660	14(24)	10(16)		
		7×EM 232 2 AO	－140			0	14
		总　和	>0	14(24)	10(16)	0	14

1.2.6 供电和接线

S7－200 CPU 和扩展模块都需要电源供电。各种数字量和模拟量输入/输出信号都是电信号。只有正确连接电源和输入/输出信号导线，控制系统才能正常工作。

在 S7－200 系统中，凡是可以接线的地方都有符号标记。没有标记、或标记为圆点的都是空端子，不需要接线。

---

1. CPU 和扩展模块供电

S7－200 的 CPU 有两种供电形式：24 V 直流和 110/220 V 交流。需要供电的扩展模块，除了 CP243－2(AS－Interface 模块)之外，都是 24 V 直流供电。CPU 供电如图 1－5 和图 1－6所示。

(1) CPU 电源接线

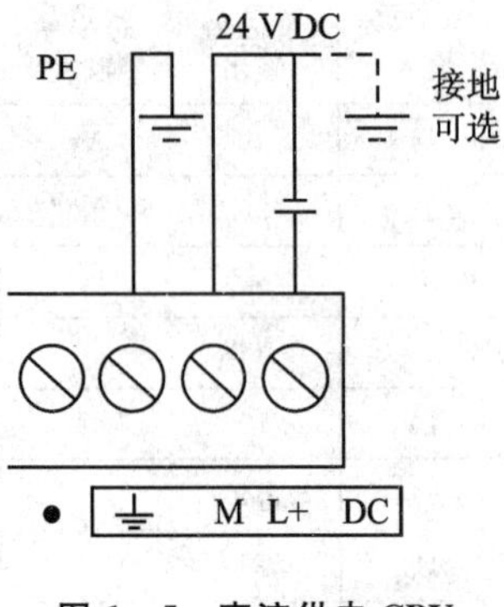

图 1-5 直流供电 CPU

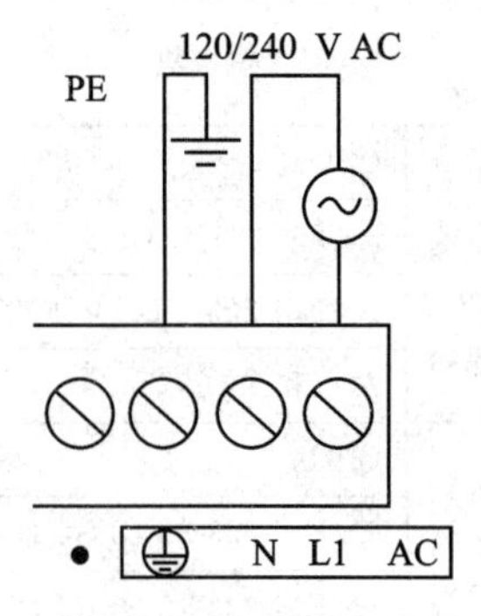

图 1-6 交流供电 CPU

⚠ 在图 1-5 和图 1-6 中,PE 就是保护地(屏蔽地)。可以连接到三相五线制的地线,或者控制系统的 PE 母线,或者机柜金属壳,或者接真正的大地。PE 绝对不可以连接交流电源的零线(N,即中性线)。某些情况下,为抑制干扰也可以把 CPU 直流电源的 M 端与 PE 连接,但在接地情况不理想的情况下最好不要这样做。

💡 在 S7-200 系统中,凡是标记为 L1/N 的,都是交流电源端子;凡是标记为 L+/M 的,都是直流电源端子。

每个 CPU 的右下角都有一个 24 V 直流输出电源,称为传感器电源。它可以用作 CPU 自身和扩展模块 I/O 点的电源供电,也可以用于扩展模块本身的供电。为扩展模块供电时要把传感器电源的 L+/M 对应连接到扩展模块的 L+/M 端子。如果电源容量不够需要外接 24 V 直流电源,外接电源的正极不能与传感器电源的 L+连接,负极要和传感器电源的 M 连接。传感器电源输出位置如图 1-7 所示。

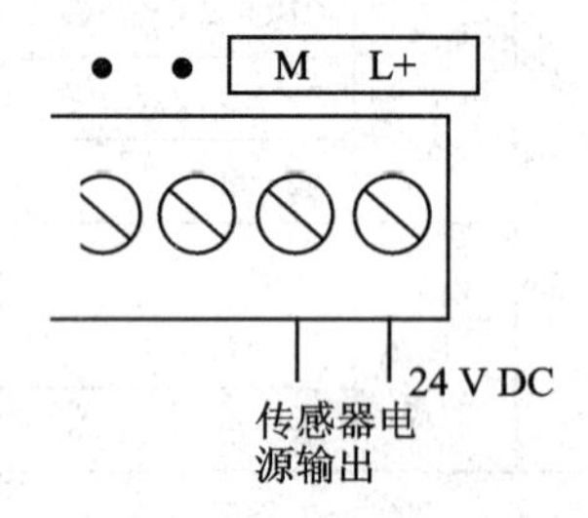

图 1-7 CPU 传感器电源输出

(2) 扩展模块供电

扩展模块所需的 5 V 直流电源从扩展模块总线取得。部分模块需要从端子上获得 24 V 直流电源 L+和 M。可以直接使用上述 CPU 传感器电源作为扩展模块电源,也可以使用符合标准的其他电源。

💡 建议在传感器电源供电容量足够时不要引入附加电源。

---

2. 数字量 I/O 接线

输入/输出信号接线的关键是要构成闭合电路。为了便于连接不同设备,或者使用不同的电源,数字量 I/O 的几个点组成一组,每组共享一个电源公共端子。

(1) 输入点接线

数字量输入都是 24 V 直流,支持源型(信号电流从模块内向输入器件流出)和漏型(信号电流从输入器件流入)。两种接法的区别是电源公共端 xM 接 24 V 直流电源的负极(漏型输入),或者正极(源型输入)。分别如图 1 - 8 和图 1 - 9 所示。

所谓源型和漏型输入,可对应于俗称的 NPN 和 PNP 型输出的传感器信号。

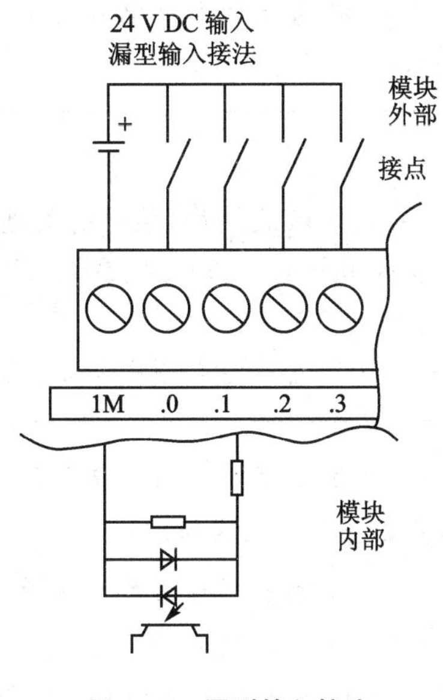

图 1 - 8　漏型输入接法

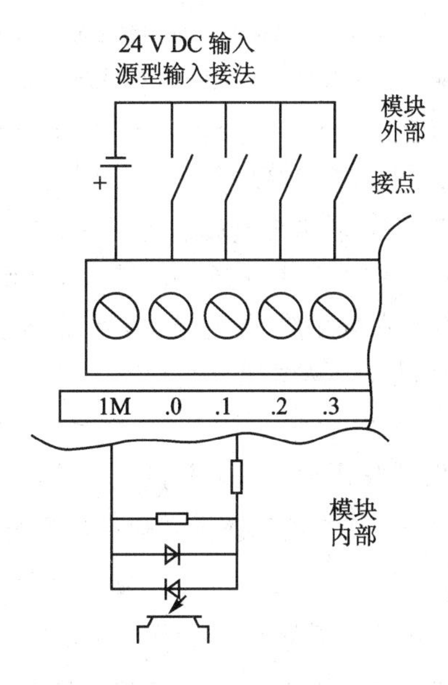

图 1 - 9　源型输入接法

(2) 输出点接线

S7 - 200 的数字量输出点有两种类型:24 V 直流(晶体管)和继电器触点。对于 CPU 上的输出点来说,凡是 24 V 直流供电的 CPU 都是晶体管输出(如图 1 - 10 所示),220 V 交流供电的 CPU 都是继电器接点输出(如图 1 - 11 所示)。

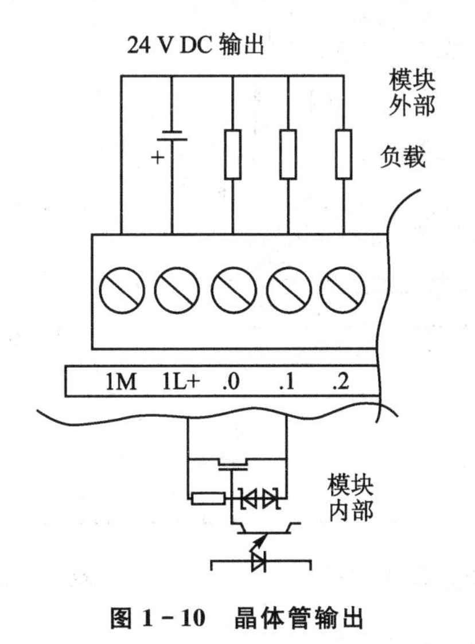

图 1 - 10　晶体管输出

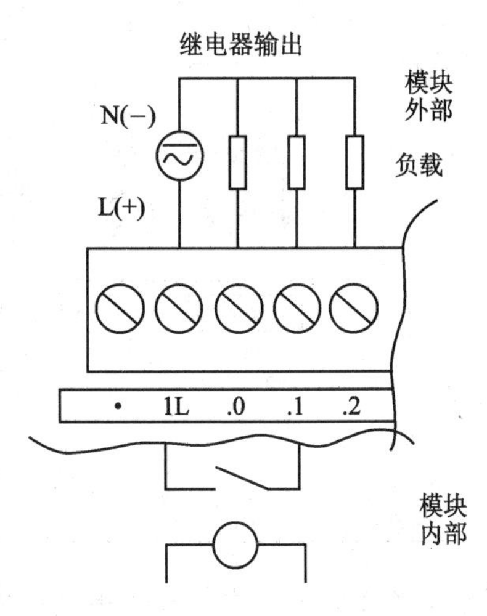

图 1 - 11　继电器输出

直流晶体管输出点只有源型输出一种，将来也可能会推出漏型输出产品；继电器接点的输出接点没有电流方向性，它既可以连接直流信号，也可以连接交流信号 120 V/240 V，但是不能通过 380 V 交流电流。

S7-200 的数字量输入和输出都是分组安排的，各组可以由独立的电源供电。如果线路复杂或者设备应用条件较差，易导致电源短路等故障，可使用其他电源为 I/O 点供电，而不使用 CPU 本体上的 24 V 传感器电源供电。

3. 模拟量 I/O 接线

S7-200 的模拟量模块用于输入和输出电压、电流信号。信号的量程(信号的变化范围，如－10～＋10 V，0～20 mA 等)用模块上的 DIP 开关拨到不同的位置(ON 或 OFF)设定。《S7-200 系统手册》的附录中有详细的设置方法。

模拟量扩展模块需要供应 24 V 直流电源。可以用 CPU 传感器电源，也可以用外接电源供电。

模块上的可变电位器是用于输入信号转换校准的，如果没有精确的测量手段和信号源，请不要调整。它们也不能用于 0～20 mA/4～20 mA 量程选择。

一般来说，电压信号比电流信号更容易受到干扰，电流信号可以传输的距离更长。建议使用屏蔽电缆传输模拟量信号，并使屏蔽层在信号源处单端接地(PE)。

(1) 模拟量输入接线(如图 1-12 所示)

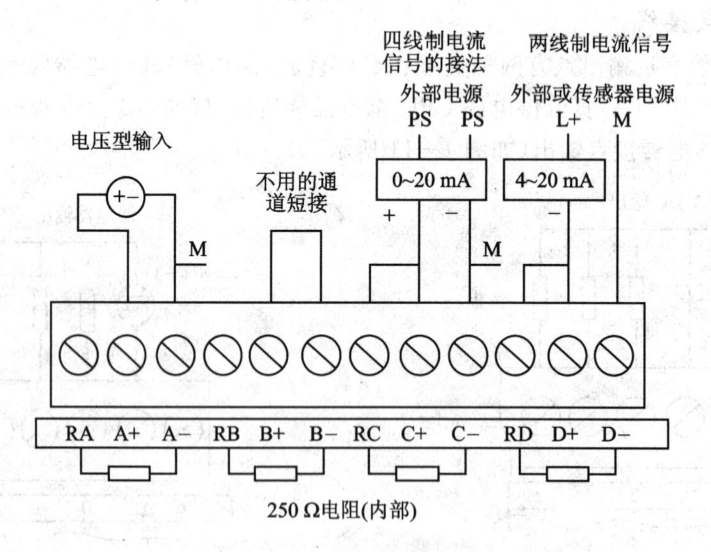

图 1-12 模拟量输入接线

要注意电流信号与电压信号接线的区别。为了抑制共模干扰，信号的负端要连接到扩展模块的电源输入的 M 端子。

产生模拟量信号的外部设备，如各种信号变送器等可以用外接电源供电，在规格符合要求时，也可以用 CPU 上的传感器电源供电。

（2）模拟量输出接线（如图 1－13 所示）

电压型和电流型信号的接法不同，各自的负载接到不同的端子上。

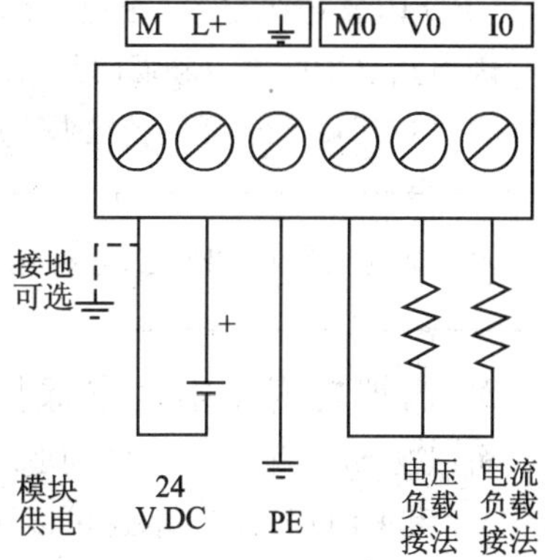

图 1－13 模拟量输出接法

在 CPU 224 XP 本体上也有简易的模拟量 I/O 通道：两个支持－10 V～＋10 V 的电压输入通道，和一个支持 0～10 V/0～20 mA 的电压/电流输出通道。它们的接线与模拟量模块的接线类似。

1.3 数据保持

S7－200 提供了几种保持数据的方法，用户可以根据需要灵活选用：

- CPU 中内置有超级电容，在不太长的断电期间内为保持数据和时钟提供电源。
- CPU 上附加电池卡，与内置超级电容配合，长期为时钟和数据保持提供电源。
- 使用数据块，永久保存不需要更改的数据。
- 设置系统块，可在 CPU 断电时自动永久保存至多 14 字节的数据（M 存储区）。
- 在用户程序中编程，根据需要永久保存数据。

除了用电池卡作缓冲电源，其他几种数据保持机制都不需要外加附件。

1. S7－200 的数据存储区

S7－200 CPU 中的数据存储区分为两类：易失性的 RAM 存储区，以及永久保存的 EEPROM存储区。RAM 存储区需要为其提供电源方能保持其中的数据不丢失。

S7－200 CPU 工作时，各种数据都保存在 RAM 中，如 V 数据存储区、M 存储区、T（定时器）和 C（计数器）数据等。

S7－200 CPU 中还有内置 EEPROM 存储器。EEPROM 不需要供电就能永久保存数据。EEPROM 存储区对应于 RAM 中的 V 存储区的全部和 M 存储区的一部分。要把数据存入 EEPROM，需要做一些设置或者编程。

在 S7－200 项目的系统块中，有设置 RAM 数据保持区的选项。如果选中保持某个数据区，则 CPU 会在断电时使用内置超级电容和电池卡（如果有）作为缓冲电源保持其中的数据；如果缓冲电源放电完毕而数据消失，或者选择了不保持某个数据区的数据，则下次 CPU 上电时，会把 EEPROM 中相应的区域的内容复制到 RAM 中。用户程序永久保存在 EEPROM 中，不会丢失。

2. 内置电容保持数据

CPU 内置超级电容，在短期断电期间为数据保持和实时时钟(如果有)提供缓冲电源。

断电后，CPU 221 和 CPU 222 的超级电容可提供约 50 小时的数据保持，CPU 224、CPU 224 XP 和 CPU 226 可保持数据约 100 小时。

⚠ 超级电容在 CPU 上电时充电。为保证获得上述指标的数据保持时间，需要充电至少 24 h。

---

3. 内置电容+电池卡保持数据

可以在 S7-200 CPU 的可选卡插槽上插入电池卡，以获得更长的数据保持时间。对于 CUP 221和 CPU 222 来说，还可以选用时钟/电池卡，同时获得数据的电池备份功能和实时时钟。

CPU 断电后，首先依靠内置的超级电容为数据保持提供电源。超级电容放电完毕后，电池才起作用。它们一起组成一个"内置电容+外插电池卡"的电源缓冲机制。

完全靠电池为 CPU 提供数据备份电源时，电池寿命约 200 天。

4. 使用数据块

用户编程时可以编辑数据块。数据块用于给 S7-200 CPU 的 V 存储区赋初始值。

由于数据块在 S7-200 项目下载到 CPU 中时，也会存储到 EEPROM 中，所以数据块的内容永远不会丢失。

数据块可以用于保存程序中用到的不改变的一些参数。此项内容可参见 2.8 节。

5. 断电自动保存

S7-200 CPU 的 M 存储区有 14 个字节的存储单元(MB0～MB13)，可以在 CPU 断电时自动将其中的内容写入到 EEPROM 的相应区域中，则数据可以永久保存。

默认情况下，M 存储区的这 14 字节未设置为自动保存，需要在 S7-200 项目的系统块中进行设置。具体内容参见 2.4.2 节。

6. 编程保存数据

在程序中利用 SMB31 和 SMW32 特殊存储器，可以把 V 存储区中的任意地址的数据写到相应的 EEPROM 单元中，达到永久保存的目的。每次操作可以写入 1 字节、1 字或者双字长度的数据。多次执行操作，可以写入多个数据。

⚠ 1. 由于 EEPROM 的写操作次数有限(最少 10 万次，典型 100 万次)，在程序中必须注意写入操作的频度。

2. 由操作人员不定期更改的工艺参数等数据，可以在用户程序中判断其状态，在变化之后执行写入 EEPROM 的操作。

1.4 通信和网络功能

1.4.1 S7-200通信概述

1. S7-200的通信能力

强大而灵活的通信能力，是S7-200系统的一个重要优点。通过各种通信方式，S7-200和西门子SIMATIC家族的其他成员，如S7-300和S7-400等PLC和各种西门子HMI（人机操作界面）产品以及其他如LOGO！智能控制模块，MicroMaster和MasterDrive和SINAMICS驱动装置等紧密地联系起来。

S7-200可以通过很多标准协议、标准接口与其他厂家的许多自动化产品通信。这往往更多地源于西门子标准在世界范围内的通用性。

S7-200的通信能力可以概括地用图1-14表示。

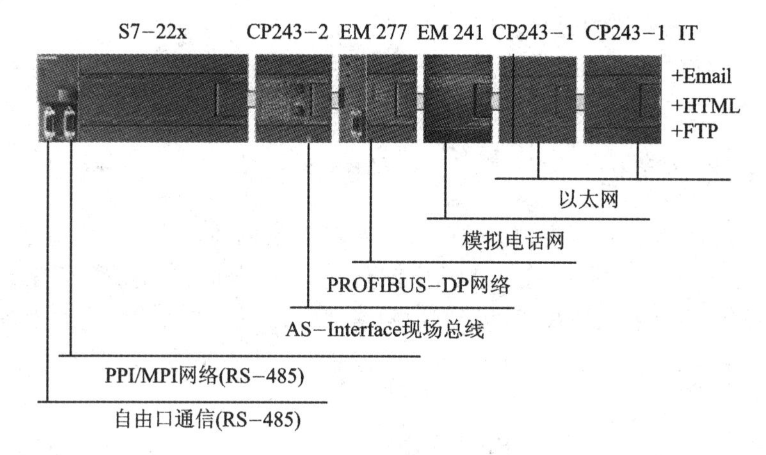

图1-14 S7-200的通信能力

除了S7-200 CPU的通信口所能支持的各种通信协议外，附加通信扩展模块可以增加更多的通信能力。它们之间不会冲突。

2. S7-200的通信方式

S7-200系统支持的主要通信方式有如下所述的几种。

- PPI：西门子专为S7-200系统开发的通信协议。
- MPI：S7-200可以作为从站与MPI主站通信。
- PROFIBUS-DP：通过扩展EM 277通信模块，S7-200 CPU可以作为PROFIBUS-DP从站与主站通信。最常见的主站有S7-300/400 PLC等，这是与它们通信的最可靠的方法之一。
- 以太网通信：通过扩展CP243-1或CP243-1 IT模块可以通过以太网传输数据，支持西门子的S7协议。IT模块还支持HTTP等其他一些网络协议。
- AS-Interface：扩展CP243-2模块，S7-200可以作为传感器—执行器接口网络的主站，读写从站的数据。
- 自由口：S7-200 CPU的通信口还提供了建立在字符串行通信基础上的“自由”通信能

力，数据传输协议完全由用户程序决定。通过自由口方式，S7－200 可以与串行打印机、条码阅读器等通信。西门子也为 S7－200 的编程软件提供一些通信协议库，如 USS 通信协议库和 MODBUS RTU 通信协议库，它们实际上也使用了自由口通信功能。

3. 通信协议和网络通信

只有当通信端口符合一定的标准时，直接连接的通信对象才有可能互相通信。一个完整的通信标准包括通信端口的物理、电气特性等硬件规格定义以及数据传输格式及内容的约定，也可以称为通信协议。

在实际应用中，一种硬件设备可以传输多种不同的数据通信协议；一种通信协议也可以在不同的硬件设备上传输。后者需要硬件转换接口，有很多设备可以提供这类转换，如RS－485 电气通信口到光纤端口的转换模块。

简单的通信协议或者硬件条件支持一对一的通信，而有些硬件配合比较复杂的通信协议，可以实现网络通信，在连接到同一个网络上的多个通信对象之间传输数据信息。网络通信需要硬件设备和网络通信协议的配合。

不同的通信设备的能力也不同。西门子提供全线网络产品以支持不同的通信需求，可根据需要选用以达到最好的性能-价格比。

1.4.2 PPI 网络通信

PPI(点对点接口)是西门子专门为 S7－200 系统开发的通信协议。它基于“令牌环”的工作机制。PPI 是一种主—从协议，通信主站之间传递令牌，分时控制整个网络上的通信活动。读/写从站的数据。主站和从站都通过不同的网络地址(站号)来区分。主站设备发送数据读/写请求到从站设备，从站设备响应。从站不主动发信息，只是等待主站的请求，并且根据地址信息对请求作出响应。

PPI 网络中可以有多个主站。PPI 并不限制与任意一个从站通信的主站数量，主站也可以响应其他主站的通信请求。

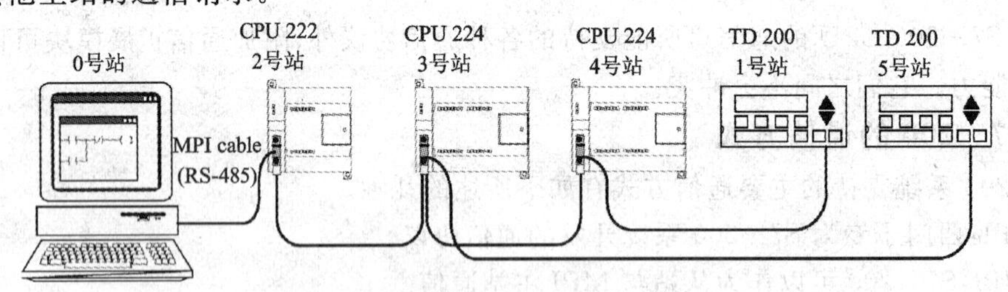

图 1－15 PPI 网络举例(图中计算机使用了 CP5611 等通信卡)

S7－200 CPU 上集成的通信口支持 RS－485 网络上的 PPI 通信。RS－485 在硬件连接方式上是总线型网络，如图 1－15 所示。CPU 通信口在电气上与 CPU 的内部电源不隔离，支持的通信距离为 50 m。在一个 PPI 网络中，最多能有 127 个站；但是在一个 RS－485 网段中，通信站的个数不能超过 32 个。使用 RS－485 中继器，可以把多个网段连接起来组成一个网络。如果在一对 RS－485 中继器之间没有连接非隔离的通信端口，就可以达到RS－485 的标准通信距离 1 200 m。PPI 支持的通信速率为 9.6K 波特、19.2K 波特和 187.5K 波特。带中继器的网络结构如图 1－16 所示。

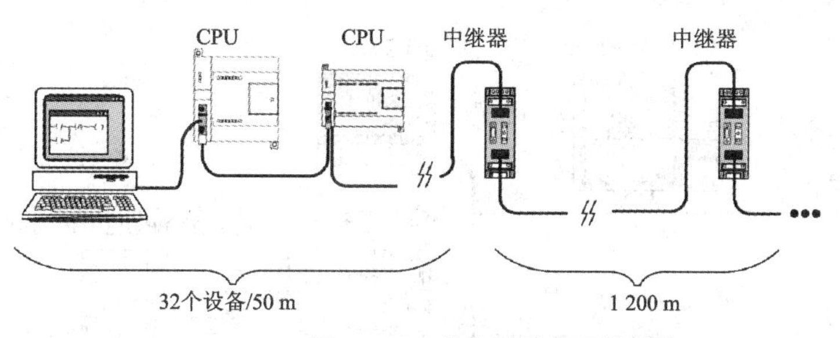

图1-16　带中继器的网络结构

1. 运行编程软件 STEP 7-Micro/WIN 的计算机也是一个 PPI 主站。要获得 187.5K 波特的 PPI 通信速率，或者与其他主站设备同时工作的多主站能力，必须有 RS-232/PPI 多主站电缆或 USB/PPI 多主站电缆作为编程接口，或者使用西门子的编程卡(CP 卡)。
2. 图 1-15 中的 CPU 通信口上插了带编程口的网络连接器(插头)，这样，连接计算机的编程电缆和 TD 200 的 TD/CPU 电缆就可以直接连接到网络连接器上扩展的编程口。这种连接称为“短截线”。短截线有长度限制，太长会造成通信故障。

其他设备，如 TD 200 文本显示器和 TP 177 micro 触摸屏等人机操作界面设备(HMI)，也可以通过 RS-485 网络与 S7-200 CPU 直接连接，以 PPI 协议和 CPU 通信。

此外，PPI 通信还是最容易实现的 S7-200 CPU 之间的网络数据通信。只需要编程设置主站通信端口的工作模式，然后就可以用网络读写指令(NETR/NETW)读写从站的数据。使用网络读写编程向导生成的子程序则更为简便。

1.4.3　PROFIBUS-DP 网络通信

在 S7-200 系列的 CPU 中，CPU 222、CPU 224/224 XP 和 CPU 226 都可以通过附加 EM 277 PROFIBUS-DP 扩展模块支持 PROFIBUS-DP 网络通信。EM 277 通过模块扩展电缆连接到 S7-200 CPU。EM 277 PROFIBUS-DP 模块的端口可运行于 9 600 波特到 12M 波特之间的任何 PROFIBUS 波特率。图 1-17 所示为挂在 PROFIBUS-DP 网络上的 S7-200。

作为 DP 从站，EM 277 模块接受从主站来的 I/O 配置，向主站发送和从主站接收数据。在主站定义的 I/O 配置决定了 EM 277 能处理的数据量。主站通过 EM 277 能读写 S7-200 CPU 的变量数据区(V 存储区)，数据的地址在主站中定义。这样就使 S7-200 的用户程序能与主站交换任何类型的数据。将数据传送到 S7-200 CPU 中的变量存储器，就可将输入、计数值、定时器值或其他数据传送到主站。类似地，从主站来的数据存储在 S7-200 CPU 中的变量存储区内定义的数据缓冲区中，并可传送到其他数据区。

一般情况下，如果不需要在 S7-200 CPU 内进行 EM 277 的诊断等操作，就不必在 S7-200方面做关于 PROFIBUS-DP 通信的组态和编程工作，几乎所有工作都在主站方面完成，S7-200 方面只需处理数据。

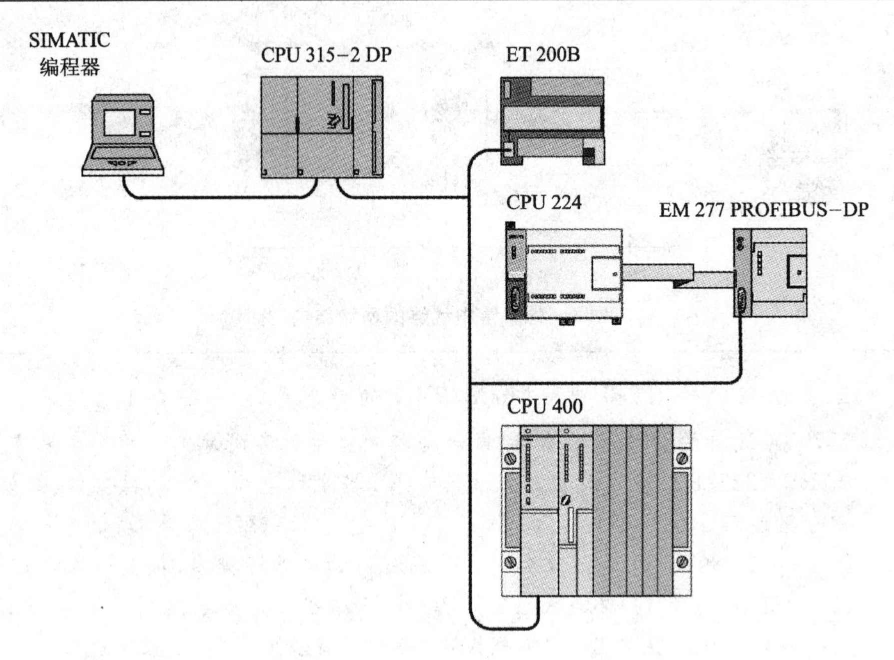

图 1 - 17 挂在 PROFIBUS - DP 网络上的 S7 - 200

1.4.4 自由口通信

S7 - 200 支持自由口通信模式,如图 1 - 18 所示。自由口模式使 S7 -200 PLC 可以与许多通信协议公开的其他设备和控制器进行通信,波特率范围为 1 200～115 200 b/s(可调整)。

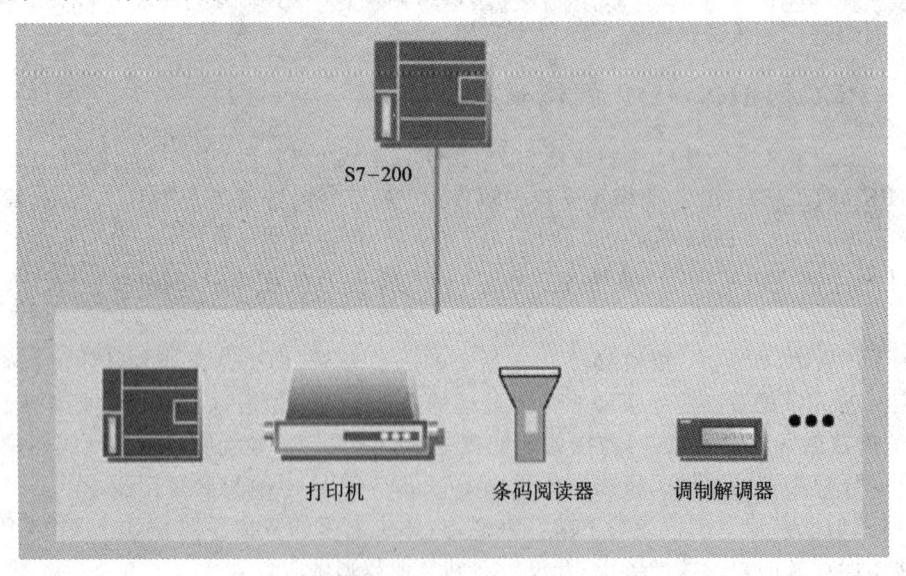

图 1 - 18 自由口模式的部分通信对象

自由口模式的数据字节格式总是有一个起始位、一个停止位,用户可以选择 7 位或者 8 位数据,也可以选择是否有校验位以及是奇校验还是偶校验。

在自由口模式下,使用 XMT(发送)和 RCV(接收)指令,为所有的通信活动编程。通信协议应符合通信对象的要求或者由用户决定。

⚠ 1. CPU 的通信口工作在自由口模式下时，就不能同时工作于其他通信模式下，例如 PPI 编程状态。将 CPU 置于 STOP(停止)模式可以恢复 PPI 模式。

2. CPU 的通信口是 RS - 485 标准，如果通信对象是 RS - 232 设备，则需要 RS - 232/PPI 电缆。

1.4.5　USS 和 Modbus RTU 从站指令库

指令库是集成到编程软件中的子程序集。西门子提供的指令库可大大简化用户的编程工作量。用户也可以生成自己的指令库。

S7 - 200 的编程软件 STEP 7 - Micro/WIN 在安装了附加的软件包(Instruction Library)之后，则可以显示 USS 和 Modbus RTU 协议指令库。USS 指令库可以对 SIEMENS 生产的 MicroMaster 系列(MM420、MM430、MM440、MM3 系列等)、MasterDrive(6SE70 交流变频和 6RA70 直流驱动装置)，以及SINAMICS系列变频器进行串行通信控制；Modbus RTU 指令库使 S7 - 200 CPU 支持Modbus RTU 通信功能，而不需用户自己编制复杂的程序。

USS 和 MODBUS 指令库都使用 S7 - 200 CPU 的自由口通信模式编程实现。

1.4.6　网络通信硬件

USS 和 Modbus 协议指令库都使用 S7 - 200 CPU 的自由口通信模式编程实现。它们属于西门子的标准指令库。

S7 - 200 CPU 通信口支持的 PPI、PROFIBUS - DP、自由口通信模式都是建立在 RS - 485 的硬件基础上。为保证足够的传输距离和通信速率，建议使用 SIEMENS 制造的网络电缆和网络连接器(插头)。图 1 - 19 所示为网络连接器和网络电缆示意图。

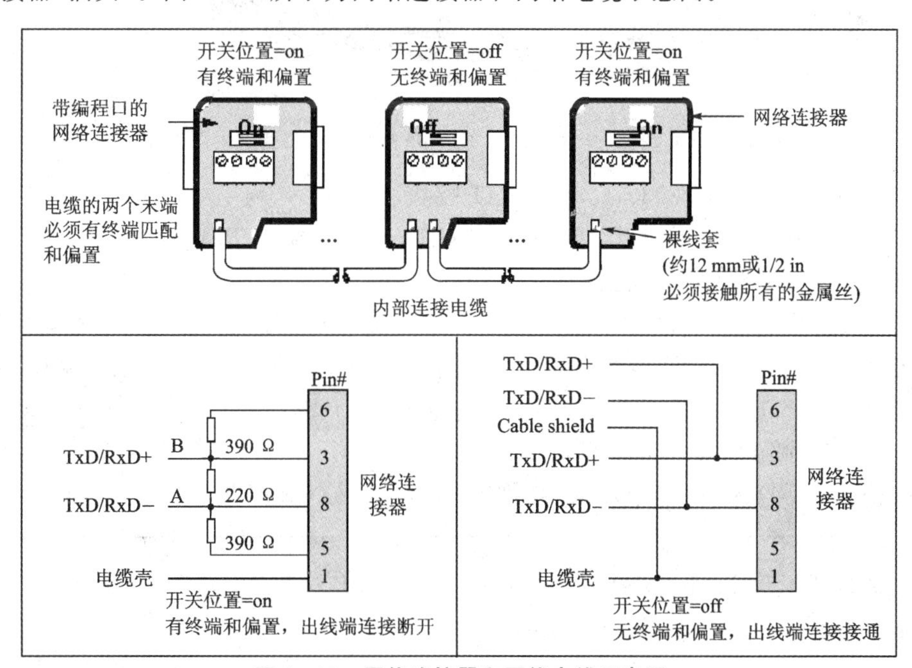

图 1 - 19　网络连接器和网络电缆示意图

SIEMENS 提供多种网络连接器,一些连接器仅提供连接到 CPU 的接口,而另一些连接器增加了一个编程接口。增加的编程接口可以用来连接运行编程软件或人机界面软件的计算机,或者 TD 文本显示器等人机界面设备。

1.4.7 以太网通信

S7-200 CPU 加装 CP243-1/243-1 IT 扩展模块可以支持工业以太网通信。该模块提供了一个标准的 RJ-45 网络接口,与支持 TCP/IP 协议的网络设备(如集线器和路由器等)兼容。如图 1-20 所示。

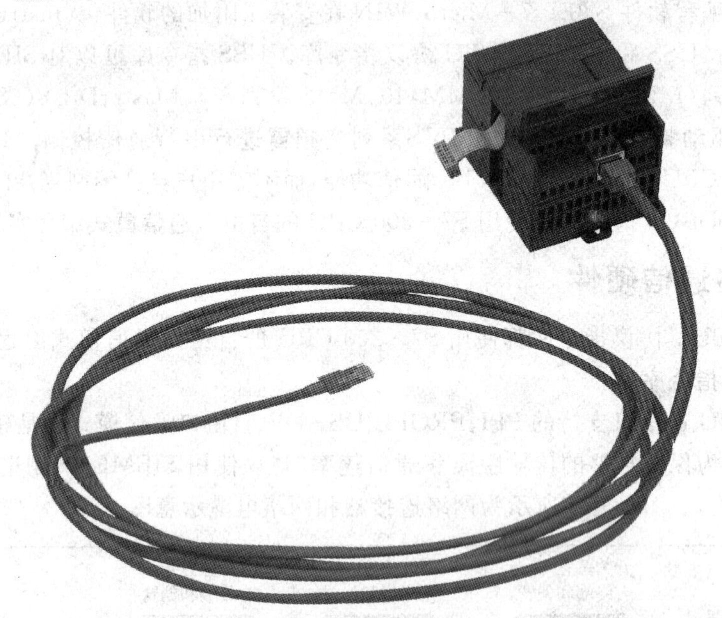

图 1-20　CP243-1 模块通过 RJ-45 接口连接工业以太网电缆

通过在 CPU 上扩展 CP243-1/243-1 IT 模块,可以:

- 支持 10/100 Mb/s 工业以太网、支持半双工/全双工通信、TCP/IP。
- 最多 8 个服务器/客户端连接。
- 与运行 STEP 7-Micro/WIN 的计算机通信,支持通过工业以太网的远程编程服务。
- 连接其他 SIMATIC S7 系列远程组件,例如,S7-300 上的 CP343-1,或其他 CP243-1。
- 通过 OPC Server 软件(PC Access、SIMATIC NET IE SOFTNET-S7)连接基于 OPC 的 PC 应用程序,如组态软件等。
- 支持 Web 网页服务,E-mail、FTP 服务等(仅 CP243-1 IT)。

使用 STEP 7-Micro/WIN 中的 Ethernet Wizard(以太网向导)和 Internet Wizard(因特网向导),可以方便地配置 CP243-1/243-1 IT。

1.4.8　Modem 远程通信

S7－200 提供了一个简单易用的远程 Modem 通信解决方案。S7－200 CPU 通过附加 EM 241 Modem 通信扩展模块，可以实现通过电话交换机和电话网络的远距离通信。

EM 241 的主要功能如下所述：

- 远程编程服务。S7－200 编程软件 STEP 7－Micro/WIN 通过在本地 PC 机 Windows 系统安装的 Modem，经过电话线与远程安装的 S7－200 系统进行编程和调试等服务，如图 1－21 所示。

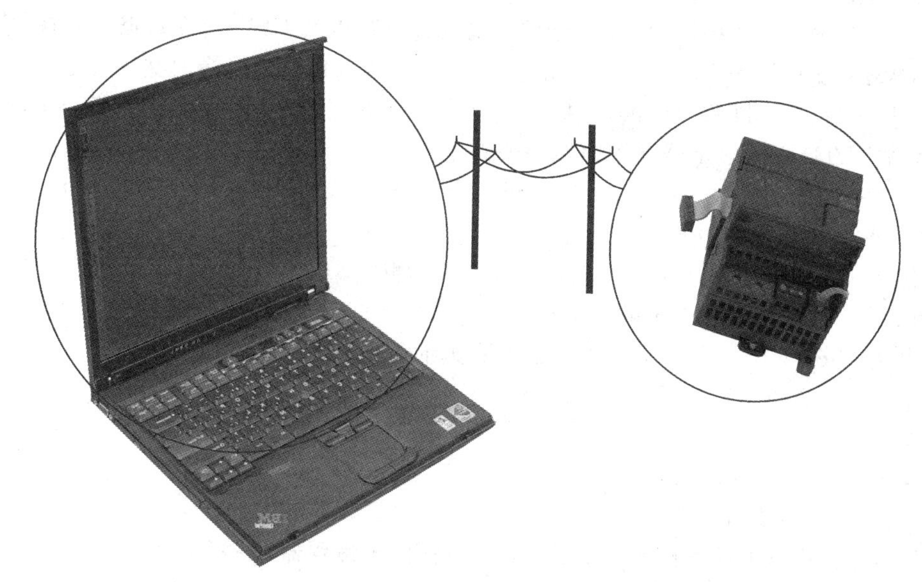

图 1－21　通过电话网和 EM 241 模块可进行远程编程调试

- S7－200 CPU 和 PC 机之间，通过 PPI 或 Modbus RTU 协议通信。
- S7－200 CPU 之间通过电话网通信。
- 支持 OPC Server(PC Access)。
- 事件驱动的 SMS(短消息)和寻呼服务(须服务提供商支持)。

STEP 7－Micro/WIN 提供了一个 Modem Expansion Wizard(调制解调器扩展向导)，用于配置包括 EM 241 在内的 Modem 应用。

1.5　系统开发条件

要进行 S7－200 系统开发，需要一定的软、硬件条件。必备的有：

- 至少有一个 S7－200 CPU。
- 能够安装编程软件的计算机。
- 编程计算机与 CPU 的通信条件。

⚠ 由于 S7-200 系统功能繁多、不断改进，西门子公司现在没有、将来也不会提供 S7-200 PLC 的仿真软件。要实际测试必须有实体的 CPU。

1.5.1 编程软件和运行环境

S7-200 的编程软件是 STEP 7-Micro/WIN。STEP 7-Micro/WIN 用于 S7-200 系列 PLC 的程序编辑，支持三种编程模式：LAD(梯形图)、FBD(功能块图)和 STL(语句表)，便于用户选用；Micro/WIN 还提供程序在线编辑、调试、监控，以及 CPU 内部数据的监视、修改功能；Micro/WIN 支持符号表编辑和符号寻址，用户可以为数据指定易懂的文字符号名；Micro/WIN 还支持子程序、中断程序的编辑，提供集成库程序功能，以及用户定义的库程序；Micro/WIN 还集成了 TD 文本显示器配置向导……

STEP 7-Micro/WIN V4.0 以上版本还集成了 S7-200 Explorer，用于在 Windows 系统中在线浏览 S7-200 网络中的资源。

STEP 7-Micro/WIN 当前的最新版本是 V4.0 版。STEP 7-Micro/WIN 需要安装、运行在使用 Microsoft(微软)公司的 Windows 操作系统的计算机上。STEP 7-Micro/WIN V4.0 可以在 Microsoft 公司出品的如下操作系统环境下安装：

- Windows 2000，SP3 以上。
- Windows XP Home。
- Windows XP Professional。

对计算机的硬件有如下要求：

- 任何能够运行上述操作系统的 PC 或 PG(西门子编程器)。
- 至少 350M 硬盘空间。
- Windows 系统支持的鼠标。
- 推荐使用的最小屏幕显示分辨率为 1 024×768，小字体。

V4.0 是 STEP 7-Micro/WIN 的大版本号。西门子还会推出一系列服务软件包(Service Pack，即 SP)进行小的升级。使用 SP 对 Micro/WIN 升级，将使软件获得新的功能。

1.5.2 编程通信方式

要对 S7-200 CPU 进行实际的编程和调试，需要在运行编程软件的计算机和 S7-200 CPU 间建立通信连接。常用的编程通信方式有：

- PC/PPI 电缆(USB/PPI 电缆)，连接 PG/PC 的 USB 端口和 CPU 通信口。
- PC/PPI 电缆(RS-232/PPI 电缆)，连接 PG/PC 的串行通信口(COM 口)和 CPU 通信口。
- CP(通信处理器)卡，安装在 PG/PC 上，通过 MPI 电缆或 PROFIBUS 电缆连接 CPU 通信口(如 PCI 接口卡 CP5611 配合台式 PC 使用；PCMCIA 卡 CP5511/5512 配合笔记本电脑使用)。

PC/PPI 电缆是其中最简单经济的 S7-200 专用编程通信设备。

第2章 S7－200编程软件——STEP 7－Micro/WIN

2.1 软件安装和设置

2.1.1 安装条件

STEP 7－Micro/WIN 的安装条件与对硬件的要求如 1.5.1 节所述，这里不再赘述。

2.1.2 安 装

1. 正版 STEP 7－Micro/WIN 软件光盘和包装盒

正版软件的包装盒中包括一张软件光盘和一张文档资料光盘，如图 2－1 所示。

图 2－1 正版 STEP 7－Micro/WIN 软件光盘和包装盒

⚠ 要在 Microsoft Windows 2000 或 Windows XP 操作系统下安装 STEP 7－Micro/WIN，必须有管理员权限；在上述操作系统下使用 STEP 7－Micro/WIN，至少需要 Power User 权限。

---

2. 安装步骤

第一步:关闭所有应用程序,包括 Microsoft Office 快捷工具栏;在光盘驱动器内插入软件安装光盘。如果没有禁止光盘插入自动运行,安装程序会自动运行;或者在 Windows 资源管理器中打开安装光盘上的 Setup. exe 文件。

第二步:按照安装程序的提示完成安装。

① 运行 Setup 程序,选择安装程序界面语言,默认使用英语。如图 2－2 所示。

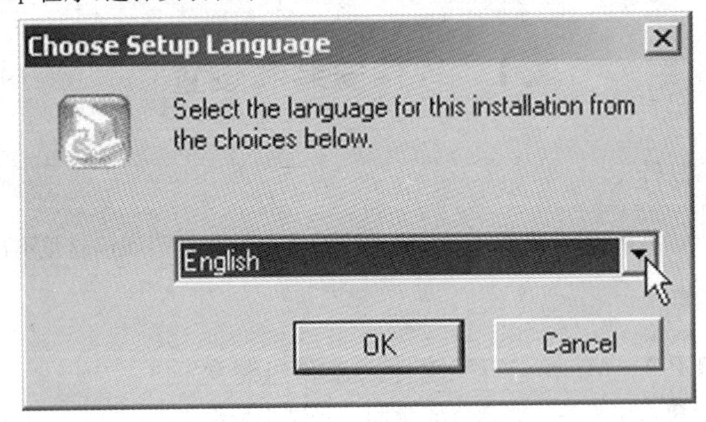

图 2－2　选择安装程序界面语言

⚠ 这里选择的是软件安装过程中的界面语言。STEP 7－Micro/WIN 界面的语言环境设置需要安装完成后设置选用。

---

② 选择安装目的文件夹,如图 2－3 所示。

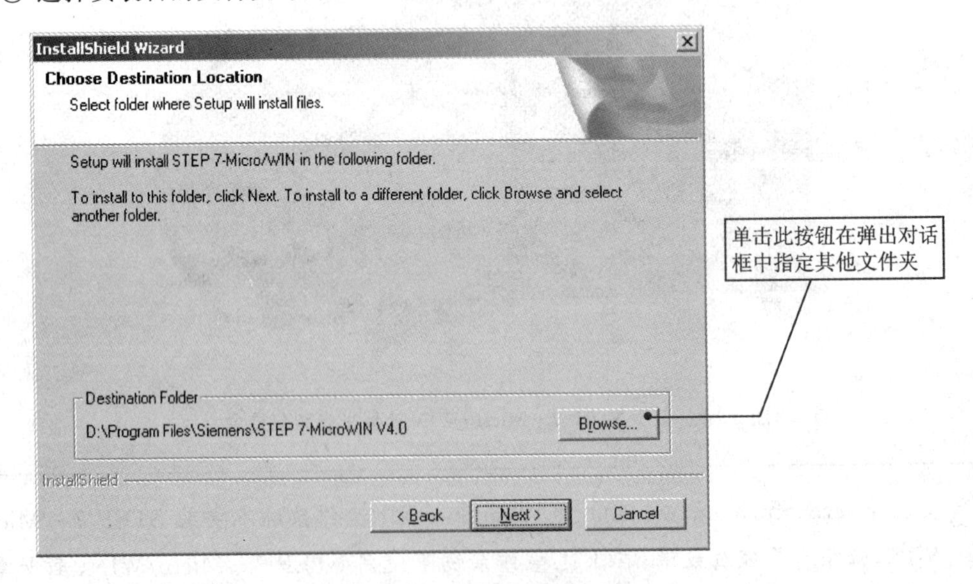

图 2－3　选择目的文件夹

③ 安装过程中,会出现 Set PG/PC Interface 窗口,单击 OK 按钮,如图 2－4 所示。

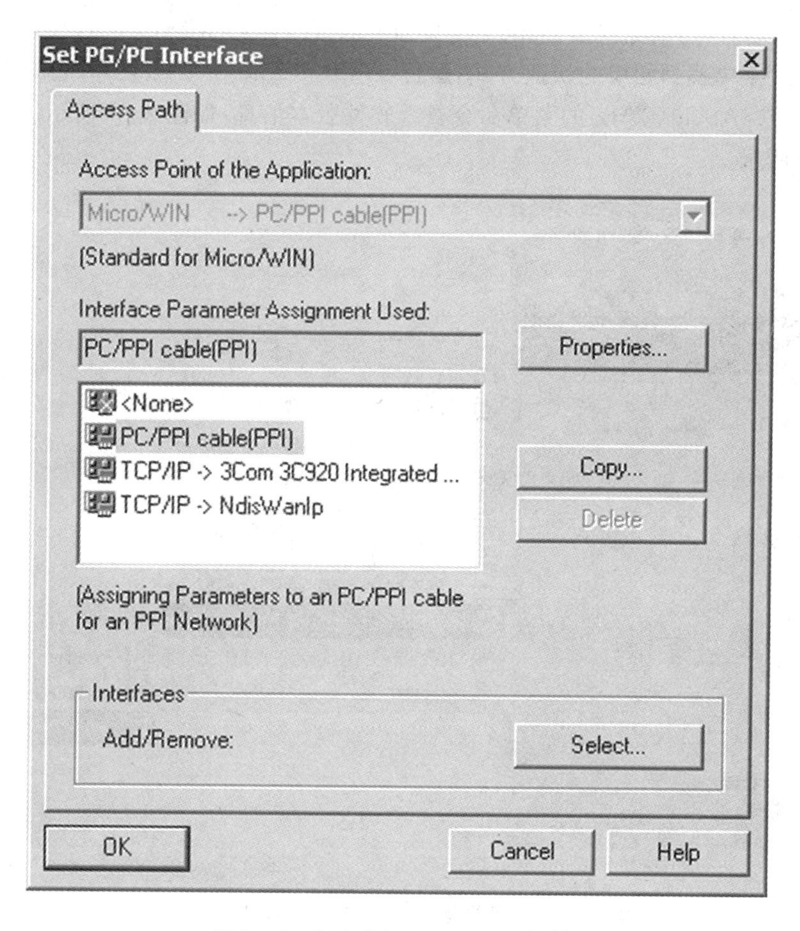

图 2 - 4　Set PG/PC Interface 对话框

④ 安装完成后，单击对话框上的 Finish(完成)按钮重新启动计算机，如图 2 - 5 所示。

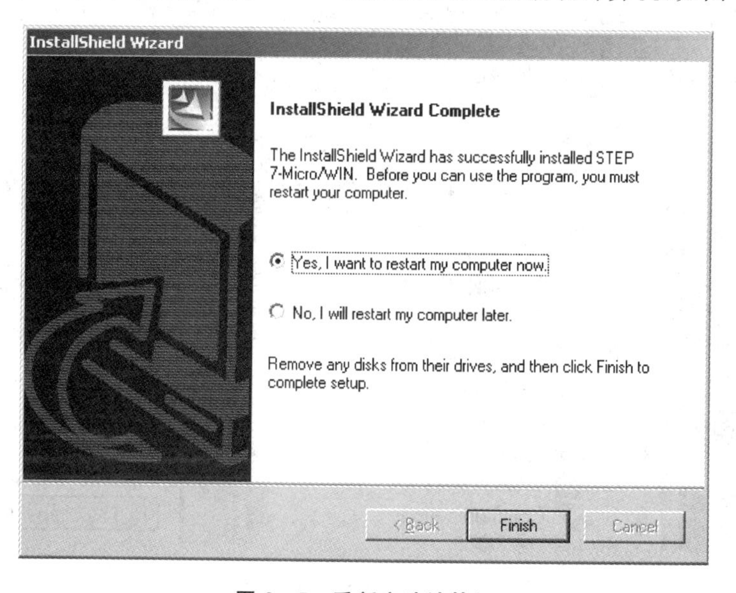

图 2 - 5　重新启动计算机

⑤ 重新启动后,用鼠标双击 Windows 桌面上的 STEP 7－Micro/WIN 图标,或者在 Windows 的"开始"菜单找到相应的快捷方式,运行 STEP 7－Micro/WIN软件,如图 2－6 所示。使用 Help(帮助)>About(关于)的菜单命令查看软件版本信息,如图 2－7 所示。详细的版本信息如图 2－8 所示。

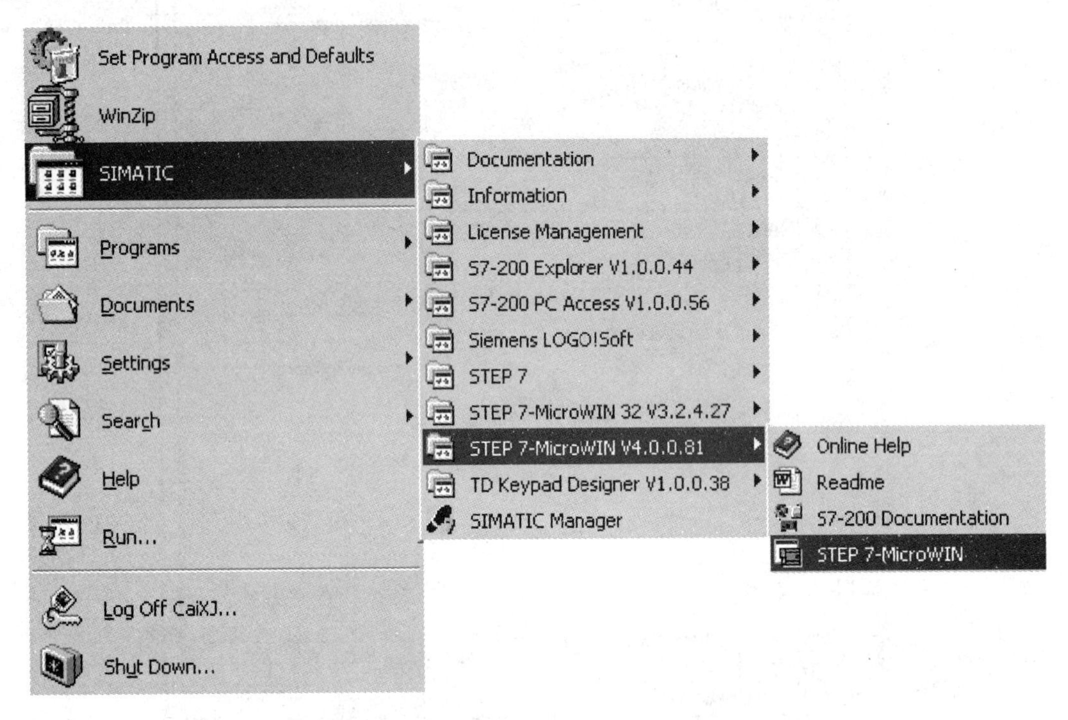

图 2－6　选取并运行 STEP 7－Micro/WIN 软件

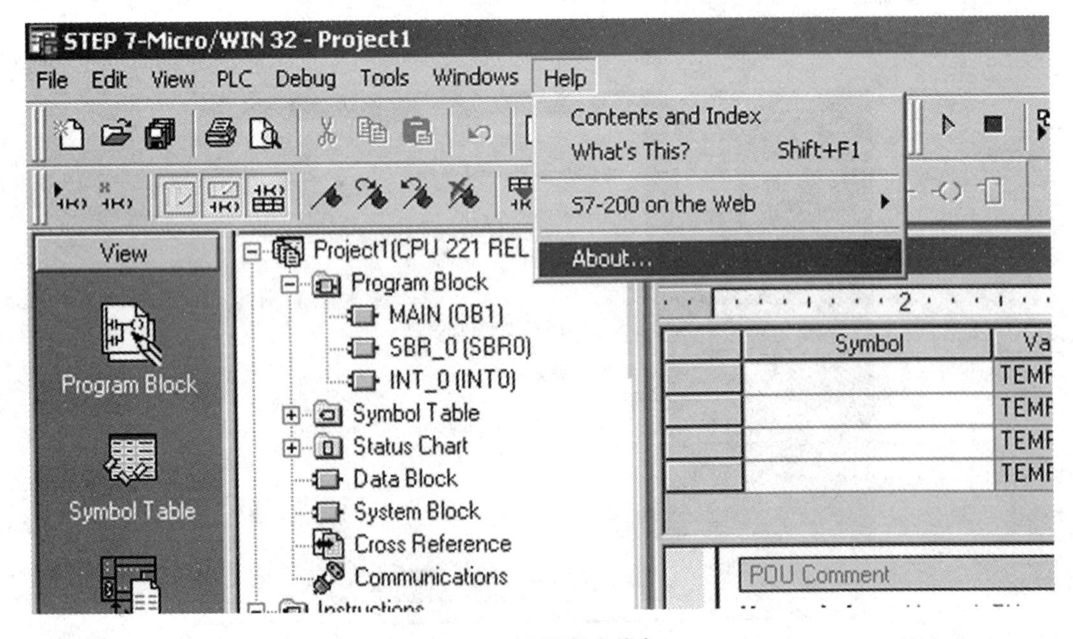

图 2－7　查看版本信息

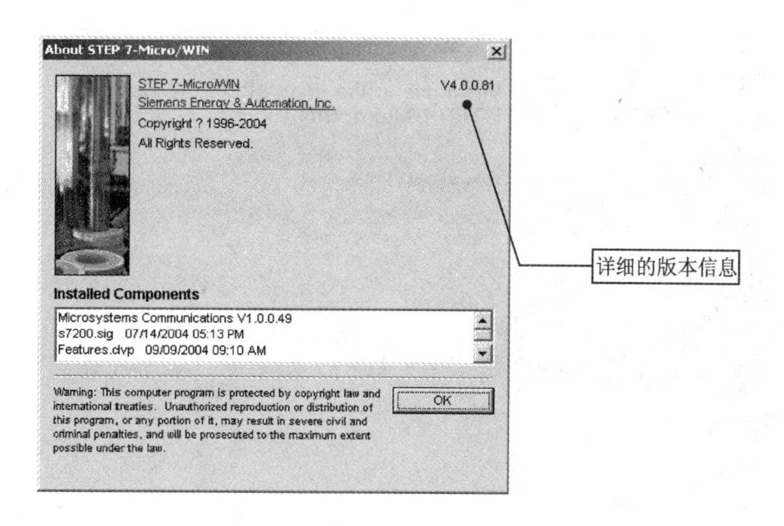

图 2－8　详细的版本信息

2.1.3　安装 SP 升级包(Service Pack)

STEP 7－Micro/WIN 会有不断的改进，增添新的功能。这种改进以 Service Pack(服务包)的形式发布。

⚠ 安装 Service Pack 不能升级大版本号(如 V3.2 升级到 V4.0)，只能在一个大版本号序列中升级小版本号(如从 V4.0.0.81 升级到 V4.0.5.08)。

STEP 7－Micro/WIN 的 SP 升级包可从西门子互联网站上下载。SP 按照版本编号。只须安装一次最新的 SP 包，就可以将软件升级到当前最新版本。以下以安装 SP1 为例。

① 在 Windows 资源管理器中找到 SP 所在文件夹，如图 2－9 所示。

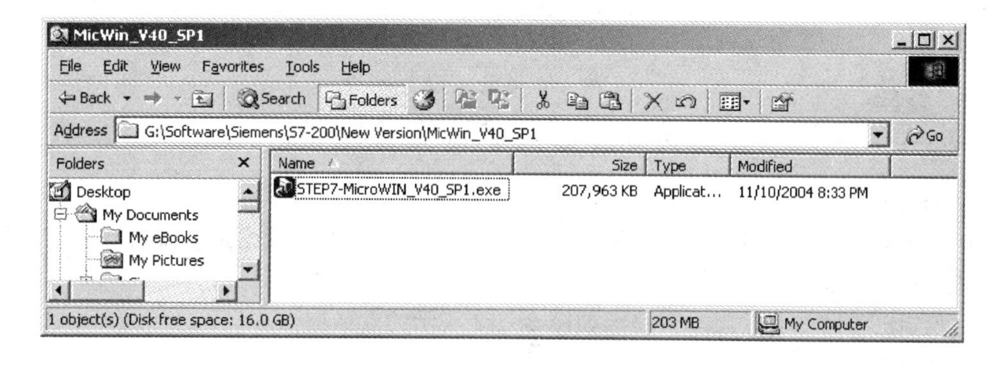

图 2－9　资源管理器中 SP 所在的文件夹

② 运行相应的可执行文件，如图 2－10 所示。

③ 单击 Next 按钮，如图 2－11 所示。

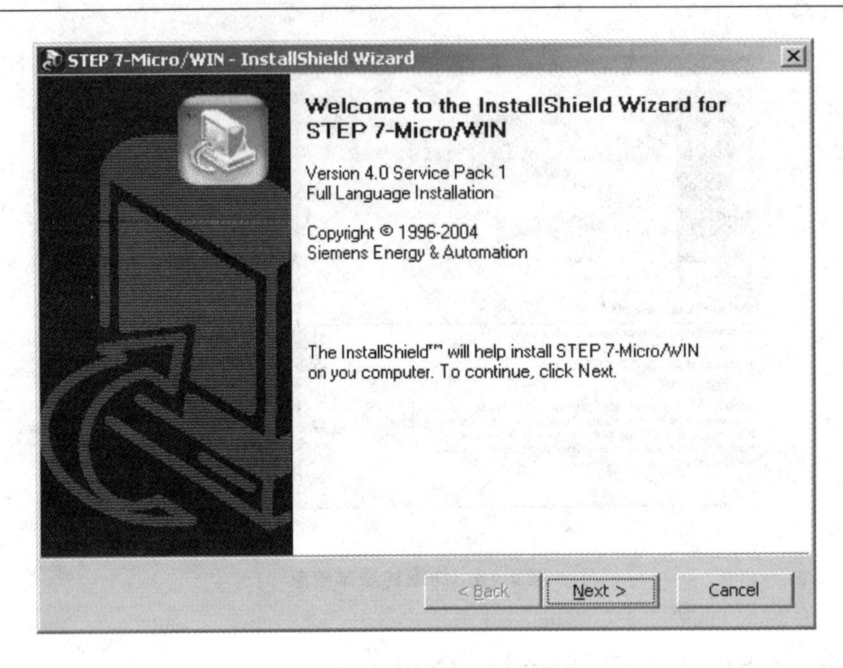

图 2-10 运行可执行文件

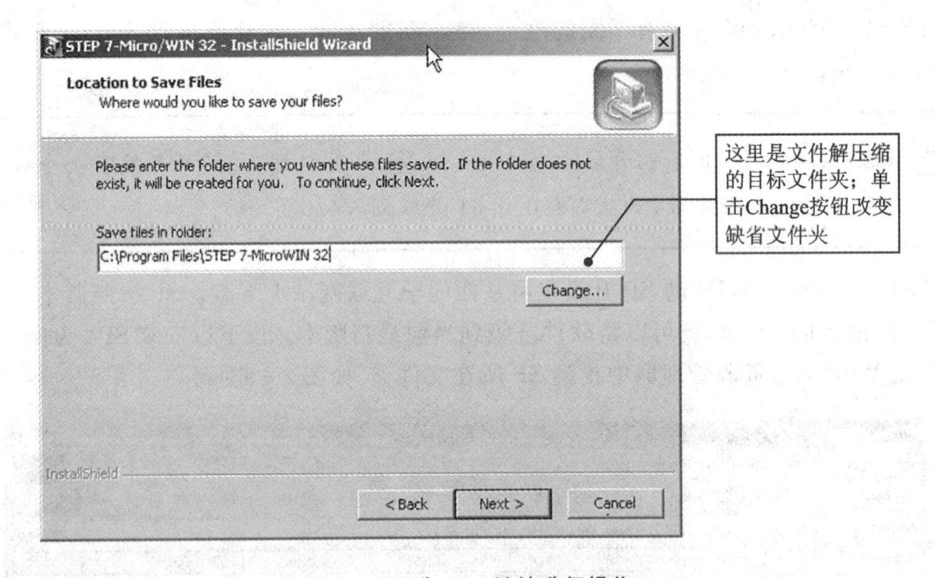

图 2-11 选 Next 继续升级操作

④ 解压缩完成后会自动执行安装。首先，安装程序会在本地硬盘上寻找已安装的有效版本，如图 2-12 所示。

⑤ 找到已安装的有效版本后显示如图 2-13 所示的对话框。

⑥ 继续安装如图 2-14 所示。

⑦ 这时会弹出一个消息框，要求先卸载已安装的旧先版本 Micro/WIN，如图 2-15所示。单击 OK 按钮暂时退出 SP 安装进程。

⑧ 在 Windows 系统的 Add/Remove Programs（添加/删除程序）中，卸载旧版本的 Micro/WIN。如图 2-16 所示。

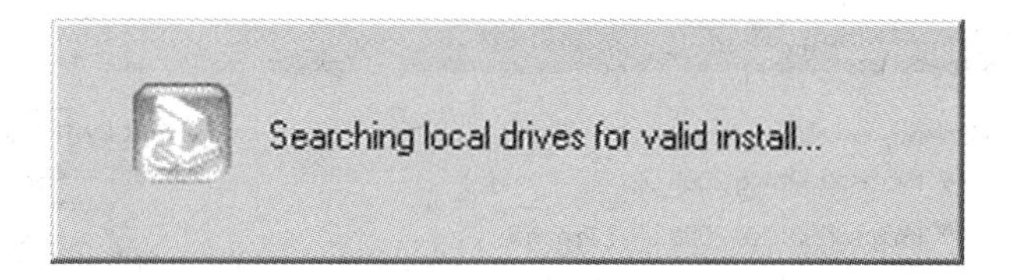

图 2 - 12　寻找本地硬盘上安装的有效版本

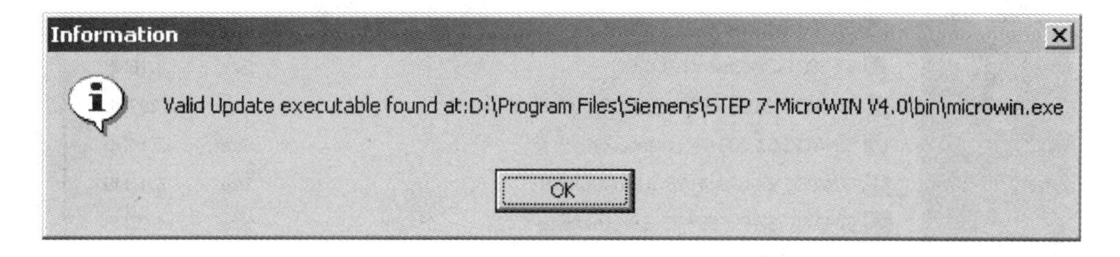

图 2 - 13　找到已安装的有效版本

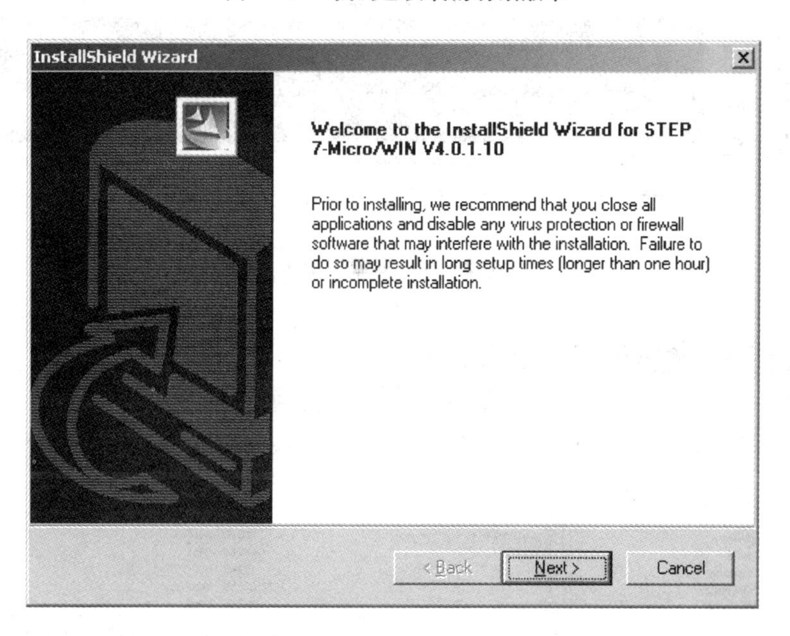

图 2 - 14　单击 Next 按钮继续安装

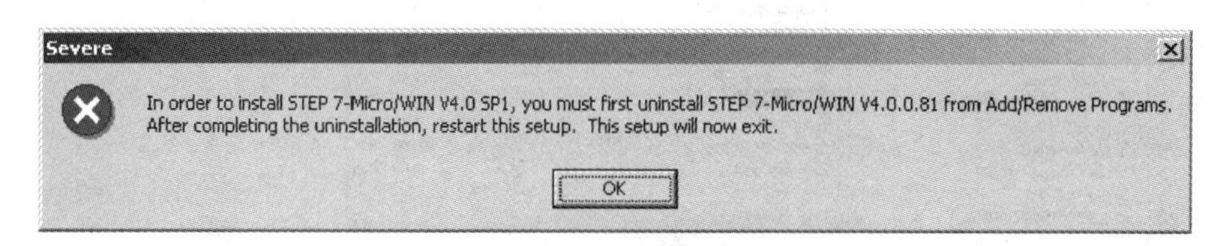

图 2 - 15　卸载旧版本提示

⑨ 卸载旧版本 Micro/WIN 后，重新启动操作系统。找到解压缩 SP 安装包文件的文件夹，如图 2 - 17 所示。

⑩ 运行 Setup. exe 完成安装，并重新启动计算机。

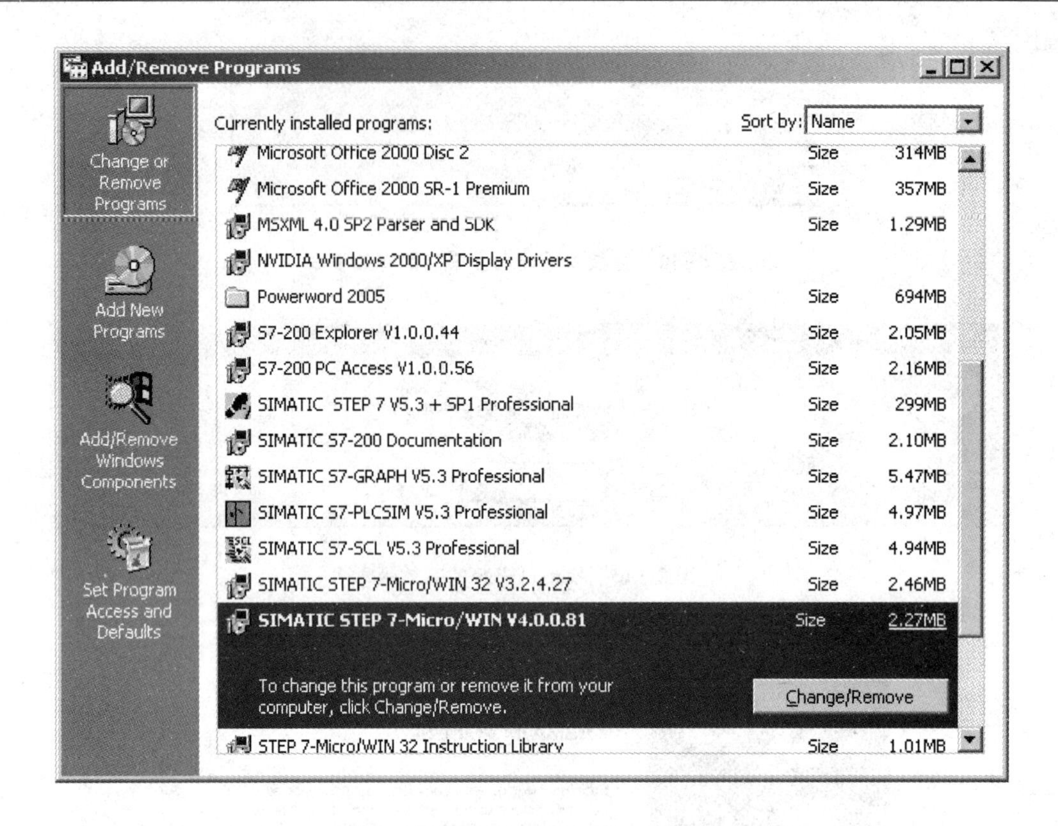

图 2－16　卸载旧版本

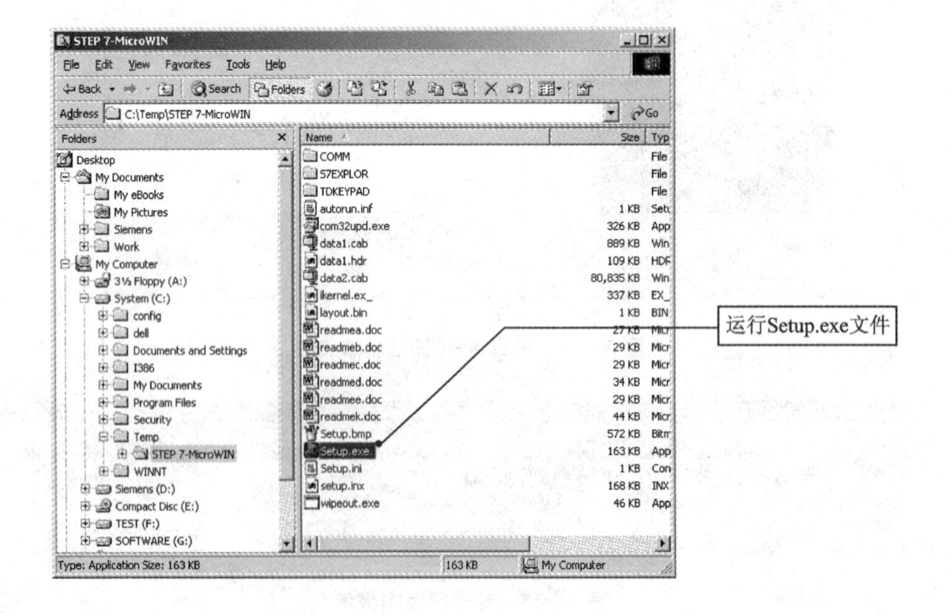

图 2－17　找到 SP 解压缩的文件夹

2.1.4　Micro/WIN 指令库

STEP 7－Micro/WIN 还可以安装附加组件，如 Micro/WIN Instruction Library（指令库）。

指令库实际上就是编好的程序库。用户也可以定义自己的库程序。西门子提供的 Micro/WIN标准指令库，必须安装才能使用。西门子的指令库目前包括 USS 通信协议库和 Modbus RTU 通信协议库程序。

如果计算机上已经安装了西门子公司提供的 Micro/WIN 指令库，安装新版本的 Micro/WIN 就会自动将库文件更新为最新版本；如果没有安装，则必须单独安装西门子的 Micro/WIN 指令库。

2.2　STEP 7－Micro/WIN 简介

2.2.1　STEP 7－Micro/WIN 窗口元素

STEP 7－Micro/WIN 窗口元素如图 2－18 所示。

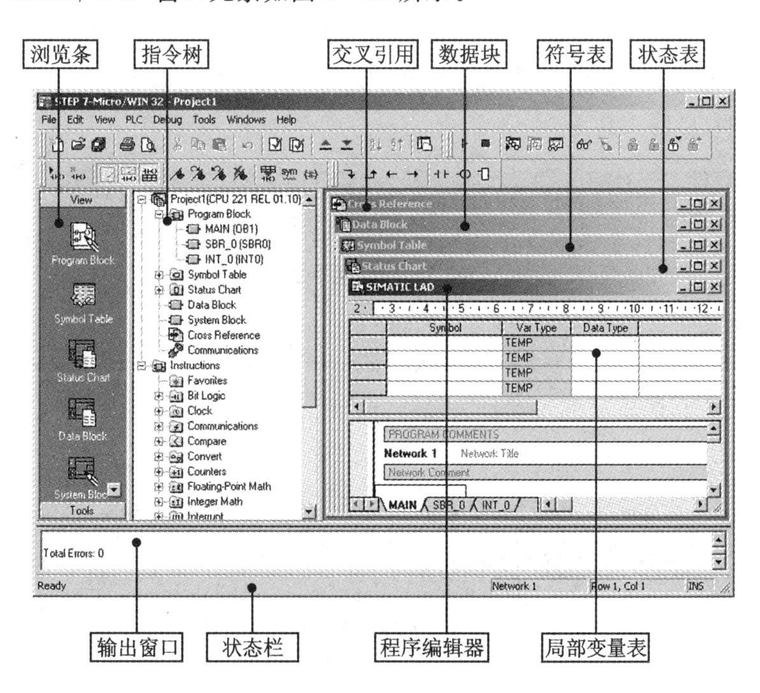

图 2－18　STEP 7－Micro/WIN 窗口元素

- 浏览条——显示常用编程按钮群组。浏览条包括：
  - View（视图）——显示程序块、符号表、状态表、数据块、系统块、交叉引用及通信按钮。
  - Tools（工具）——显示指令向导、TD 文本显示向导、位置控制向导、EM 253 控制面板和扩展调制解调器向导等的按钮。
- 指令树——提供所有项目对象和当前程序编辑器（LAD、FBD 或 STL）的所有指令的树形视图。可以在项目分支里对所打开项目的所有包含对象进行操作;利用指令分支输入编程指令。

- 交叉引用——查看程序中地址和变量的交叉引用和使用信息。
- 数据块——显示和编辑数据块内容。
- 状态表——允许将程序输入、输出或变量地址置入图表中,监视、修改其状态。可以建立多个状态表,以便分组查看不同的变量。
- 符号表/全局变量表——允许分配和编辑全局符号。可以为一个项目建立多个符号表。
- 输出窗口——在编译程序或指令库时提供消息。当输出窗口列出程序错误时,双击错误讯息,会自动在程序编辑器窗口中显示相应的程序网络。
- 状态栏——提供在 STEP 7－Micro/WIN 中操作时的状态信息。
- 程序编辑器——包含用于该项目的编辑器(LAD、FBD 或 STL)的局部变量表和程序视图。如果需要,可以拖动分割条以扩充程序视图,并覆盖局部变量表。单击程序编辑器窗口底部的标签,可以在主程序、子程序和中断服务程序之间移动。
- 局部变量表——包含对局部变量所做的定义赋值(即子程序和中断服务程序使用的变量)。

1. 菜单栏

允许使用鼠标或键盘操作执行各种命令和工具,如图 2－19 所示。可以定制“工具”菜单,在该菜单中增加自己的工具。

图 2－19 菜单栏

2. 工具栏

工具栏提供常用命令或工具的快捷按钮,如图 2－20 所示,并且可以定制每个工具条的内容和外观。其标准工具栏如图 2－21 所示。调试工具栏如图 2－22 所示。常用工具栏如图 2－23所示。LAD 指令工具栏如图 2－24 所示。

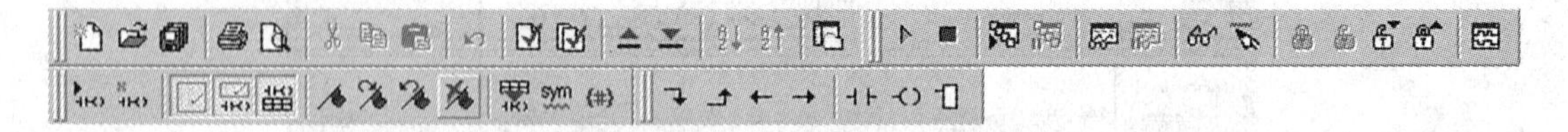

图 2－20 工具栏

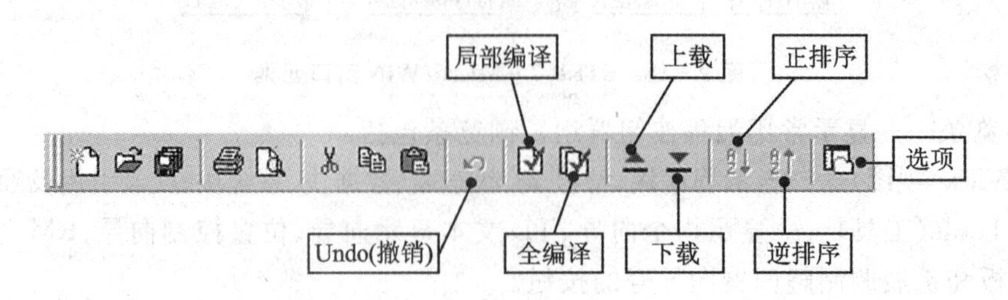

图 2－21 标准工具栏

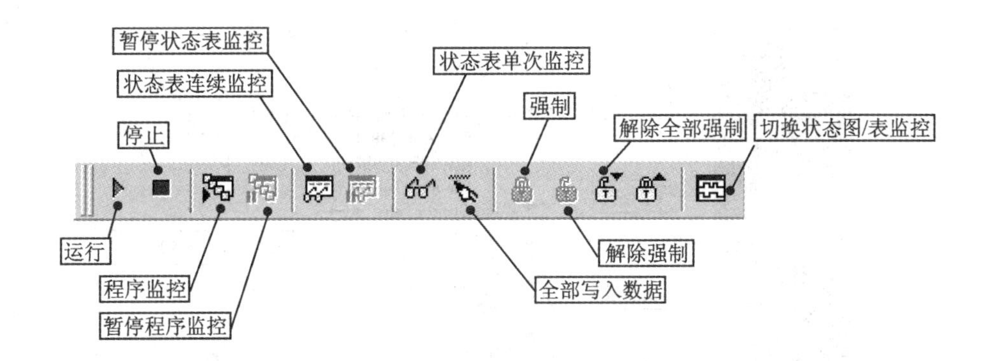

图 2－22　调试工具栏

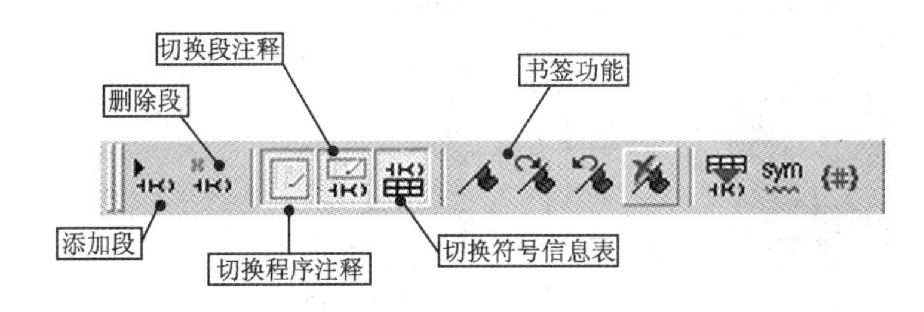

图 2－23　常用工具栏

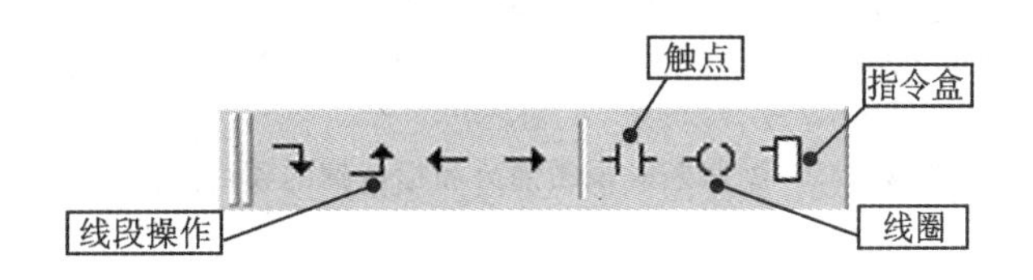

图 2－24　LAD 指令工具栏

2.2.2　项目及其组件

STEP 7－Micro/WIN 把每个实际的 S7－200 系统的用户程序、系统设置等保存在一个项目文件中，扩展名为.mwp。打开一个.mwp 文件就打开了相应的工程项目。

使用浏览条的视图部分和指令树的项目分支（如图 2－25 所示），可以查看项目的各个组件，并且在它们之间切换。单击浏览条图标，或者双击指令树分支可以快速到达相应的项目组件。

单击 Communications（通信）图标可以寻找与编程计算机连接的 S7－200 CPU，建立编程通信。单击 Set PG/PC Interface 图标可以设置计算机与 S7－200 之间的通信硬件以及网络地址和速率等参数。

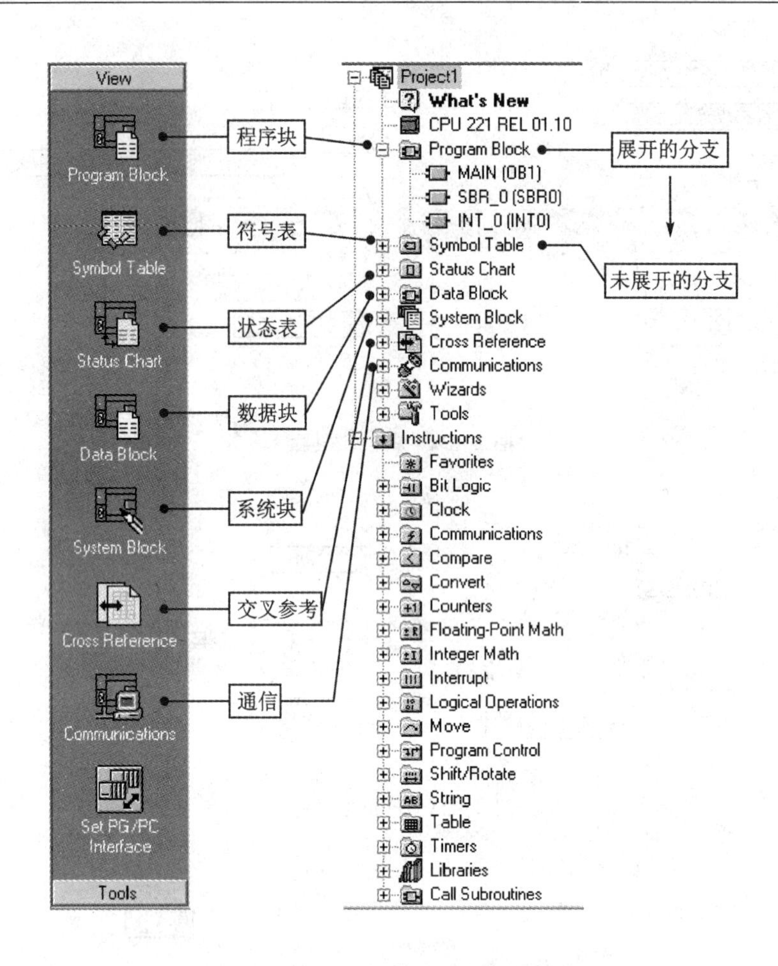

图 2-25　浏览条的视图部分和指令树的项目分支

2.2.3　定制 STEP 7-Micro/WIN

1. 显示和隐藏各种窗口组件

在菜单栏中单击 View(查看),并选择一个对象,将其选择标记在打开和关闭之间切换。带选择标记的对象是当前在 STEP 7-Micro/WIN 环境中打开的对象,如图 2-26 所示。

2. 选择窗口显示方式

在菜单栏中单击 Windows(窗口)>Cascade(层叠)/Horizontal(横向平铺)/Vertical(纵向平铺)可以改变窗口排列方式,也可在不同窗口间切换,如图 2-27 所示。

⚠ 当前窗口最大化之后,其他窗口会自动隐藏到后面。

---

3. 使用标签切换窗口的不同组件

程序编辑器、状态表、符号表和数据块的窗口可能有多个标签,以便于编辑和查看。例如,在程序编辑器窗口中单击标签可以在主程序、子程序和中断服务程序之间浏览,如图 2-28 所示。

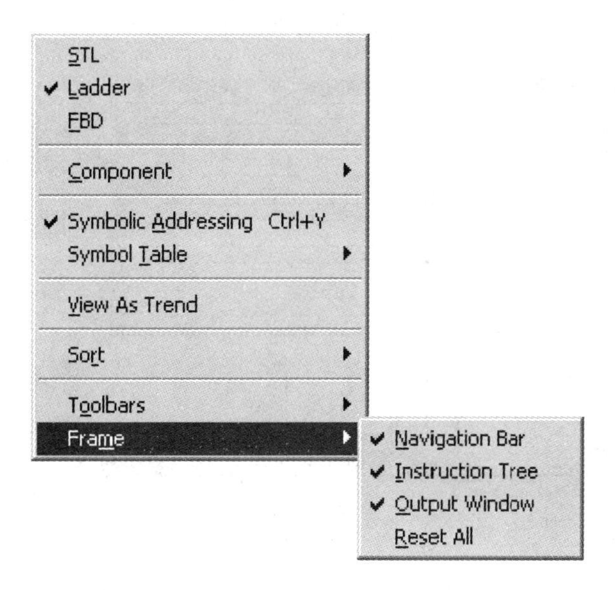

图 2 - 26　当前 STEP 7 - Micro/WIN 环境中打开的对象

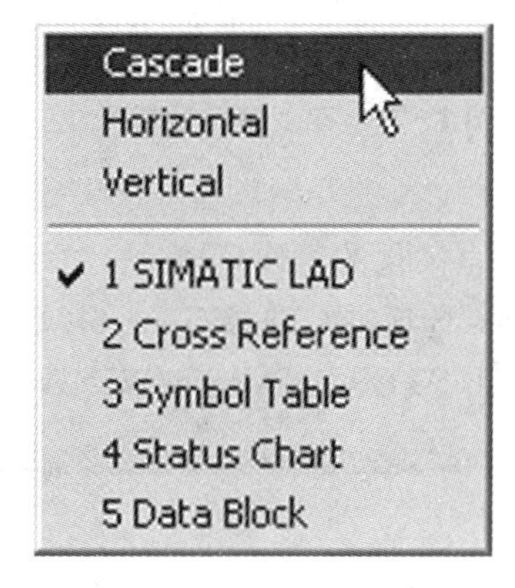

图 2 - 27　选择窗口显示方式

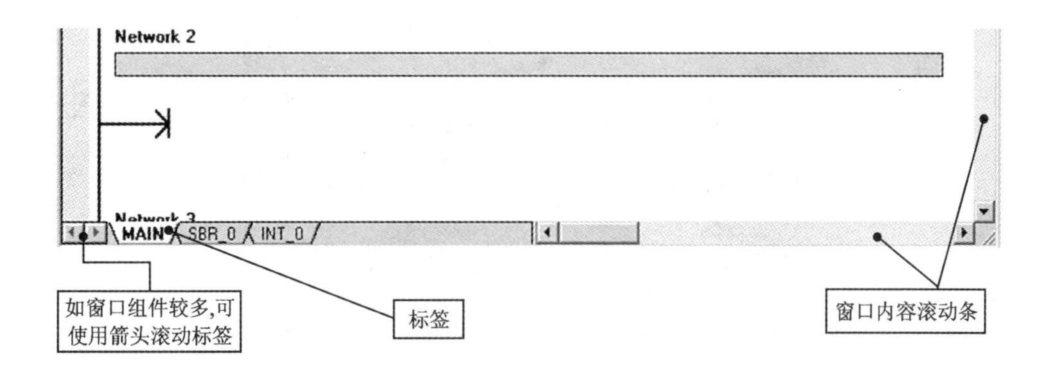

图 2 - 28　使用标签切换窗口的不同组件

用鼠标拖动分隔栏可以改变窗口区域的尺寸，如图 2-29 所示。

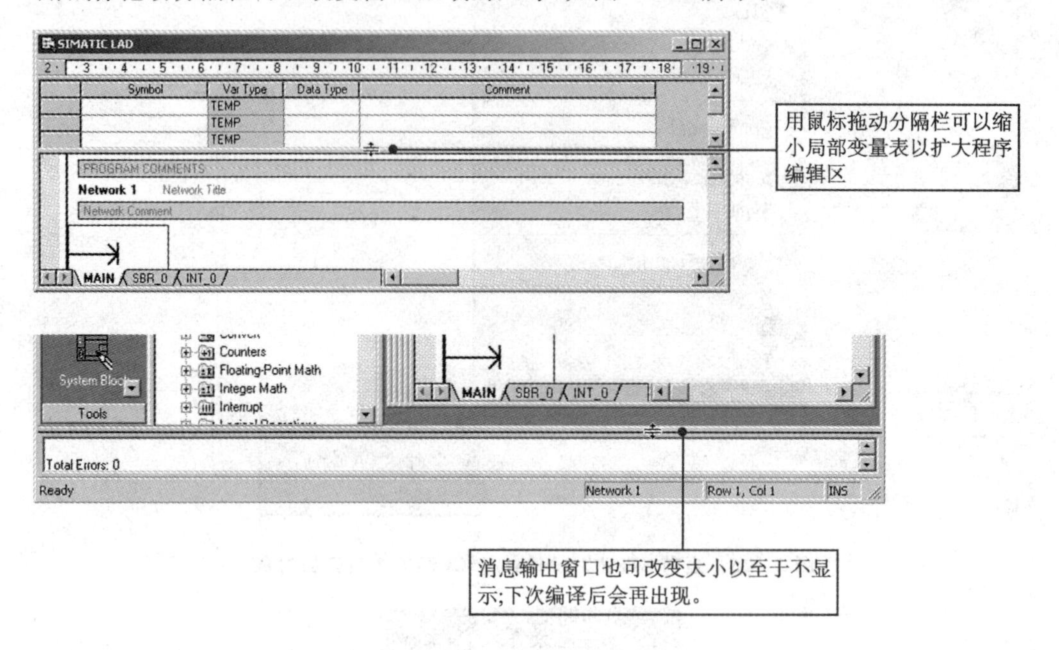

图 2-29 改变窗口区域尺寸

4. 选择中文环境

STEP 7-Micro/WIN 支持完全汉化的工作环境。

在菜单 Tools(工具)>Options(选项)中，选择 General(常规)选项卡，可以设置语言环境，如图 2-30 所示。改变设置后，退出 STEP 7-Micro/WIN，再次启动后生效。

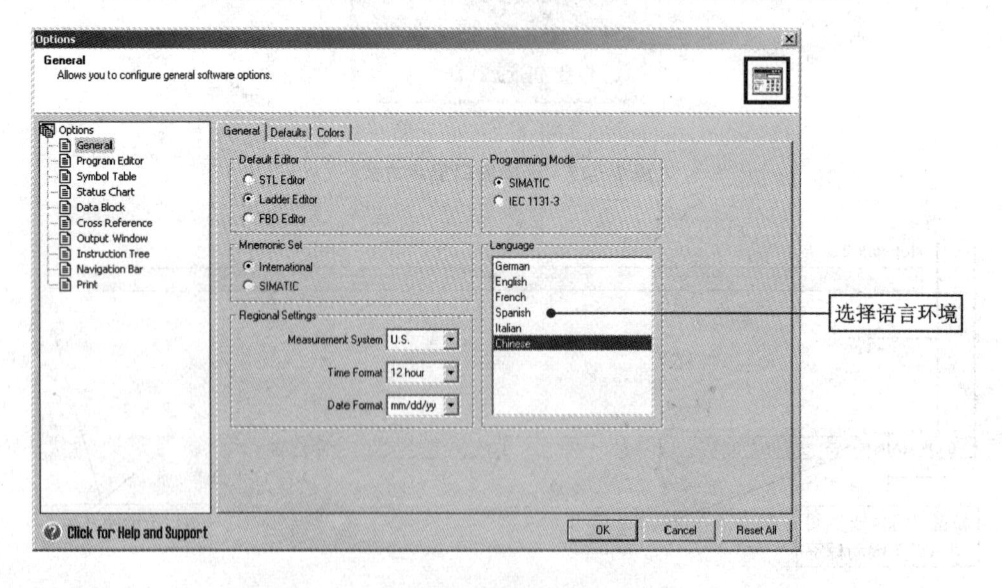

图 2-30 选择语言环境

2.2.4　使用帮助

从 Help(帮助)菜单中可以获得联机帮助,如图 2 - 31 所示。

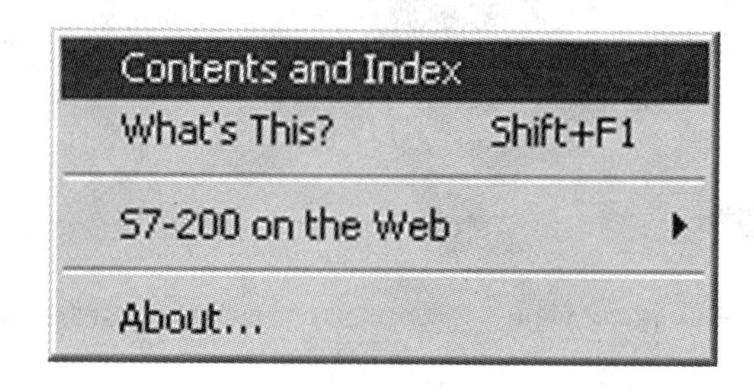

图 2 - 31　使用"帮助"

当需要的时候,按 F1 键就可获得帮助!先选择希望获得帮助的项目,如菜单项、对话框元素和指令块等,然后按 F1 键就会获得与此项目有关的帮助信息。

---

1. Contents and Index(目录和索引)

单击 Contents and Index(目录和索引)选项,可打开标准的联机帮助文件。

2. 指令和向导的帮助

编程时如果想了解某个指令的具体用法(如支持的操作数类型和参考例程等),或者了解编程向导的具体设置方法,就可以把鼠标放在相应指令(功能块)上,或在编程向导进行时,按 F1 键,可以获得详细的帮助信息。

3. What's This(这是什么)?

单击此选项,或按 Shift+F1 键使光标变成问号,在希望获得帮助的项目上单击。

单击 About(关于)选项,可列出关于 STEP 7 - Micro/WIN 的详细信息。

2.3　编程计算机与 CPU 通信

与 CPU 通信,通常需要下列条件之一,如图 2 - 32 所示:

- PC/PPI(RS - 232/PPI 和 USB/PPI)电缆,连接 PG/PC 的串行通信口(RS - 232C 即 COM 口,或 USB 口)和 CPU 通信口。
- PG/PC 上安装 CP(通信处理器)卡,通过 MPI 电缆连接 CPU 通信口(CP5611 卡配合台式 PC,CP5511/5512 卡配合笔记本电脑使用)。
- 其他用于编程的通信方式请参见《S7 - 200 系统手册》。

最简单的编程通信配置为

- 带串行通信端口(RS - 232C 即 COM 口,或 USB 口)的 PG/PC,并已正确安装了 STEP 7 - Micro/WIN 的有效版本。
- PC/PPI 编程电缆。RS - 232C/PPI 电缆连接计算机的 COM 口和 CPU 通信口;USB/PPI 电缆连接计算机的 USB 口和 CPU。

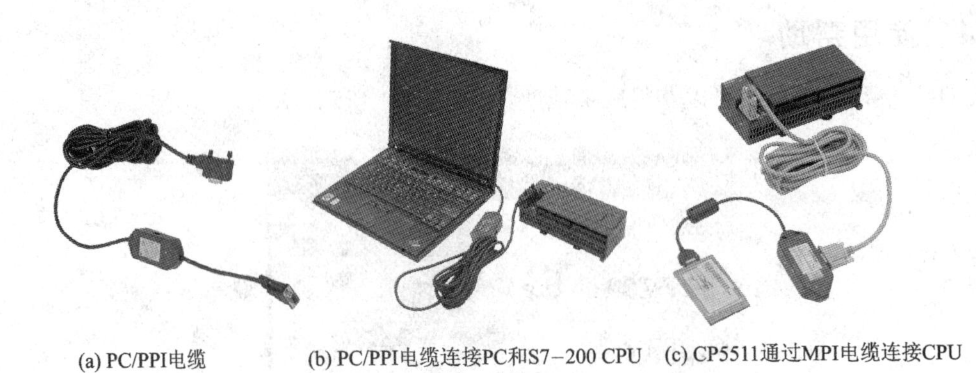

(a) PC/PPI电缆　　(b) PC/PPI电缆连接PC和S7-200 CPU　　(c) CP5511通过MPI电缆连接CPU

图 2 - 32　S7 - 200 的编程连接

2.3.1　设置通信

如果使用 RS - 232/PPI 电缆，可将电缆小盒中的 5 号 DIP 开关设置为“1”而其他位保持为“0”（如图 2 - 33 所示）；如果使用 USB/PPI 电缆，则不必做任何设置。

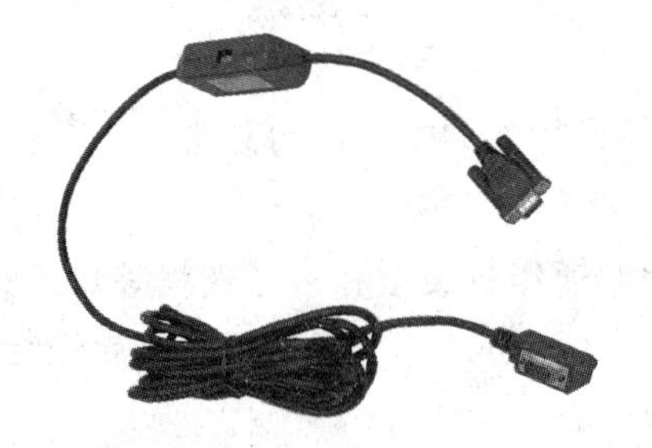

图 2 - 33　PC/PPI 电缆上的小盒中有 DIP 开关

⚠ 可以根据需要选择不同的通信波特率。9.6K 波特是 S7 - 200 CPU 默认的通信速率。使用其他波特率需要在系统块内设置，并下载到 CPU 中才能生效。

用 PC/PPI 电缆连接 PG/PC 和 CPU，将 CPU 前盖内的模式选择开关设置为 STOP，给 CPU 上电。

① 用鼠标单击浏览条上的 Communications（通信）图标出现通信窗口，如图 2 - 34 所示。

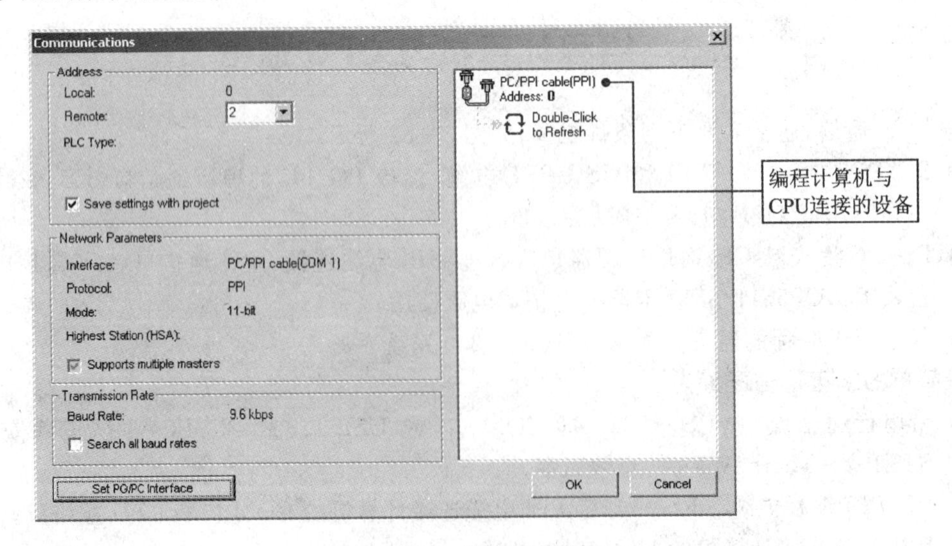

图 2 - 34　“通信”对话框

对话框右侧显示编程计算机将通过 PC/PPI 电缆尝试与 CPU 通信，左侧显示本地编程计算机的网络通信地址是 0，默认的远程(就是与计算机连接的)CPU 端口地址为 2。

② 用鼠标双击 PC/PPI 电缆的图标，出现如图 2-35 所示的对话框。单击 PC/PPI 电缆旁边的 Properties(属性)按钮，查看、设置 PC/PPI 电缆连接参数。

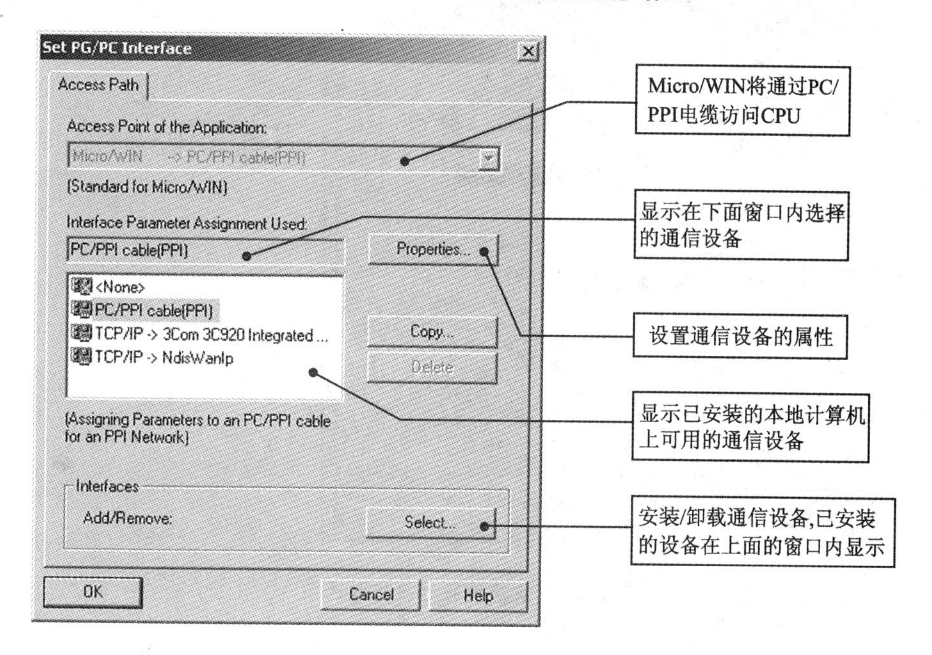

图 2-35　设置 PG/PC 的通信接口

③ 在 PPI 选项卡中查看、设置网络相关参数，如图 2-36 所示。

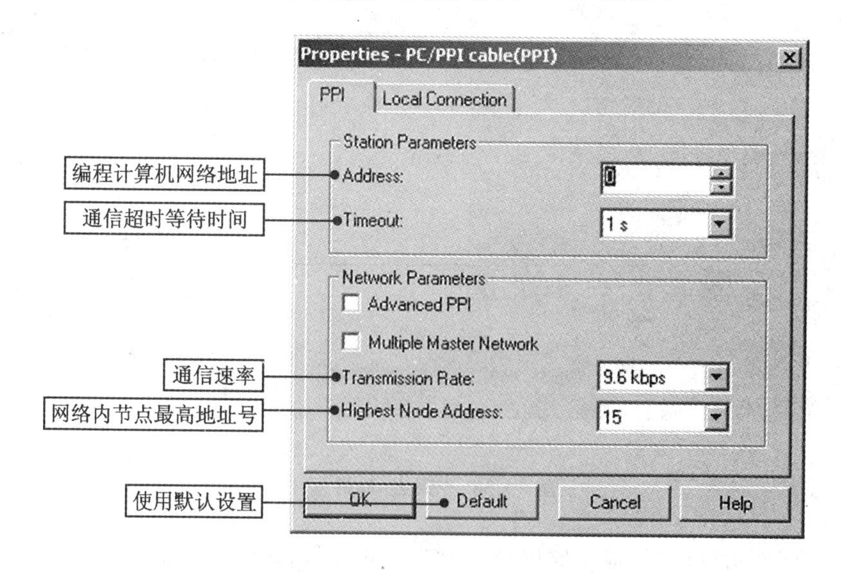

图 2-36　查看、设置网络相关参数

④ 在 Local Connection(本地连接)选项卡中，在 Connection to(连接到)下拉列表框中选择实际连接的编程计算机 COM 口(如果是 RS-232/PPI 电缆)或 USB 口(如果是 USB/PPI 电缆)，如图 2-37 所示。

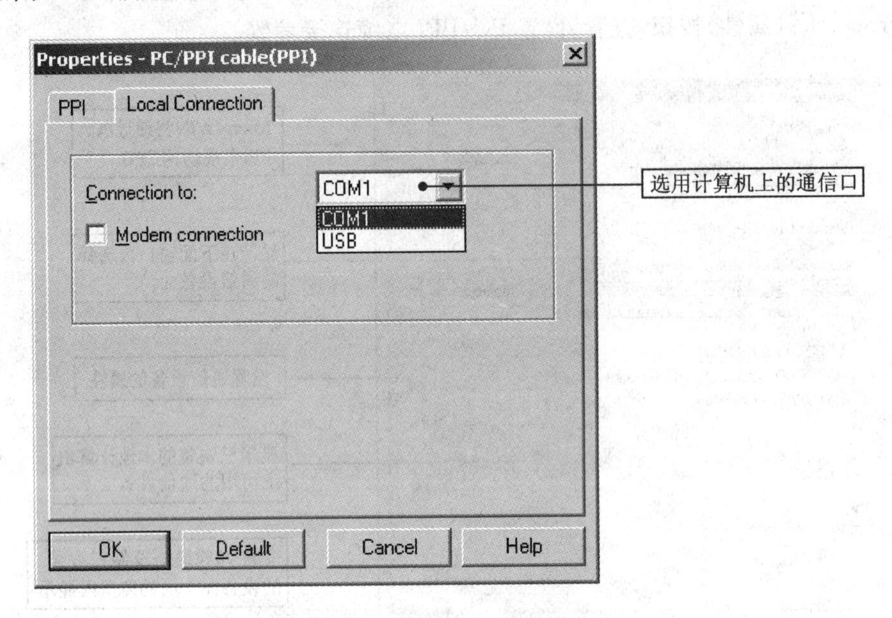

图 2-37　选择编程计算机通信口

⑤ 单击 OK 按钮回到“通信”对话框，鼠标双击 Refresh(刷新)图标，如图 2-38 所示。

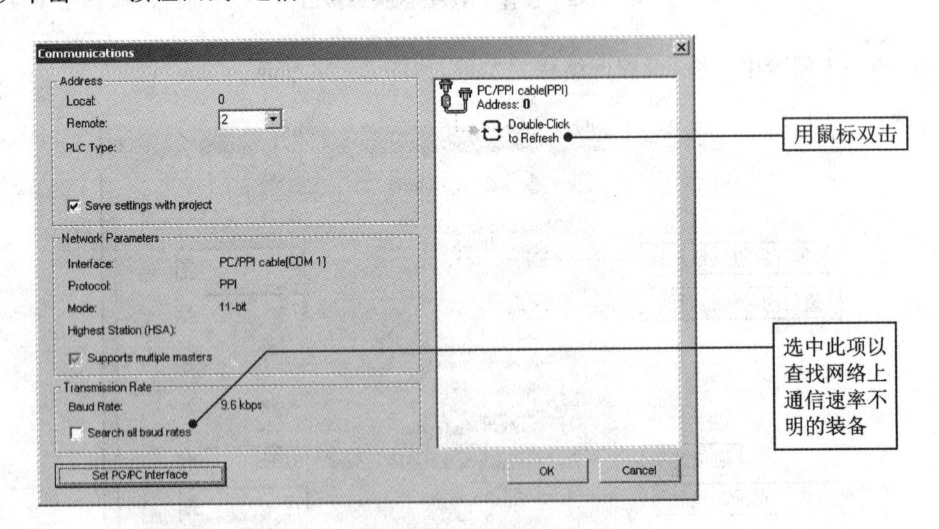

图 2-38　“通信”对话框

⑥ 执行“刷新”指令后，将显示通信设备上连接的设备，如图 2-39 所示。

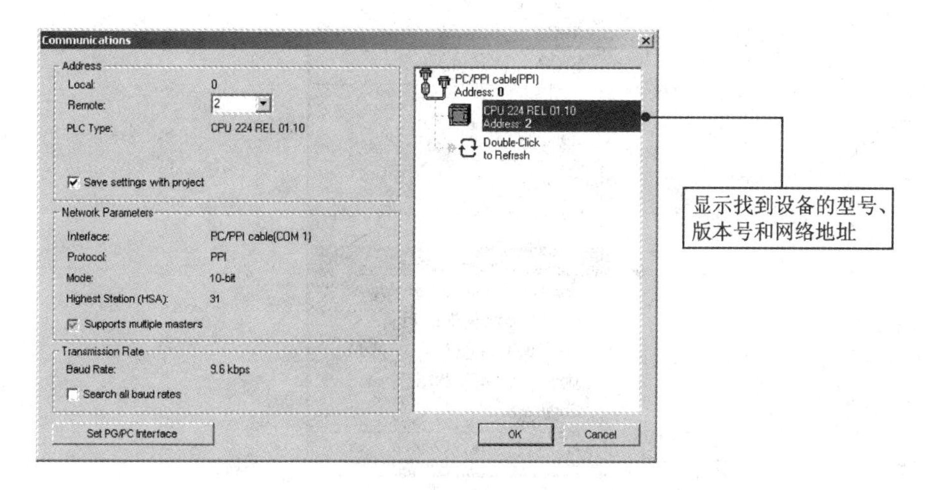

图 2 - 39　显示通信设备上连接的设备

2.3.2　PLC 信息

① 用鼠标双击找到的 CPU 图标(这里是 CPU 224),将显示 CPU 信息,如图 2 - 40 所示。

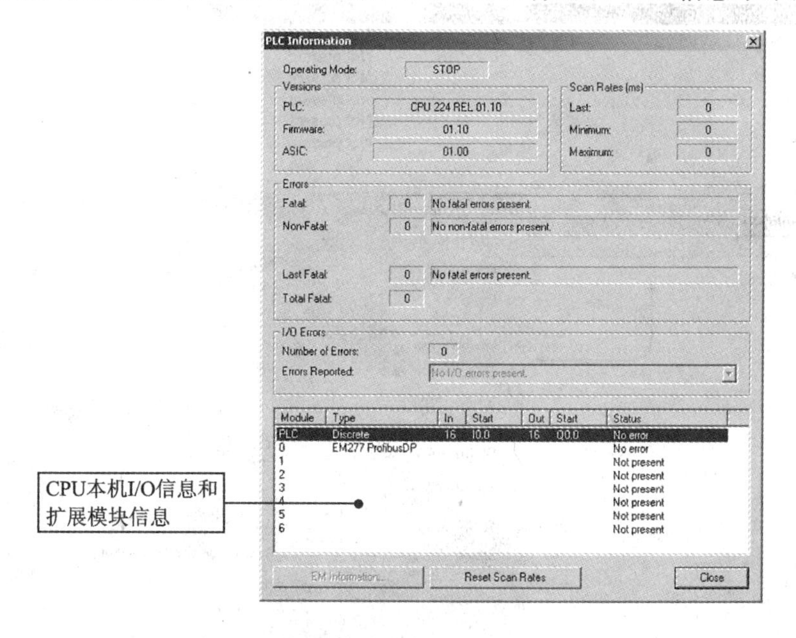

图 2 - 40　显示 PLC 信息

② 在 PG/PC 和 CPU 联机的状态下,也可从菜单 PLC>Information(信息)查看同一个对话框,如图 2 - 41 所示。

③ 选中扩展模块,再单击 EM Information(EM 信息)按钮,可查看扩展模块信息,如图 2 - 42所示。

④ 关闭"通信"对话框后,可以发现指令树项目(Project)条目显示实际连接并通信成功的 CPU 型号和版本信息,如图 2 - 43 所示。

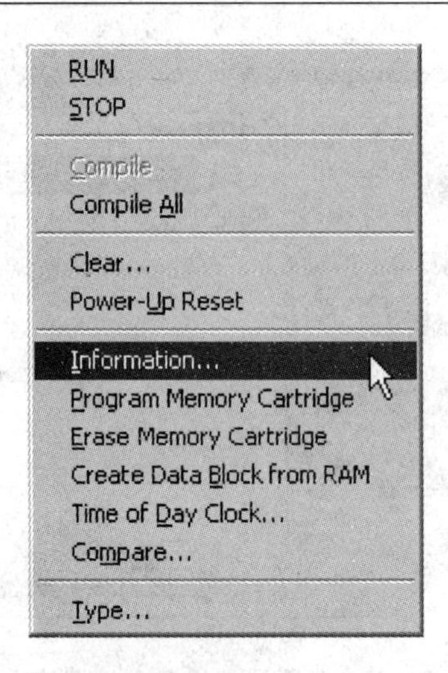

图 2-41 在 PLC>Information 中查看 PLC 信息

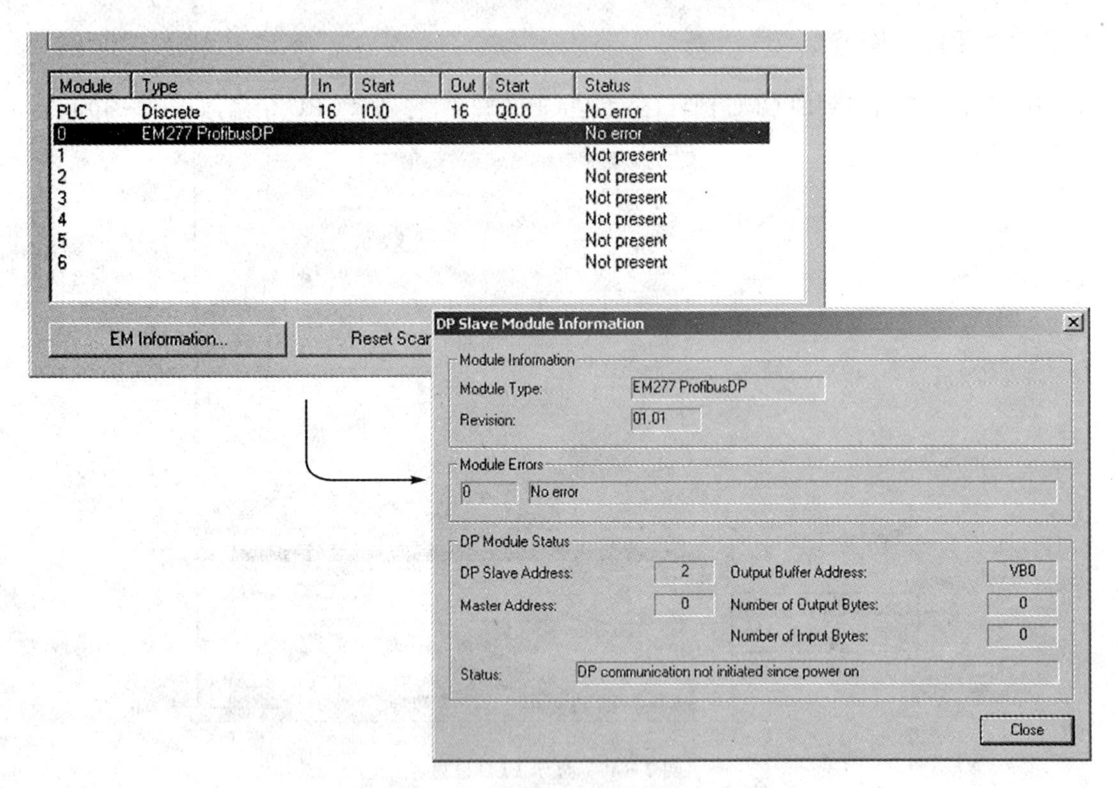

图 2-42 查看扩展模块信息

⚠ 如果不能与 CPU 通信,也可以离线设置 CPU 型号。用鼠标在项目分支上单击右键,显示 Type(类型)选项。如图 2-44 所示。

---

⑤ 单击 Type(类型)选项,出现如图 2-45 所示的对话框。也可以使用菜单命令 PLC>Type(类型)打开该对话框。

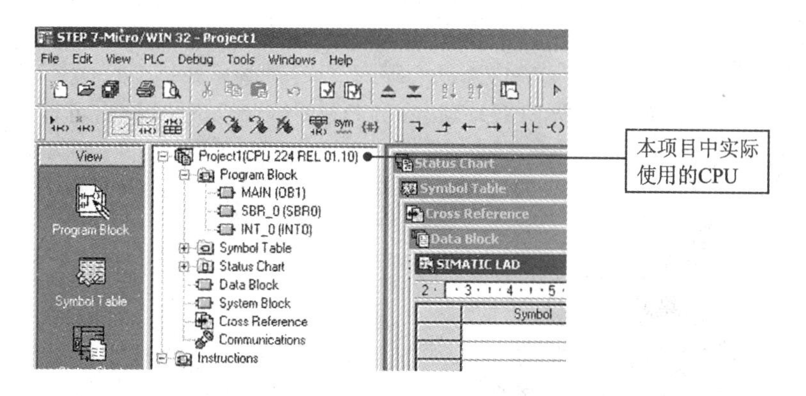

图 2－43　指令树项目条目显示的信息

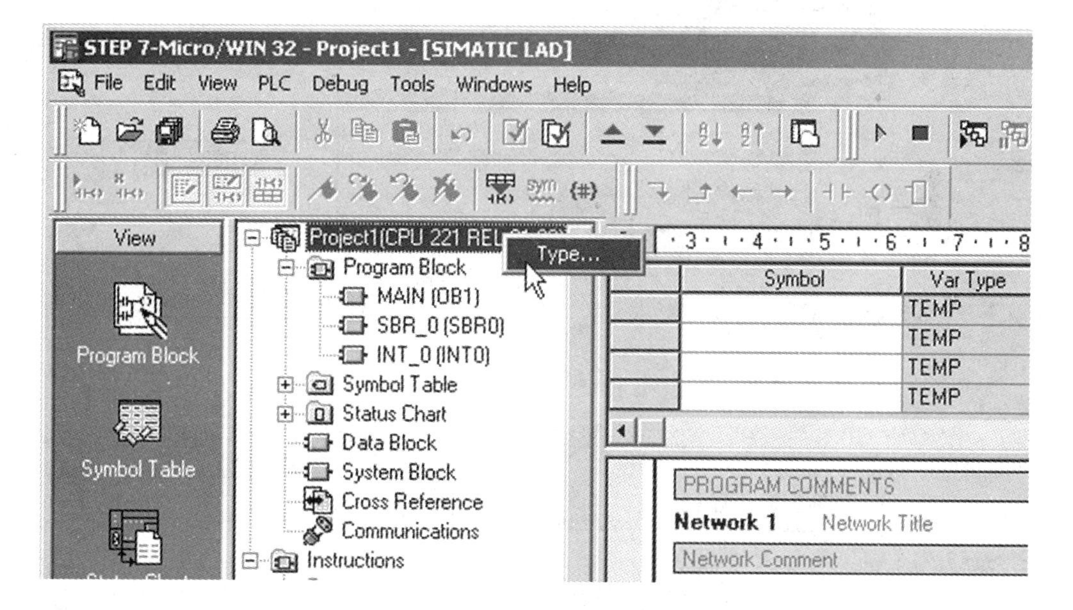

图 2－44　离线设置 CPU 型号

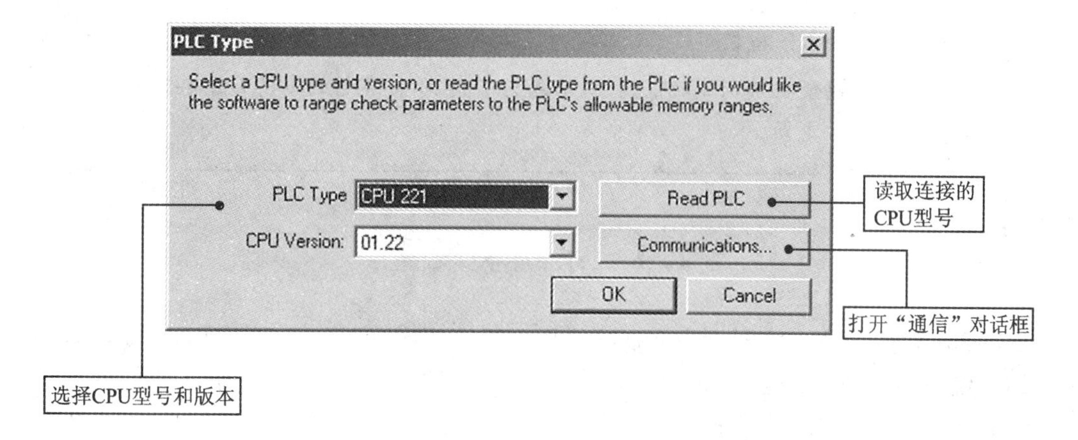

图 2－45　选择 CPU 型号

2.3.3 实时时钟

在连通状态下，单击菜单命令 PLC>Time of Day Clock(实时时钟)，可显示、设置以及启动 CPU 实时时钟，如图 2-46 所示。

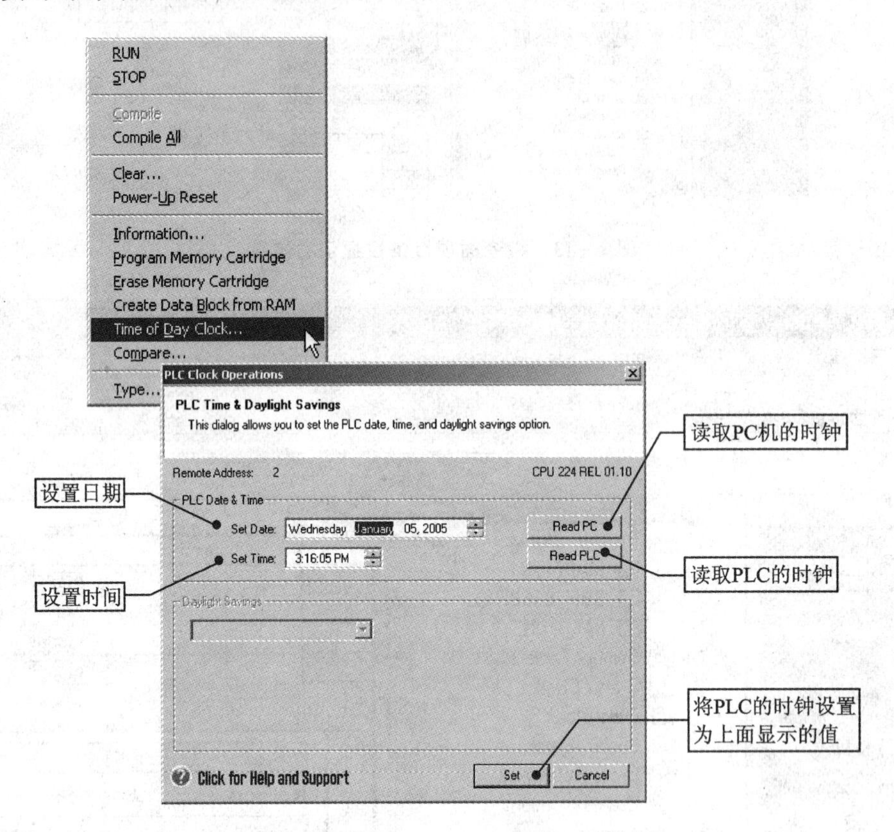

图 2-46 设置 CPU 实时时钟

⚠ CPU 224/224 XP 和 CPU 226 具有内置实时时钟，CPU 221 和 CPU 222 需要外插时钟电池卡才能使用实时时钟。全新的或者长时间未供电的 CPU 需要设置一次，时钟才能开始正常走动。

2.4 系统块设置

S7-200 CPU 提供了多种参数和选项设置以适应具体应用。这些参数和选项在 System Block(系统块)对话框内设置。系统块须经编译和下载到 CPU 内才起作用。

使用 View(查看)浏览条内的按钮，或者使用菜单命令 View(查看)>Component(组件)>System Block(系统块)打开系统块设置窗口。如图 2-47 所示。

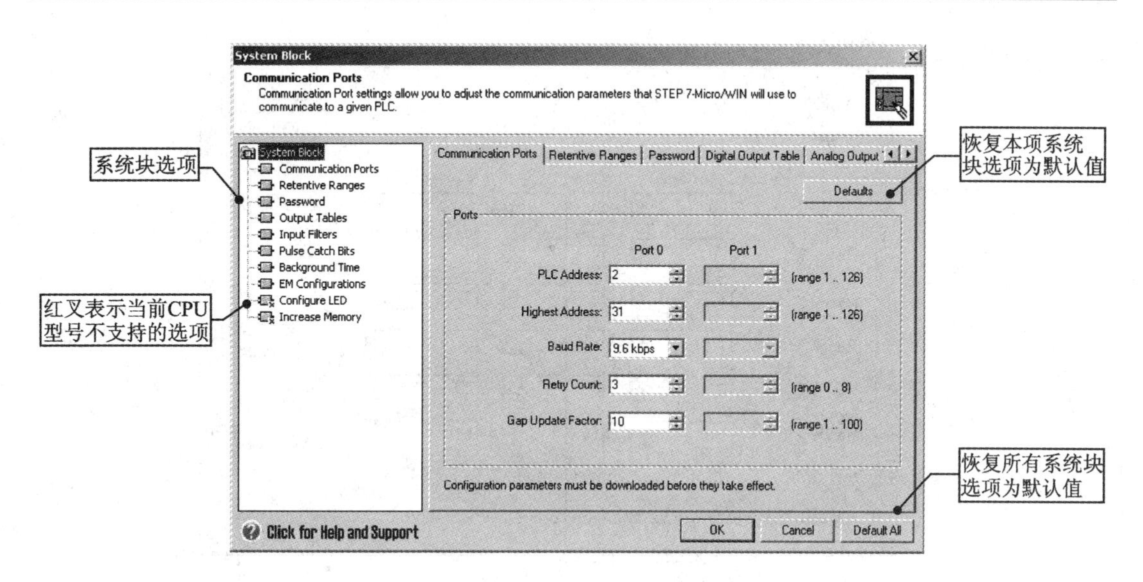

图 2 - 47　“系统块”对话框

2.4.1　通信口

系统块内的 Port(s)(通信端口)选项卡用来设置 CPU 的通信口属性,如图 2 - 48 所示。

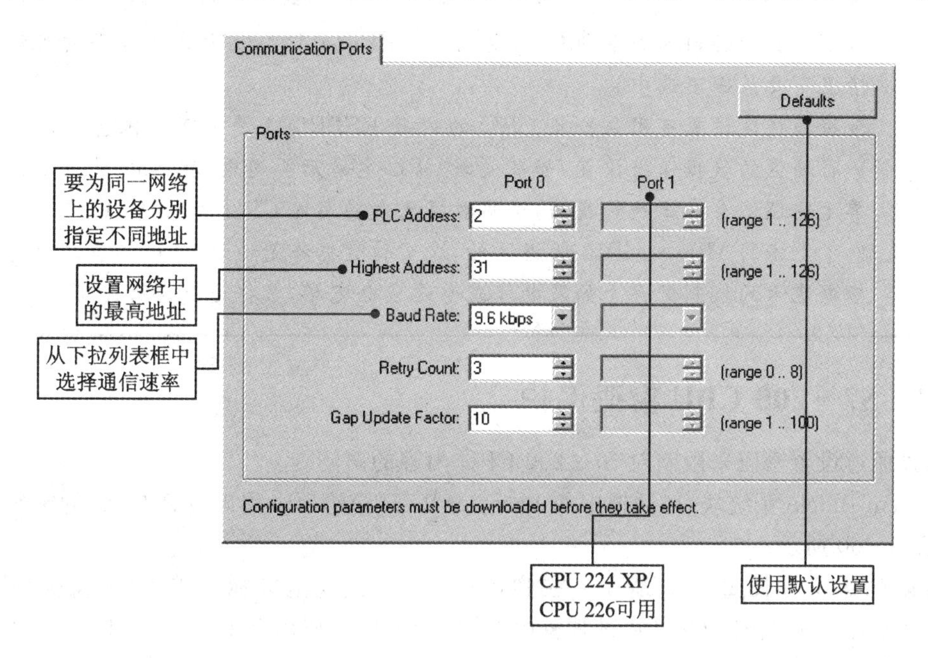

图 2 - 48　系统块内设置 CPU 通信口属性

2.4.2　数据保持区

Retentive Ranges(断电数据保持)选项卡用来设置 CPU 掉电时如何保存数据,如图 2 - 49 所示。

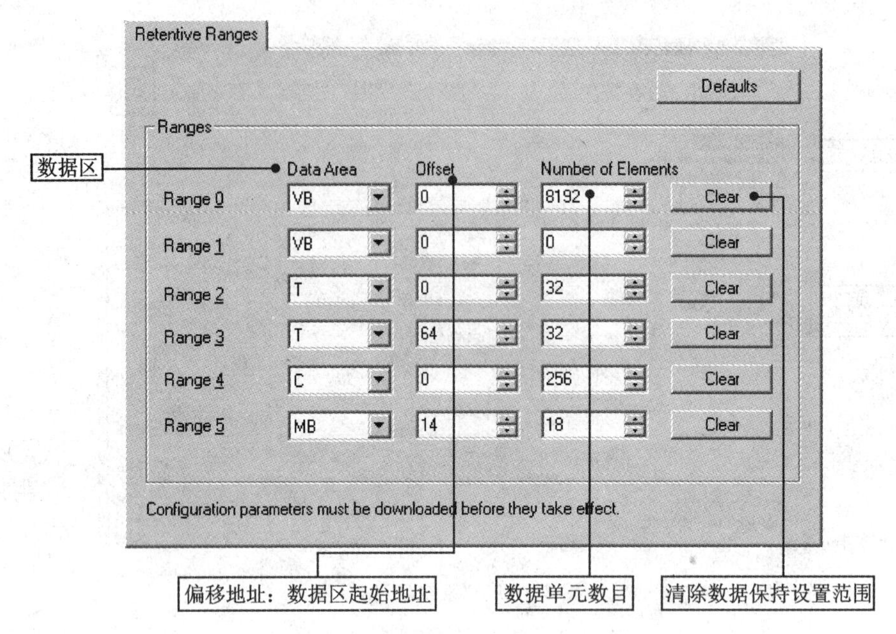

图 2-49　设置 CPU 掉电时的数据保持属性

1. 将 M 存储区的前 14 字节(MB0～MB13)设置为数据保持功能,CPU 会在掉电时自动将其中的内容保存到 CPU 内置的 EEPROM 中,达到永久保存的目的。默认情况下此范围不选中。
2. 数据保持区设置可用来检验 CPU 的内置 EEPROM 是否正确保存了数据。清除 V 存储区的数据保持设置,如果关断 CPU 电源后再送电,观察到 V 存储区相应的单元内还保存有正确的数据,说明数据已成功写入 CPU 的 EEPROM。
3. 除了上述的 MB0～MB13 数据区外,这里的数据都是通过 CPU 内置超级电容+外插电池卡的机制保存。如果电容或电池放电完毕,数据还是会消失。

2.4.3 S7-200 CPU 密码保护

可以通过设置密码来限制对 S7-200 CPU 内容的访问。

System Block(系统块)对话框中的 Password(密码)选项卡用以设置 CPU 的密码保护功能,如图 2-50 所示。

权限的定义如图 2-51 所示。在弹出的对话框中,用鼠标单击 OK(确认)按钮,如图 2-52所示。下次访问 CPU 中的加密内容时,会弹出密码验证对话框(如图 2-53 所示),在文本输入框中键入密码即可。

版本在 Rel. 2.01 以上的 CPU 支持第 4 级密码。设置了第 4 级密码的项目下载到 CPU 中后,即使有正确的密码也不能执行任何程序上载操作。

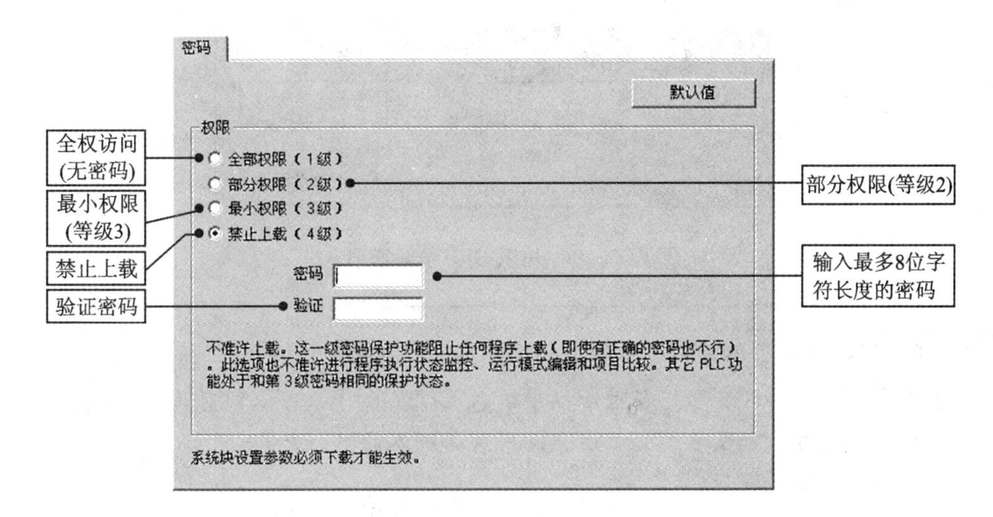

图 2-50　系统块中的密码保护功能

CPU功能	1级	2级	3级
读写用户数据	不限制	不限制	不限制
启动、停止重启CPU			
读写时钟			
上载程序、数据和配置	不限制	不限制	要密码
下载到CPU	不限制	要密码	
监视执行状态			
删除程序、数据和配置			
强制数据式执行程序			
复制到存储卡			
在STOP模式下写输出			

图 2-51　权限的定义

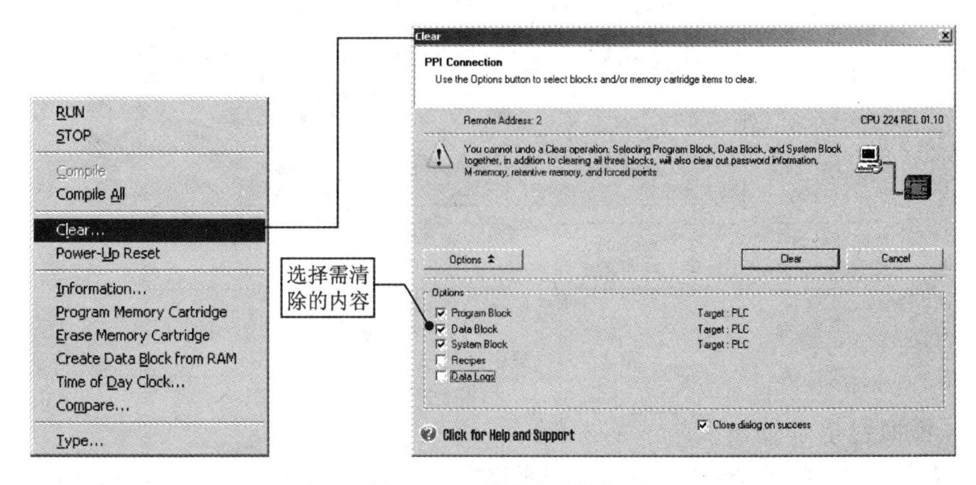

图 2-52　清除密码操作

图 2－53　输入 CPU 清除密码

清除密码:如果忘记密码而不能访问 CPU,建立与 S7－200 CPU 的通信后,单击菜单命令 PLC>Clear(清除),在对话框中输入 CLEARPLC 可以同时清除密码和 CPU 中的程序等内容。如图 2－52 所示。使用最新版本的 STEP 7－Micro/WIN 软件执行清除命令无须输入密码。

2.4.4　输出表

可在 Output Table(输出表)选项卡内定义 S7－200 CPU 从 RUN(运行)状态转到 STOP(停止)状态时,CPU 如何操作数字量和模拟量输出信号。此功能对于实际系统在 CPU 停机时保持安全联锁,或者维持一些设备的运转非常有用。

1. 数字量信号输出表

在 Digital(数字量)选项卡中定义数字量输出信号在 CPU 停机时的状态,如图 2－54 所示。

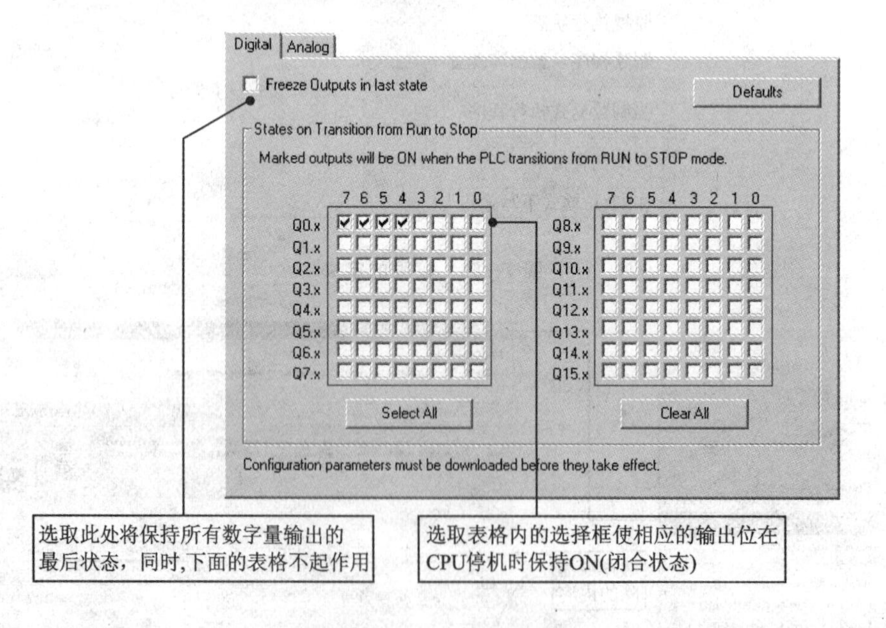

图 2－54　数字量信号输出表

2. 模拟量信号输出表

在 Analog(模拟量)选项卡中定义模拟量信号在 CPU 停机时的状态,如图 2－55 所示。

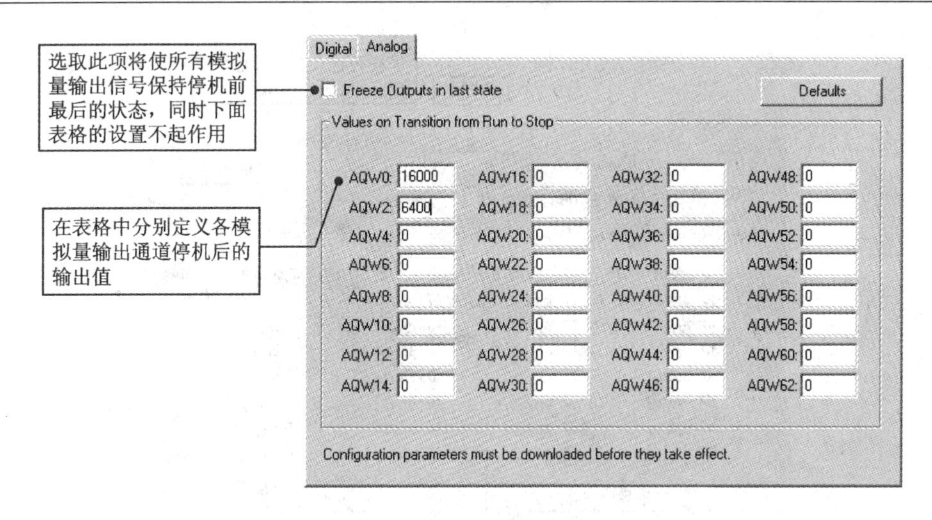

图 2 - 55 模拟量信号输出表

2.4.5 输入滤波器

可在 Input Filters(输入滤波器)选项中分别为 S7 - 200 CPU 的数字量输入点和模拟量输入通道指定输入滤波时间常数。

1. 数字量信号输入滤波器

在 Digital(数字量)选项卡中成组定义输入滤波时间,范围为 0.2～12.8 ms,如图 2 - 56 所示。

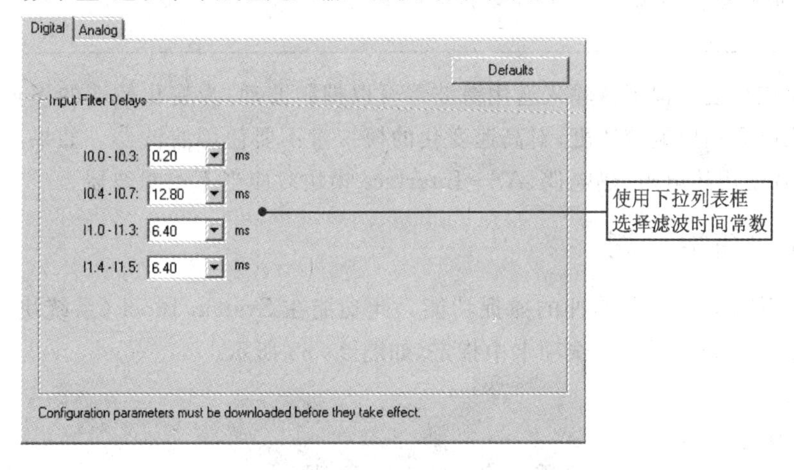

图 2 - 56 数字量输入滤波器的设定

⚠ 此功能仅对 S7 - 200 上集成的数字量输入点有效。

---

2. 模拟量信号输入滤波器

在 Analog(模拟量)选项卡中允许为单个模拟量输入通道选择是否使用软件滤波器。软件滤波的输出就是对一定采样数的模拟量值取的平均值,如图 2 - 57 所示。

所有选择使用滤波器的通道都具有同样的采样数和死区设置。模拟量输入滤波可以滤除一定程度的干扰,使信号变得比较稳定。

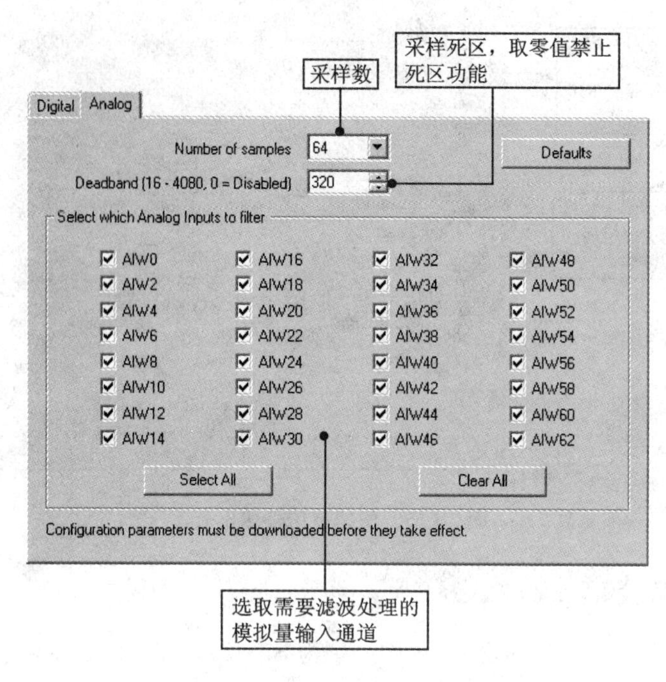

图 2-57　模拟量输入滤波器的设定

⚠ 不使用滤波器的通道，在程序中访问它时读取的就是即时采样值。

为变化比较缓慢的模拟量输入选用滤波器可以抑制波动；为变化较快的模拟量选用较小的采样数和死区会加快响应速度；对高速变化的模拟量不要使用滤波器。如果用模拟量传递数值信号，或者使用热电阻、热电偶、AS-Interface 模块时应当不用滤波器。

2.4.6　脉冲捕捉功能

S7-200 CPU 提供短促脉冲的捕捉功能。此功能在 System Block(系统块)对话框中的 Pulse Catch Bits(脉冲捕捉位)选项卡中指定，如图 2-58 所示。

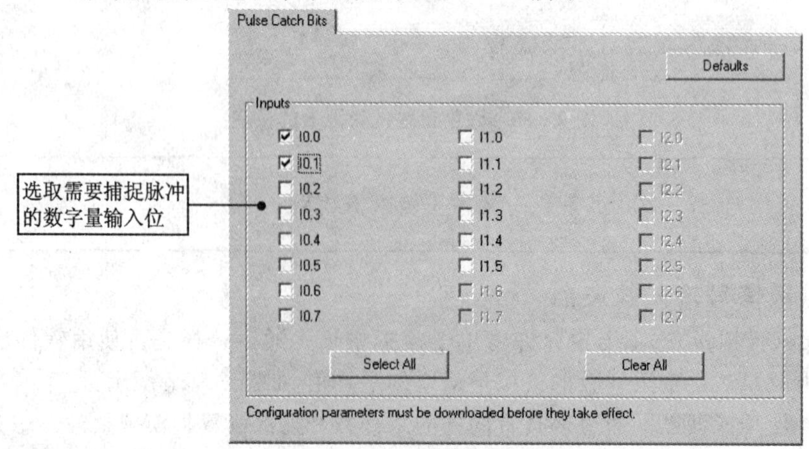

图 2-58　脉冲捕捉功能的设定

S7 - 200 CPU 总在两次用户程序扫描周期之间读取物理数字量输入位的状态并更新输入映像区(如图 2 - 59 所示),因此,短促的脉冲如果在程序扫描周期中间到达,CPU 可能会丢失这个脉冲。脉冲捕捉功能提高了检测短脉冲信号的可靠性。

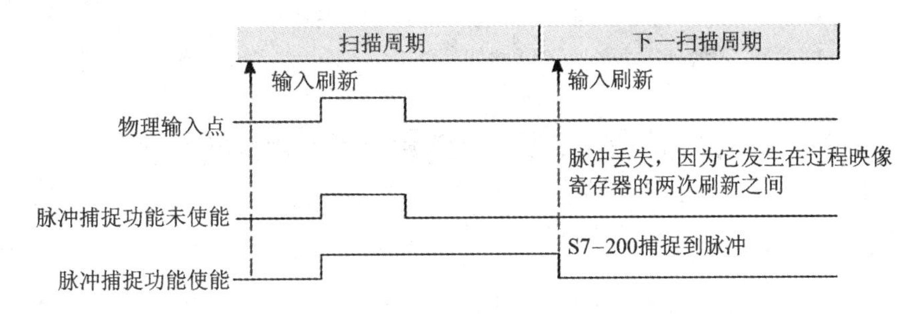

图 2 - 59　使用脉冲捕捉功能有助于检测短促的输入脉冲

2.4.7　用户自定义 LED 指示灯

S7 - 200 CPU 提供了一个可以由用户定义的黄色 LED 指示灯,它的功能可以在 System Block(系统块)对话框的 Configure LED(LED 配置)选项卡中定义。如图 2 - 60 所示。

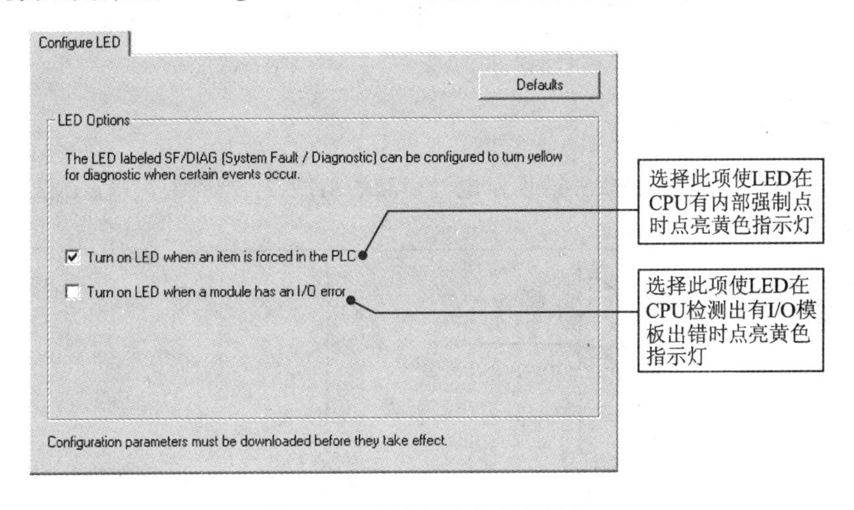

图 2 - 60　设置用户自定义 LED

除此之外,还可以用指令编程实现对自定义 LED 的控制。自定义的黄色 LED 与代表 SF(系统故障)的红色 LED 共用一个灯窗。

2.4.8　增加程序存储区

S7 - 200 提供了 Edit in Run(运行模式下程序编辑)功能。如果不选用这个默认设置,用户就可以获得更多的程序存储空间。如图 2 - 61 所示。

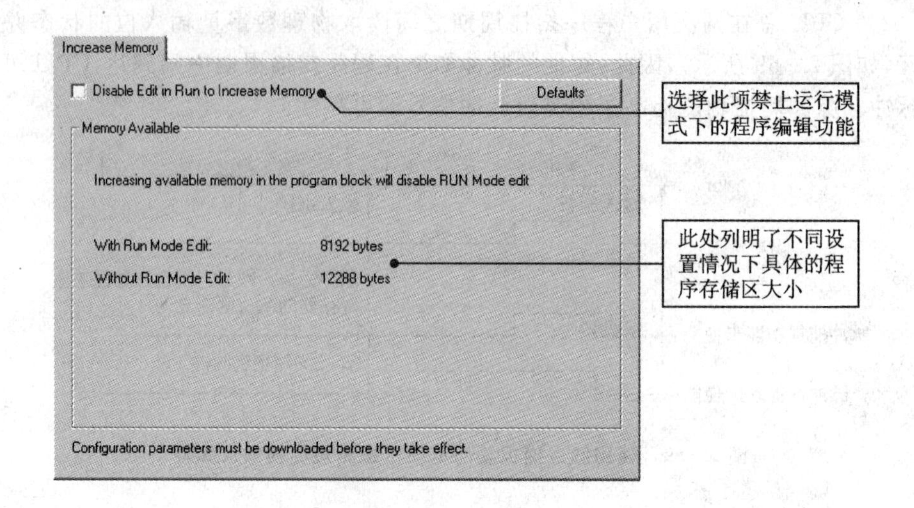

图 2－61　增加程序存储区

2.5　编　程

2.5.1　任　务

用 S7－200 PLC 实现如图 2－62 所示电气回路的功能。

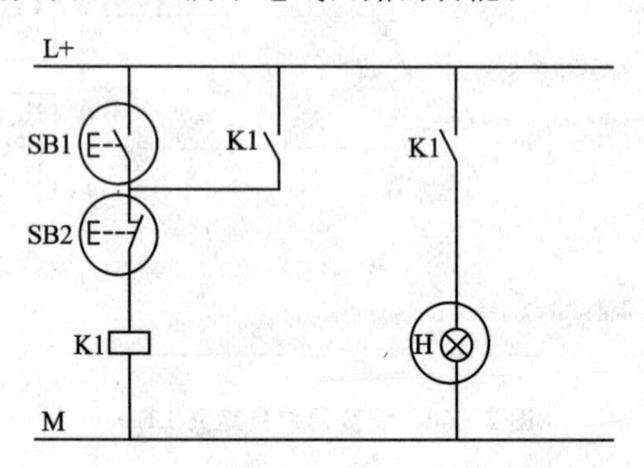

图 2－62　电气回路

把上面的电气原理图转动方向，并将触点、线圈等换用 STEP 7－Micro/WIN 中约定的符号表示，就可以得到一个如图 2－63 所示的梯形逻辑图。

电气图中圆圈内的都是外围器件。S7－200 CPU 的 I/O(输入/输出)接口与外围器件通过电信号连接起来，接受操作指令和检测各种状态，并把逻辑运算的结果作为控制信号输出。S7－200 CPU 通过运行用户编制的程序实现以前用继电器硬件连接实现的逻辑运算。

每一个实际的 I/O 器件，都连接到 S7－200 PLC 的实际 I/O 端子。S7－200 CPU 通过约定的方法，在程序中访问这些 I/O，称为寻址。

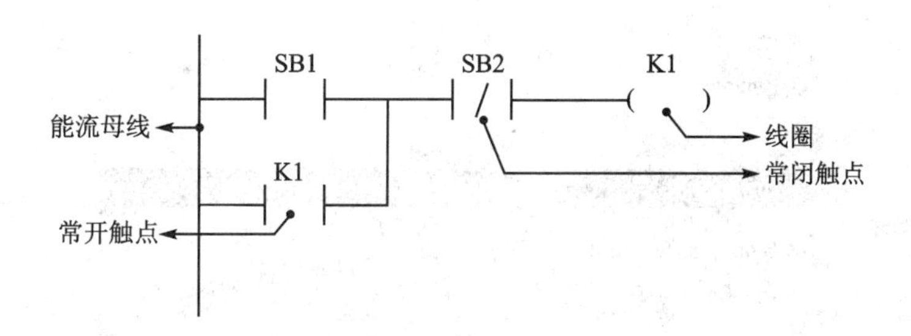

图 2－63　梯形逻辑图

图 2－62 中 SB2 采用了常闭触点接法。具有“停止”和“急停”等关系到安全保障功能的信号一般都应在硬件连接上使用常闭触点，防止因不能及时发现断线等故障而失去作用。

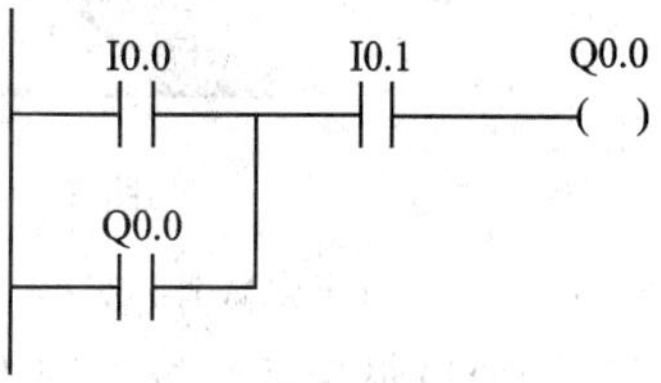

图 2－64　实际的 S7－200 PLC 程序

在 S7－200 控制程序中，使用 I/O 地址来访问实际连接到 CPU 输入/输出端子的实际器件。所以，实际的 S7－200 PLC 程序应如图 2－64 所示。

连接到 I0.0 的 SB1 是常开触点接法，平时没有电压输入，处于低电平状态；SB1 按下时使 I0.0 输入高电平。因为 I0.0 为高电平时代表 SB1 按下，所以是“高电平有效”的信号。因为把 SB2 的常闭触点连接到 CPU 的 I0.1，I0.1 平时处在高电平状态。I0.1 低电平时才代表 SB2 动作，因此是“低电平有效”信号。在用户程序中，开关量点既可以用做常开触点，也可以用做常闭触点。高电平有效信号在动作(有效)时可以使常开触点闭合导通，其后面的逻辑状态为“1”，不动作时是逻辑“0”状态。低电平有效信号有效时，可以使常开触点断开(逻辑“0”)，不动作时是逻辑“1”状态。如果低电平有效信号在程序中使用了常闭触点，则当它有效时常闭触点才能接通(逻辑“1”)，而不动作时为逻辑“0”。程序中的逻辑“1”和“0”状态与输入信号的有效电平没有固定关系，而是与根据工艺控制逻辑的要求所选用的指令(常开/常闭触点)有关。在图 2－64 中，I0.1 起断开保持逻辑电路的作用，程序中必须使用常开触点才能在不动作时使“能流”通过，动作时切断“能流”。

2.5.2　输入和编辑程序

1. 程序编辑器

在浏览条 View 视图中单击 Program Block(程序块)工具按钮，或使用菜单命令 View(查看)>Component(组件)>Program Editor(程序编辑器)打开程序编辑器窗口，如图 2－65 所示。

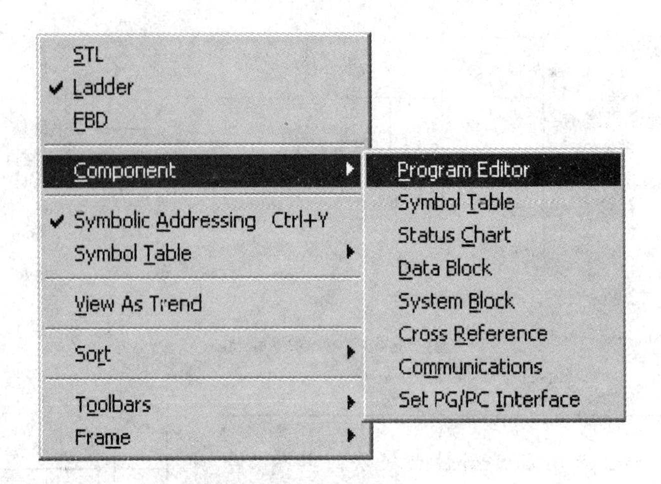

图 2－65 使用菜单命令打开程序编辑器窗口

STEP 7－Micro/WIN 支持 LAD(梯形图)、FBD(功能块图)和 STL(语句表)三种编程方式。其中 LAD 最接近传统的继电器逻辑电路,也是默认的编程模式。

2. LAD 程序编辑窗口

LAD 程序编辑窗口如图 2－66 所示。STEP 7－Micro/WIN 用 Network(程序网络段)来组织程序。每个网络相当于继电器控制图中的一个电流通路。一个网络内只能有一个“能流”通路,不能有两条互不联系的通路。

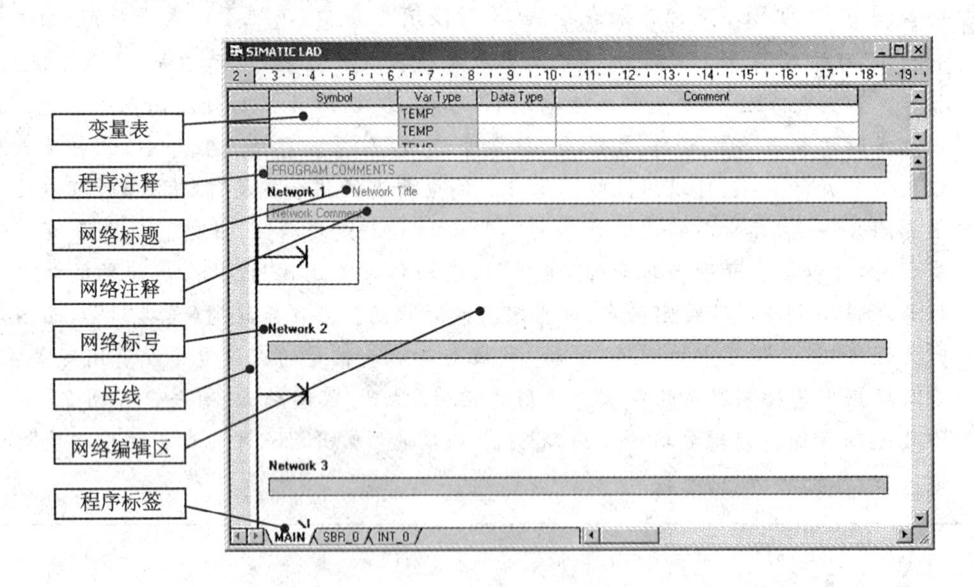

图 2－66 LAD 程序编辑窗口

可以单击工具栏上的和按钮切换程序注释和网络注释显示。在注释处单击就可直接编辑注释。

在 LAD 编辑器中有以下几种输入程序指令的方法：

- 鼠标拖放。
- 特殊功能键(F4,F6,F9)。
- 鼠标双击。
- LAD 指令工具栏按钮。

(1) 鼠标拖放

鼠标单击打开指令树中的指令类别分支，选择指令标记，按住鼠标左键不放，将其拖到编辑器窗口内合适的位置上再释放，如图 2 - 67 所示。

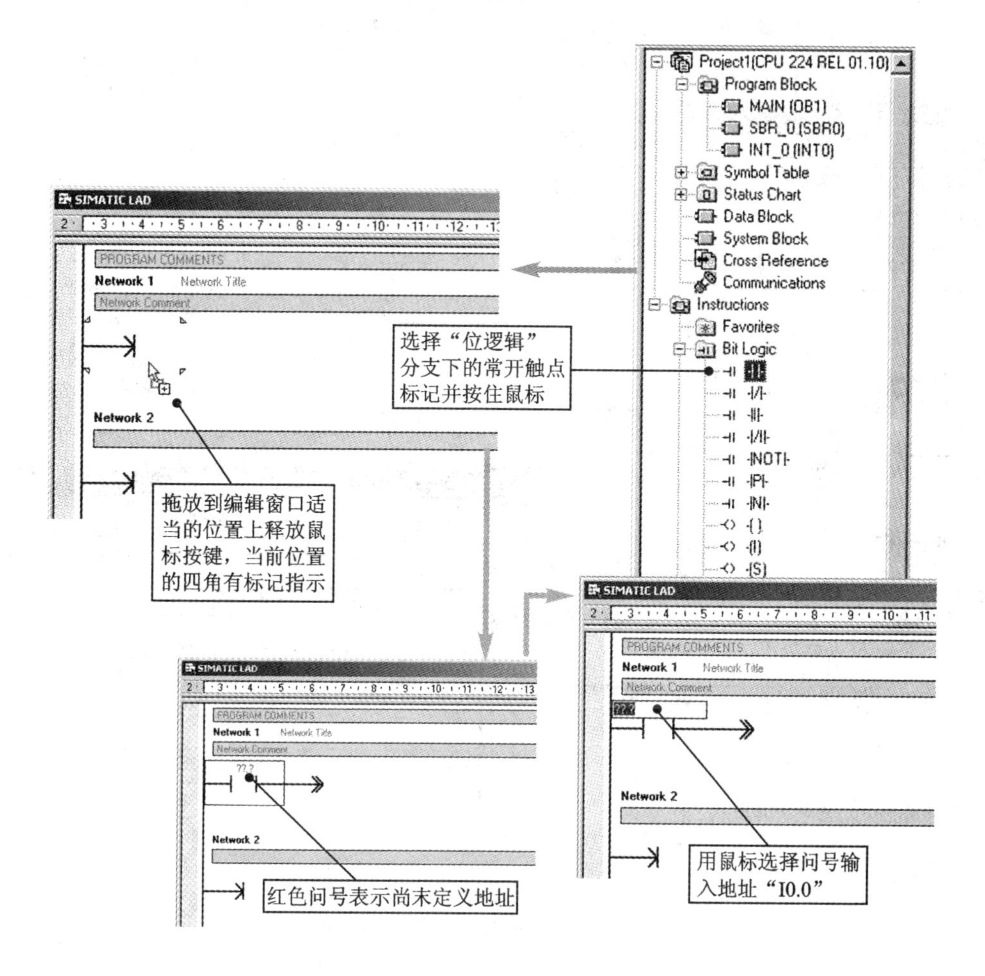

图 2 - 67　使用鼠标拖放编辑程序

(2) 特殊功能键(如图 2 - 68 所示)

(3) 鼠标双击(如图 2 - 69 所示)

输入触点的地址，完成程序段的输入，如图 2 - 70 所示。单击工具栏按钮或使用菜单命令 File(文件)>Save(保存)，保存项目。保存时需要指定项目文件名和保存文件夹，如图 2 - 71 所示。

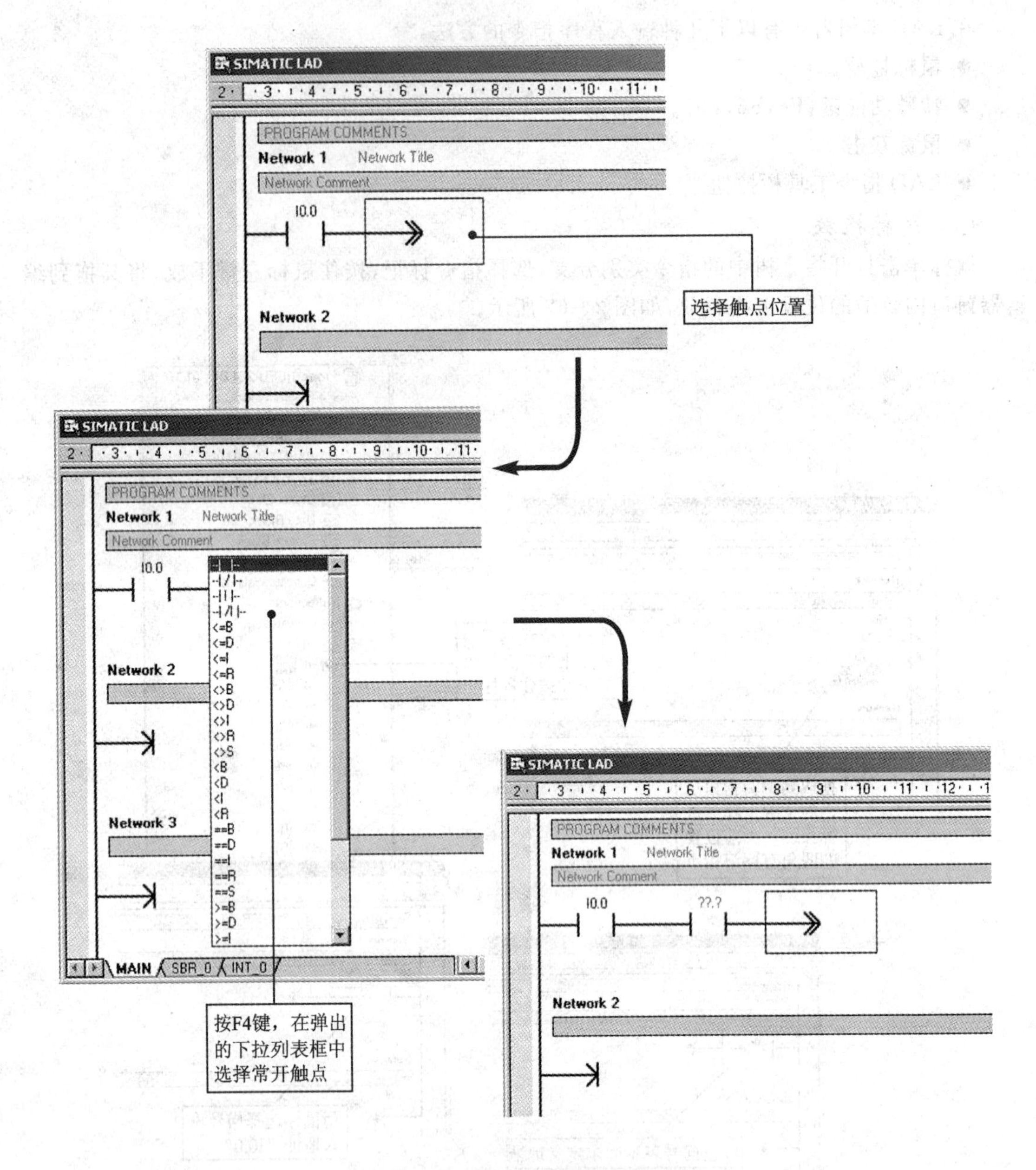

图 2－68　使用特殊功能键编辑程序

STEP 7－Micro/WIN 支持与常用文档编辑软件类似的两种编辑模式：插入和改写。可以用 PG/PC 键盘上的 Insert 键轻松地在两种模式间切换，当前的模式状态在窗口状态栏右下角显示，如图 2－72 所示。STEP 7－Micro/WIN 会在程序编辑器中为格式不正确的输入作出特殊的标记，如图 2－73 所示。

STEP 7－Micro/WIN 还支持常用编辑软件具备的编辑功能，可以方便地通过键盘和菜单命令使用。按 PG/PC 键盘上的 Delete 键可以删除光标所在位置的元件。在编辑区域内用鼠标右击，可以弹出快捷菜单，如图 2－74 所示。

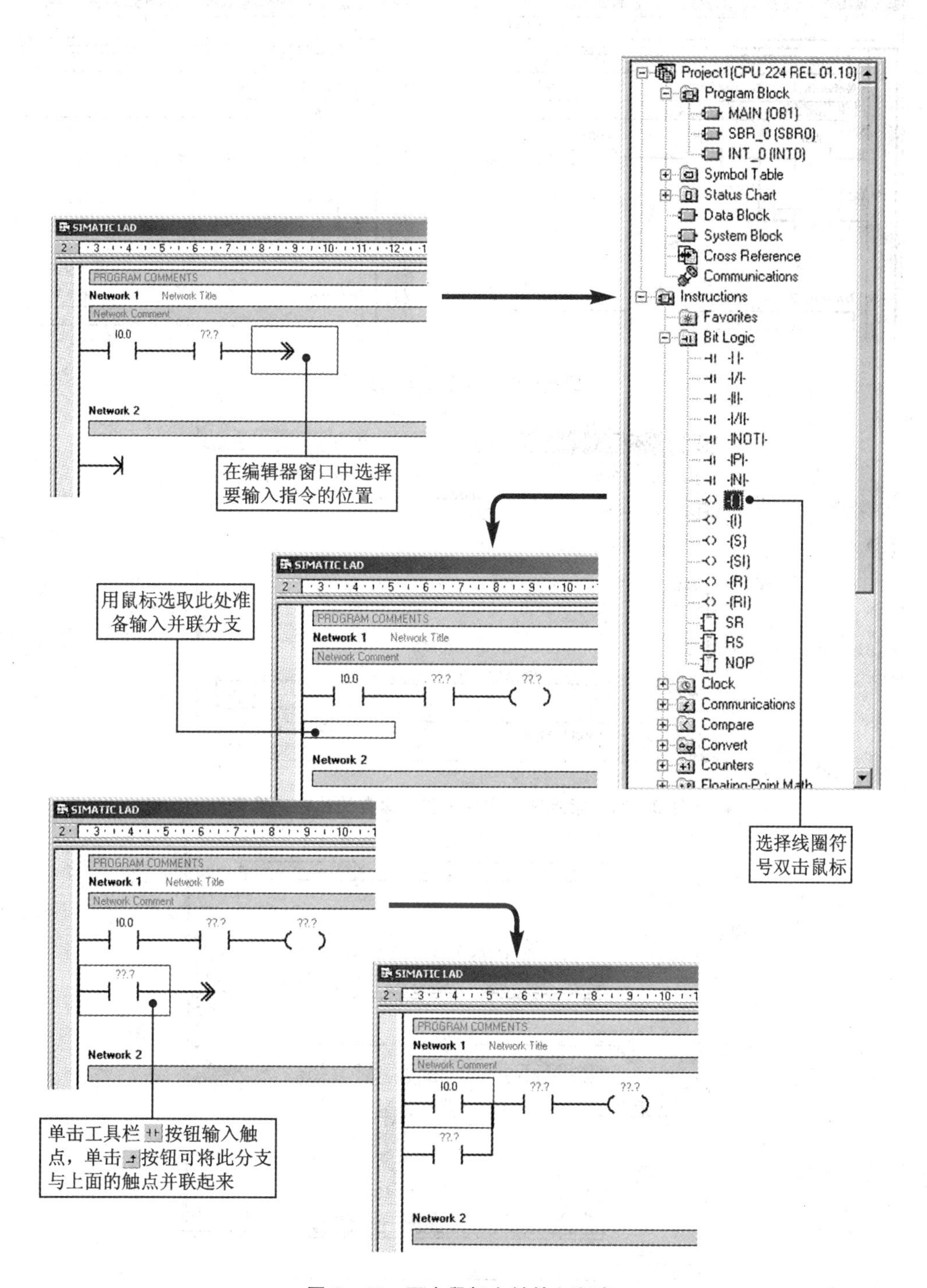

图 2-69 双击鼠标左键输入程序

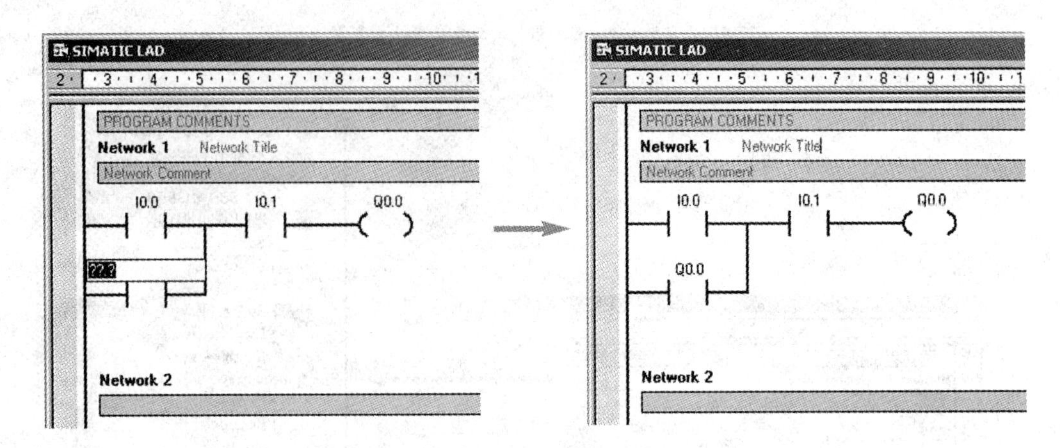

图 2－70　程序段输入完成

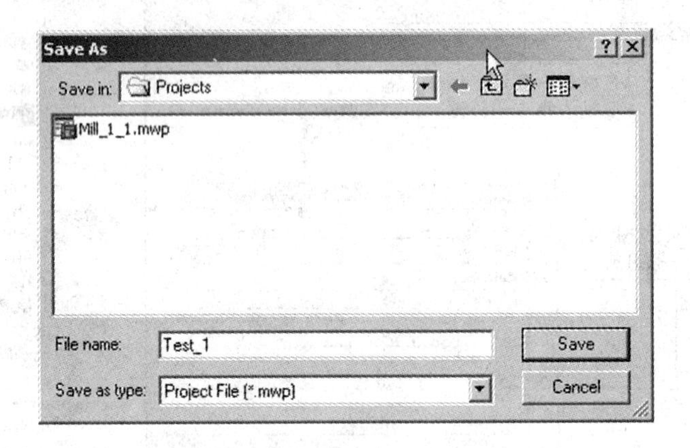

图 2－71　指定项目文件名和欲保存的目的文件夹

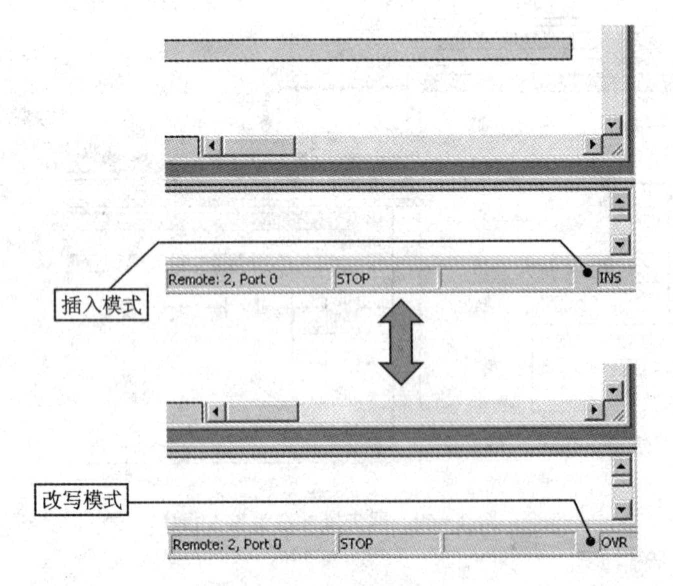

图 2－72　编辑模式

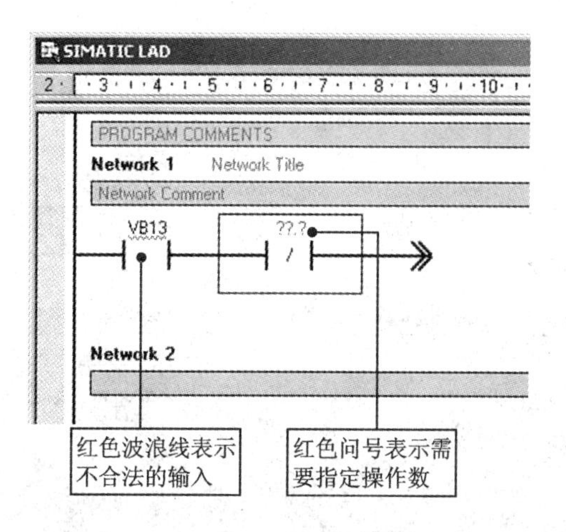

图 2 - 73　程序编辑器不能识别的标记

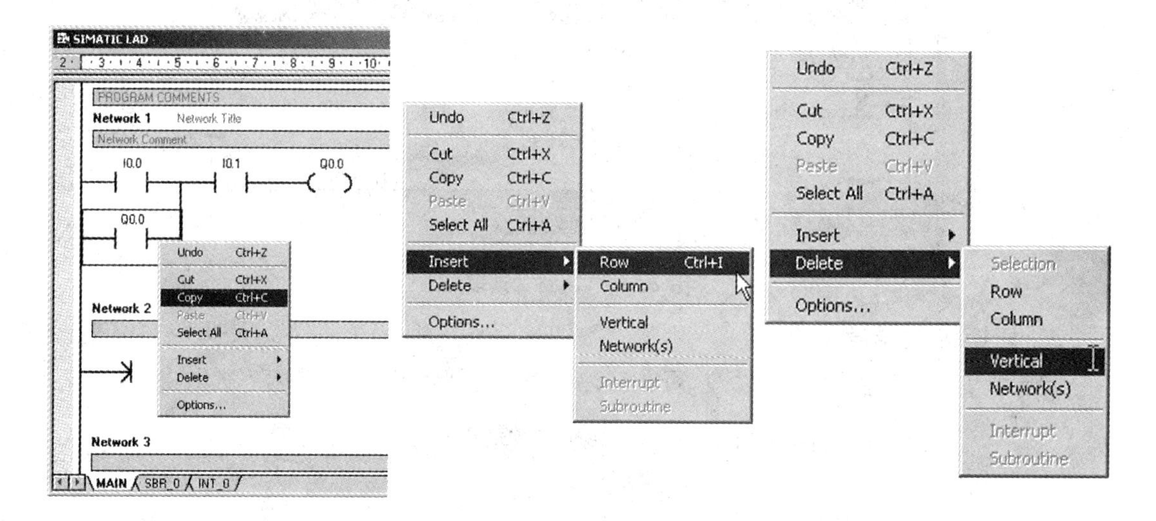

图 2 - 74　快捷菜单的调取

插入指令总是在鼠标当前位置的左边或上面插入新的元件。Vertical(竖线)用来插入和删除垂直的并联线段。如果选择插入网络,将在当前网络的前面插入新网络。同样的规律也适用于粘贴等操作。

---

(4) 编辑 LAD 线段

LAD 程序使用线段连接各个元件,可以使用 LAD 指令工具栏上的连线按钮,或者用键盘上的 CTRL+上、下、左、右箭头键编辑。LAD 指令工具栏如图 2 - 75 所示。

编辑中可能会出现指令显示不整齐的现象,这种情况不用特别处理,执行一次 Compile(编译)命令后就会自动排列整齐。

图 2－75 LAD 指令工具栏

在编辑器电源母线左侧用鼠标单击,可以选取整个网络;按住鼠标左键拖动,可以选取多个网络。如图 2－76 所示。

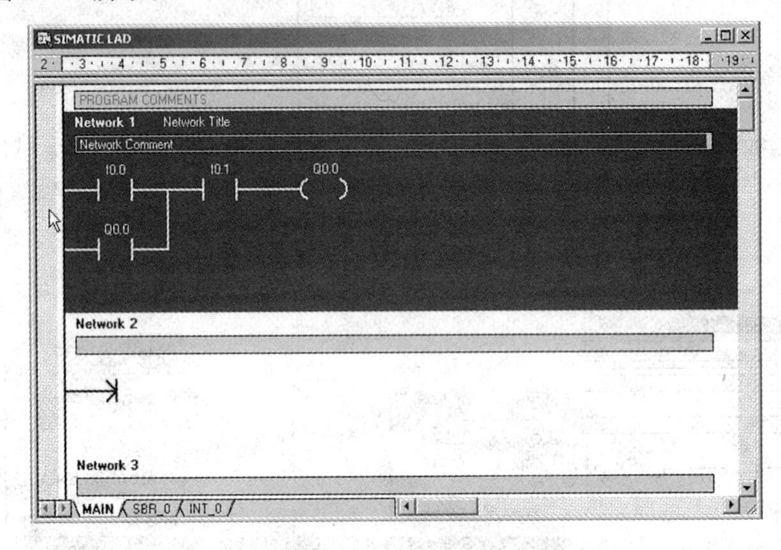

图 2－76 网络的选取

3. 切换编程语言

单击菜单 View(查看)中的命令,可在三种编程语言间切换,如图 2－77 所示。

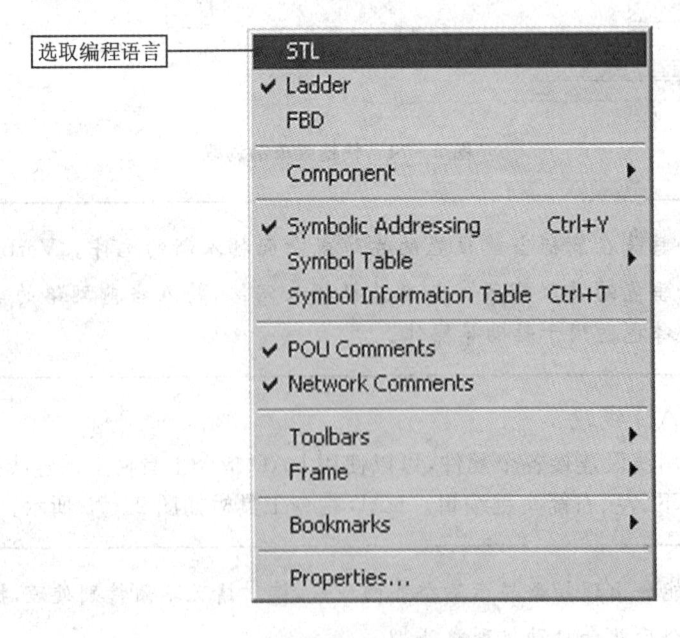

图 2－77 编程语言的切换

把我们的程序改用 STL 显示，如图 2－78 所示。

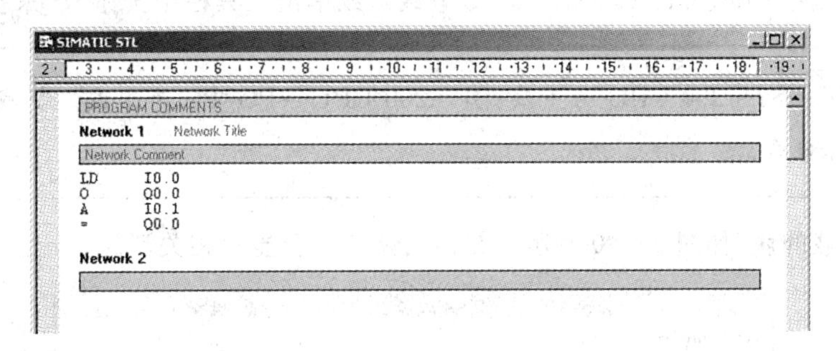

图 2－78　以 STL 显示的程序

⚠ STL 程序必须按 LAD 和 FBD 的要求编程，才能转换为 LAD 和 FBD 程序。程序未完成或有错误时，不能执行转换功能。

2.5.3　编译和下载

在 STEP 7－Micro/WIN 中编辑的程序必须编译成 S7－200 CPU 能识别的机器指令，才能下载到 S7－200 CPU 内运行。

单击菜单 PLC>Compile(编译)和 PLC>Compile All(全部编译)选项，或者单击工具栏或按钮来执行编译功能。

- Compile(编译)：编译当前所在的程序窗口或数据块窗口。
- Compile All(全部编译)：编译项目文件中所有可编译的内容。

执行编译后，在信息输出窗口(如图 2－79 所示)会显示相关的结果。

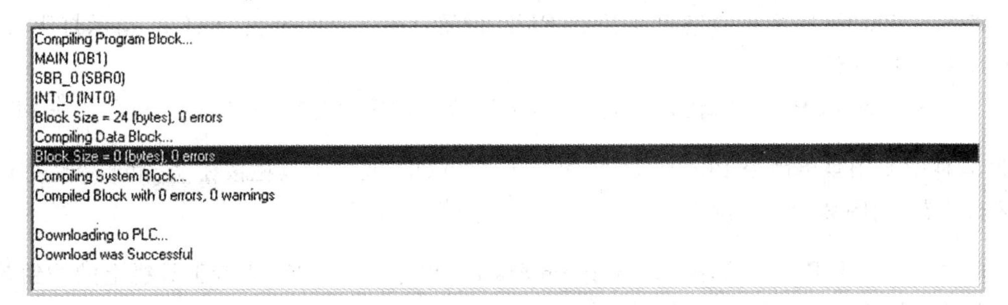

图 2－79　信息输出窗口显示的结果

信息输出窗口会显示程序块和数据块的大小，也会显示编译中发现的错误。用鼠标双击错误信息可以在程序编辑器中显示相应出错程序网络以便修改。

使用菜单命令 File(文件)＞Download(下载)，或单击工具栏中按钮来执行下载。

⚠ PG/PC→S7－200 CPU 为下载；S7－200 CPU→PG/PC 为上载。下载操作会自动执行编译命令。

选择要下载的块，如图 2－80 所示。在输出窗口中会显示相关消息。

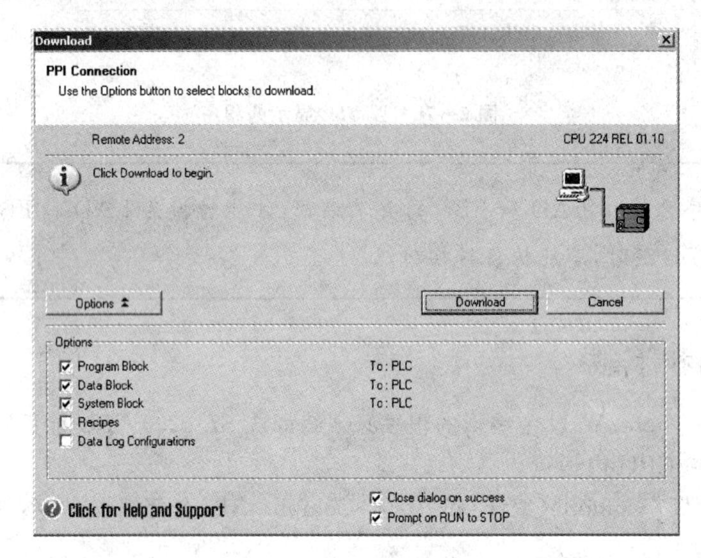

图 2－80　选择要下载的块

2.5.4　运行和调试

1. 运行程序

将 S7－200 CPU 上的状态开关拨到 RUN 位置，CPU 上的黄色“STOP”指示灯灭，绿色“RUN”指示灯点亮。

如果 S7－200 CPU 上的状态开关处于 RUN 或 TERM 位置，还可以在 STEP 7－Micro/WIN 软件中使用菜单命令 PLC＞RUN 和 PLC＞STOP，或者工具栏按钮和改变 CPU 的运行状态，如图 2－81 所示。

单击菜单命令 Debug(调试)＞Program Status(程序状态监控)或者工具栏上的按钮，进入监控程序状态，如图 2－82 所示。

⚠“执行状态”下显示的是程序段执行到此时每个元件的实际状态；如不选中，将显示“扫描结束状态”，即网络中的元件在程序扫描周期结束时的状态，如图 2－83 所示。

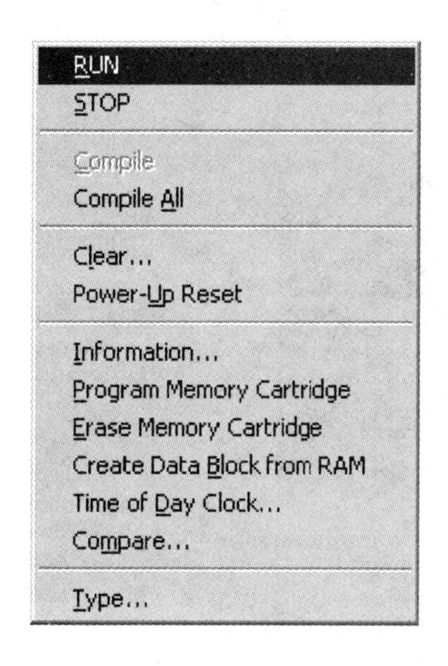

图 2－81　改变 CPU 的运行状态

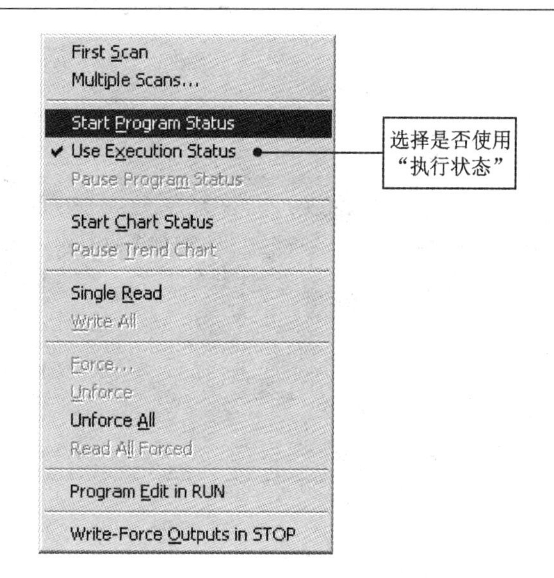

图 2－82　进入监控程序状态

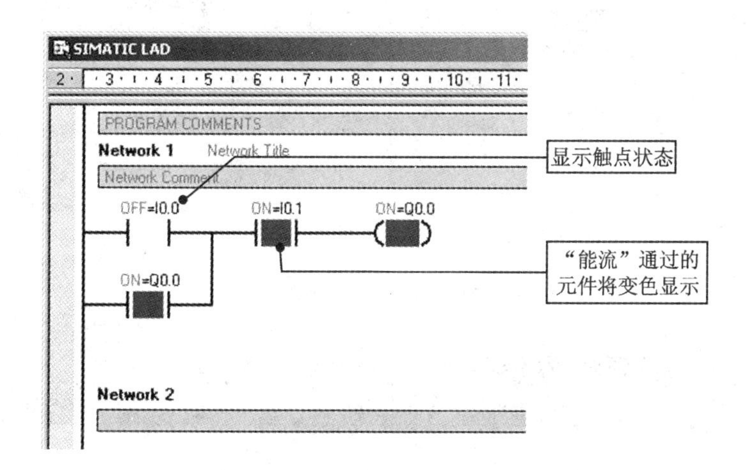

图 2－83　程序状态监控

⚠ 程序监控状态不能完全如实显示变化迅速的元件的状态。屏幕刷新的速率取决于 PG/PC 与 S7－200 CPU 的通信速率和计算机的速度。

2. 状态表

使用状态表可以监控数据。使用鼠标单击浏览条 View(查看)>Status Chart(状态表)图标，或使用菜单命令 View(查看)>Component(组件)>Status Chart(状态表)打开状态表窗口，如图 2－84和图 2－85 所示。

单击菜单命令 Debug(调试)>Chart Status(状态表监控)，或单击工具栏按钮来监控状态表表格内的数据值，如图 2－86 所示。再次操作将停止监视。

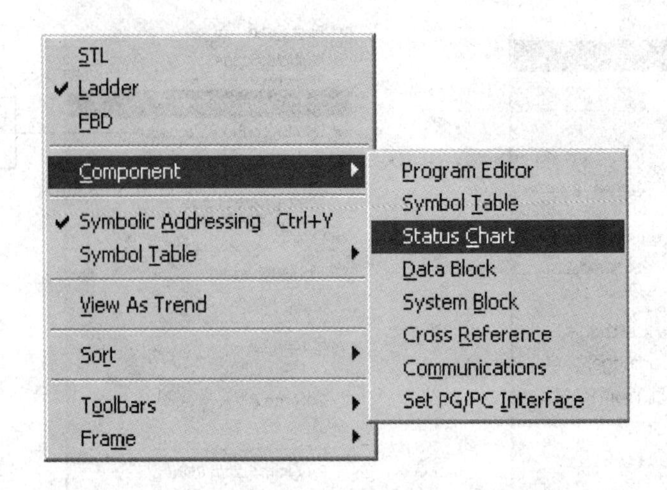

图 2-84　打开状态表

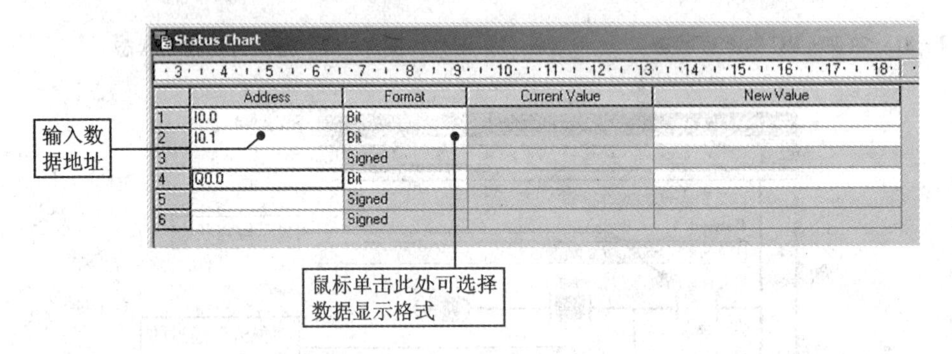

图 2-85　状态表窗口

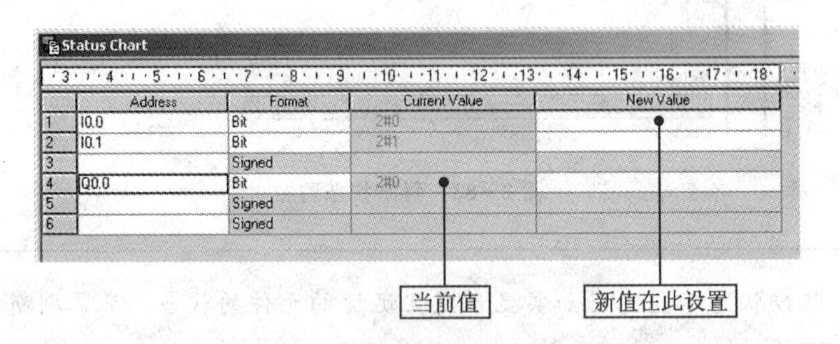

图 2-86　监控表格内数据值

在程序编辑器中选择一个或几个网络，单击鼠标右键，在弹出的快捷菜单中单击Create Status Chart(创建状态表)选项，如图 2-87 所示，能快速生成一个包含所选程序段内各元件的新状态表格。

3. 强制功能

S7-200 CPU 提供了强制功能以方便程序调试工作(例如在现场不具备某些外部条件的情况下模拟工艺状态)。用户可以对所有的数字量 I/O(DI 和 DO)以及多达 16 个内部存储器数据或模拟量 I/O(AI 和 AO)进行强制。

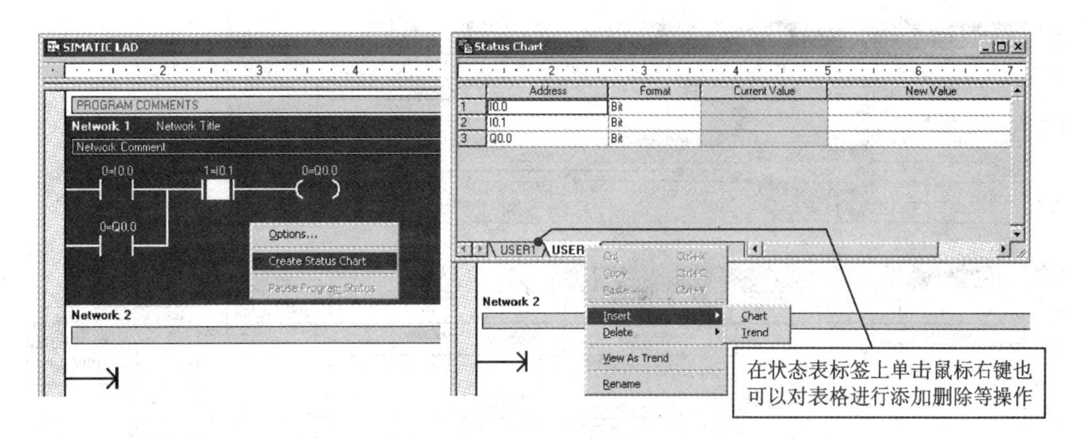

图 2－87　快速建立状态表

如果没有实际的 I/O 接线，也可以用强制功能调试例子程序。

---

① 显示状态表并且使其处于监控状态，在 New Value(新值)列中写入希望强制成的数据，然后单击工具栏按钮，或者单击菜单命令 Debug(调试)>Force(强制)来强制数据。如图 2－88 所示。

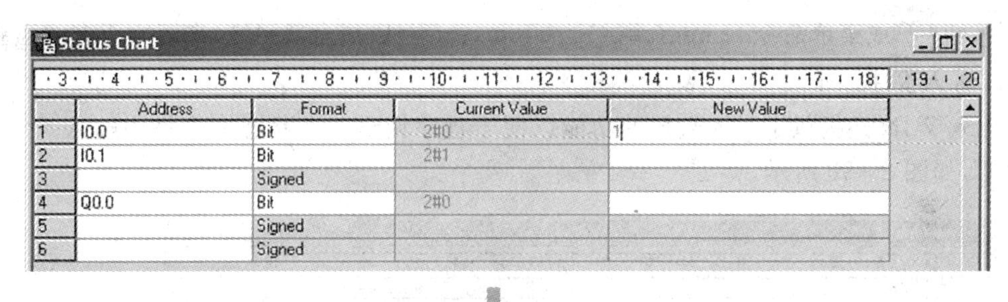

图 2－88　强制功能

② 对于无须改变值的变量，只需在 Current Value(当前值)列中选中它，然后使用强制命令，如图 2－89 所示。

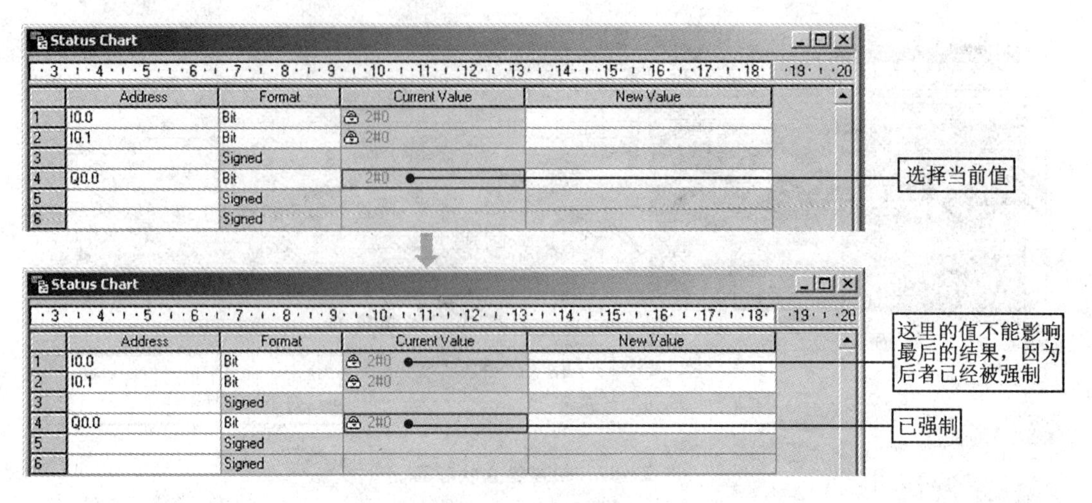

图 2-89 使用强制命令

⚠ S7-200 CPU 会在执行程序、更新 I/O 状态或通信处理中改变已强制数据的值，但随后 CPU 会使用强制值覆盖原有的值。强制值具有高优先级。

单击工具栏按钮，或菜单命令 Debug(调试)>Unforce(取消强制)来解除强制；单击工具栏按钮或菜单命令 Debug(调试)>Unforce All(取消全部强制)来解除所有的强制。

4. 写入数据

Micro/WIN 还提供了写入数据的功能以便于程序调试。在状态表表格中输入 Q0.0 的新值"1"，如图 2-90 所示。

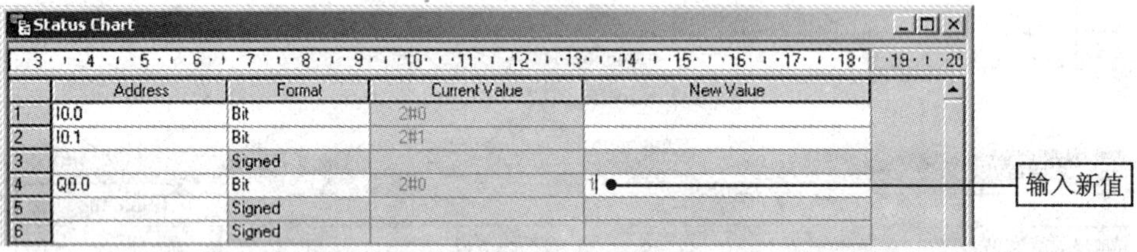

Status Chart

	Address	Format	Current Value	New Value
1	I0.0	Bit	2#0	
2	I0.1	Bit	2#1	
3		Signed		
4	Q0.0	Bit	2#0	1
5		Signed		
6		Signed		

输入新值

图 2-90 状态表中 Q0.0 写入新值

输入新值后，单击工具栏按钮，或单击菜单命令 Debug(调试)>Write All(全部写入)写入数据，如图 2-91 所示。

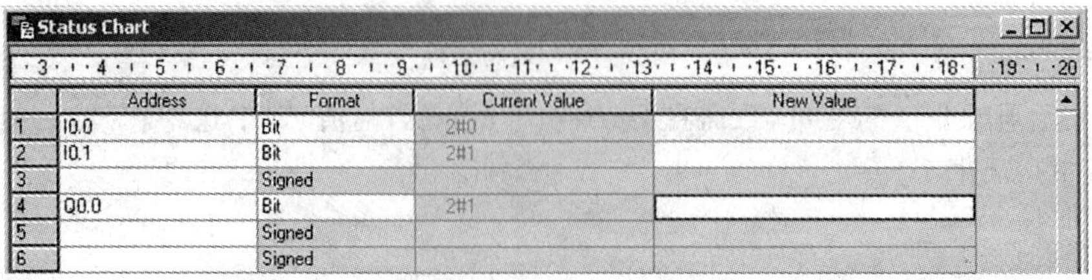

Status Chart

	Address	Format	Current Value	New Value
1	I0.0	Bit	2#0	
2	I0.1	Bit	2#1	
3		Signed		
4	Q0.0	Bit	2#1	
5		Signed		
6		Signed		

图 2-91 写入数据

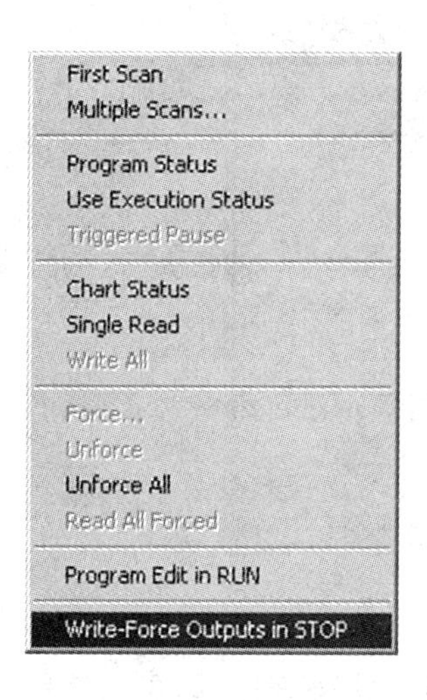

图 2 - 92　STOP 模式下写入一强制输出值

1. 写入数据命令不具有强制功能那样的优先级别。如果在程序中对相应的数据进行操作，写入的数据值可能改变。如果对诸如 I0.0 和 I0.1 等 DI 点使用写入命令，或者逻辑运算的结果与写入值有抵触，写入的数值都不起作用。
2. 应用写入命令可以同时输入几个数据值。
3. 要在 S7 - 200 CPU 处于停止状态时强制或写入输出变量值，需要在菜单“Debug”中选择“Write-Force Outputs in STOP”(STOP 模式下写入 - 强制输出值)，如图 2 - 92所示。

5. 状态趋势图

Micro/WIN 提供两种 PLC 变量在线查看方式：状态表形式和状态趋势图形式。后者的图形化的监控方式使用户更容易地观察各变量的变化关系，能更加直观地观察数字量信号变化的逻辑时序，或者模拟量信号的变化趋势。

在状态表视图中，使用 View(查看)菜单中的 View As Trend(查看趋势图)命令，如图 2 - 93所示，或按工具栏按钮可以在状态表格形式与状态趋势图形式之间切换；或者在当前显示的状态表界面中右击，选择 View As Trend(查看趋势图)，如图 2 - 94 所示。趋势图能显示当前时刻之前一段时间的变量变化过程，如图 2 - 95 所示。

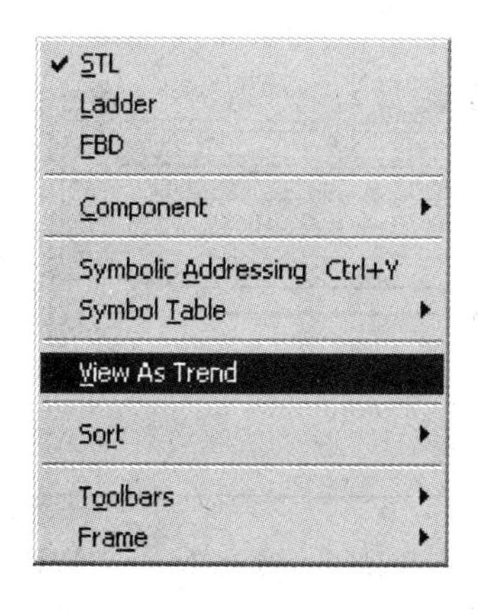

图 2 - 93　选择以趋势图查看状态

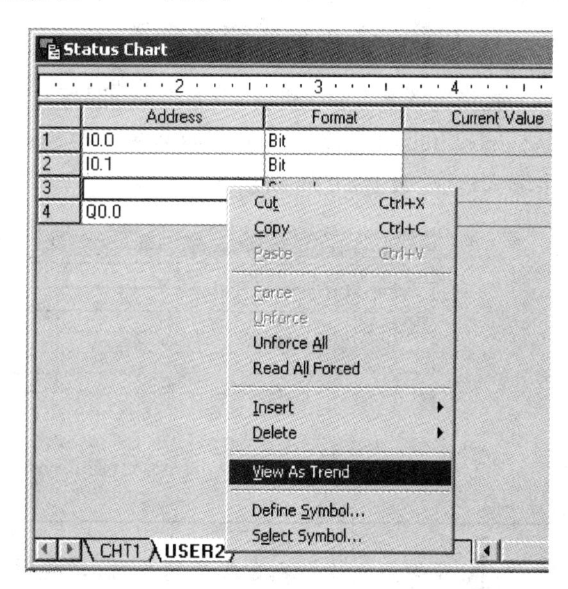

图 2 - 94　用鼠标右键选择状态趋势图

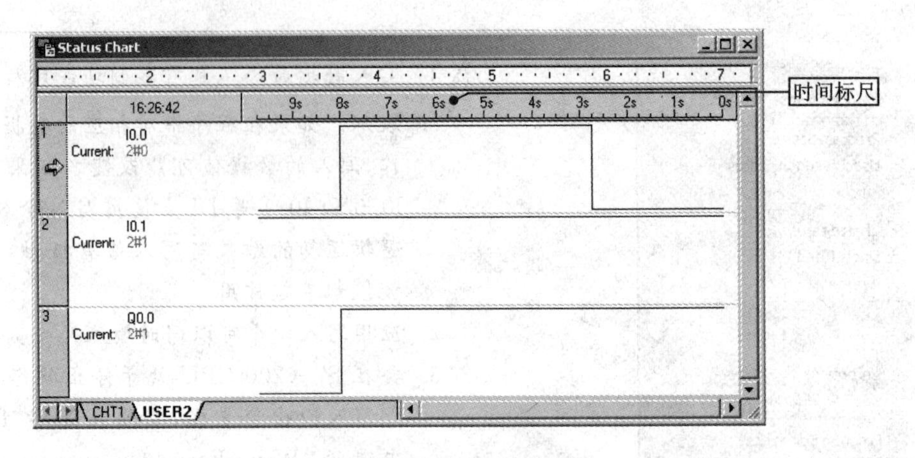

图 2－95 状态趋势图

按上述方法再次操作可以切换到状态表格形式。如果停止状态表监视，可以冻结图形以便仔细分析。

状态趋势图对变量的反应速度取决于 Micro/WIN 与 CPU 通信的速度，以及图示的时间基准。在趋势图中单击鼠标右键可以选择图形更新的速率。

2.6 变量符号

变量数目较多不便于编辑和调试程序。STEP 7－Micro/WIN 允许使用符号表为每个变量取一个唯一的符号名称。变量符号名用于变量的符号寻址。

1. 在符号表中编辑变量符号

在浏览条上 View(查看)中单击图标，或单击菜单命令 View(查看)>Component(组件)>Symbol Table(符号表)来打开符号表。在 Symbol(符号)列中输入符号名，在 Address(地址)列中输入地址，如图 2－96 所示。

Symbol Table

			Symbol	Address	Comment
1			Lamp_ON	I0.0	
2			Lamp_OFF	I0.1	
3					
4			Lamp	Q0.0	
5					

图 2－96 符号表

有些英文符号名是系统保留的，不能作为变量符号名使用，因此 Micro/WIN 不允许输入这些保留字。

执行一次 Compile(编译)指令，就可以使符号表应用于程序中，如图 2－97 所示。打开程序块查看，就会发现变量都已经改为符号寻址，如图 2－98 所示。

Symbol Table

			Symbol	Address	Comment
1			Lamp_ON	I0.0	
2			Lamp_OFF	I0.1	
3					
4			Lamp	Q0.0	
5					

图 2－97　编译后的符号表

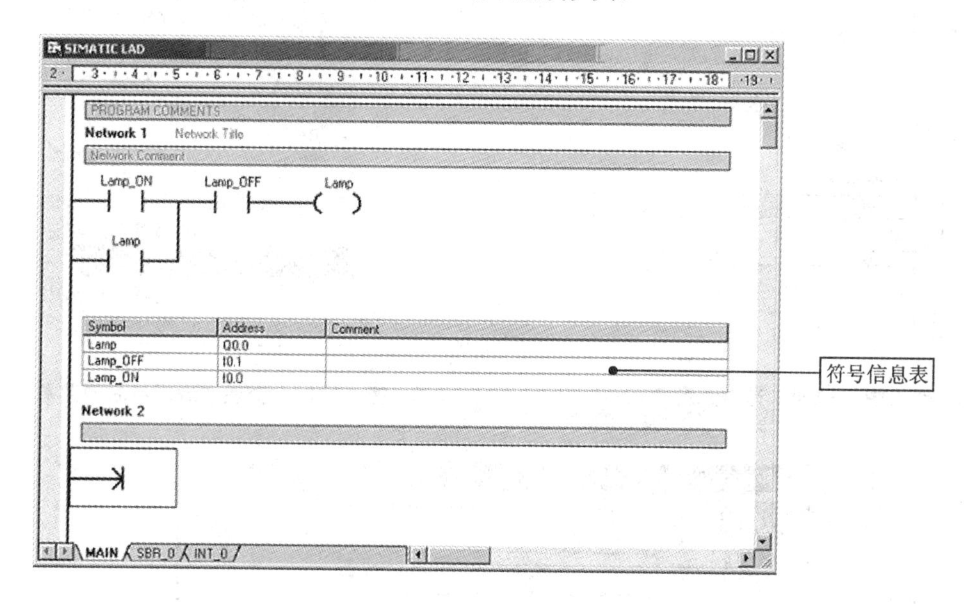

图 2－98　使用符号寻址的程序

单击工具栏上的按钮，或单击菜单命令 View(查看)>Symbol Information Table(符号信息表)来切换符号信息表的显示；使用菜单命令 View(查看)>Symbolic Addressing(符号寻址)在符号寻址和绝对寻址之间切换。

再看一个符号表例子，如图 2－99 所示。

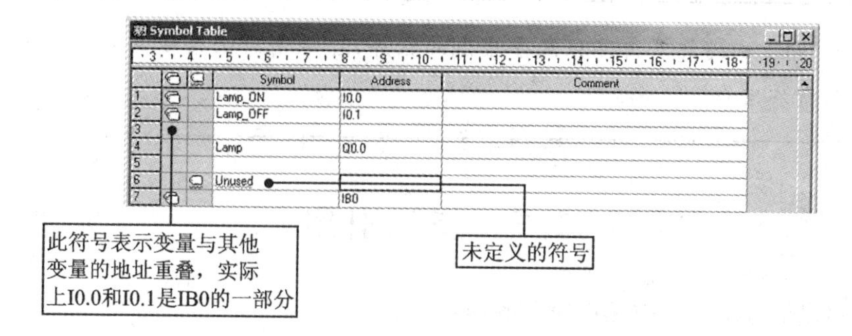

图 2－99　符号表举例

2. 在程序编辑器中定义和选用变量符号名

在 Micro/WIN 的程序编辑器中编程时还可以直接输入或者选用变量符号名。在编程时用鼠标或键盘操作选中元件的名称输入区，如图 2-100 所示。然后单击鼠标右键，选择 Define Symbol(定义符号)，如图 2-101 所示，即可编辑变量符号，如图 2-102 所示。

如果需要为变量选择已经定义好的符号名，可在鼠标右键菜单中选择 Select Symbol(选择符号)，在弹出的对话框中选择。

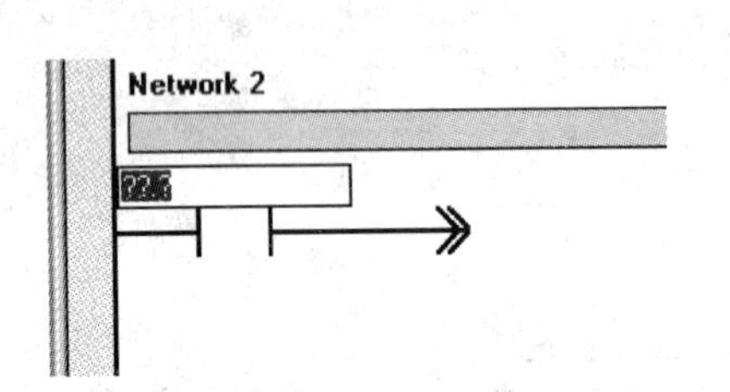

图 2-100 选中变量名

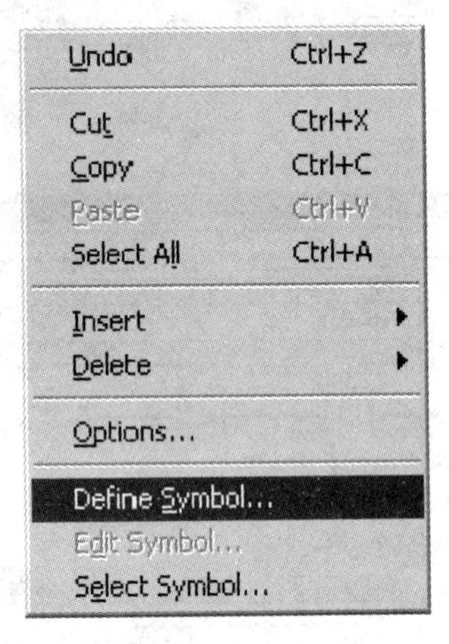

图 2-101 变量名编辑域右键菜单

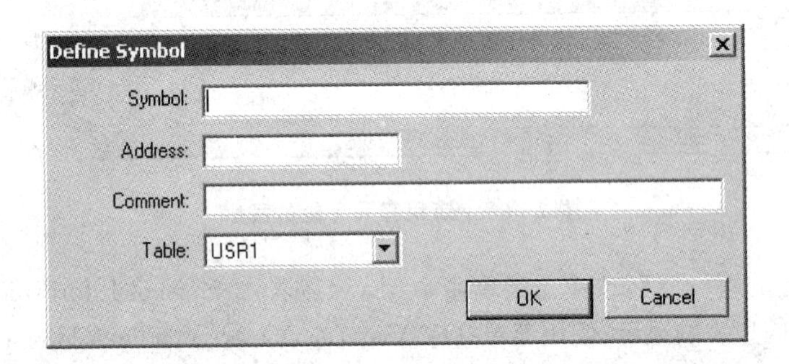

图 2-102 符号定义对话框

Micro/WIN 中的许多由编程向导生成的程序，在调用时必须使用符号寻址，因此这个功能非常有用。

2.7 交叉引用

交叉引用表能显示程序中元件使用的详细信息。

在浏览条 View(查看)视图下用鼠标单击图标，或单击菜单命令 View(查看)>Component(组件)>Cross Reference(交叉引用)显示交叉参考表，如图 2-103 所示。编译后的显示如图 2-104 所示。

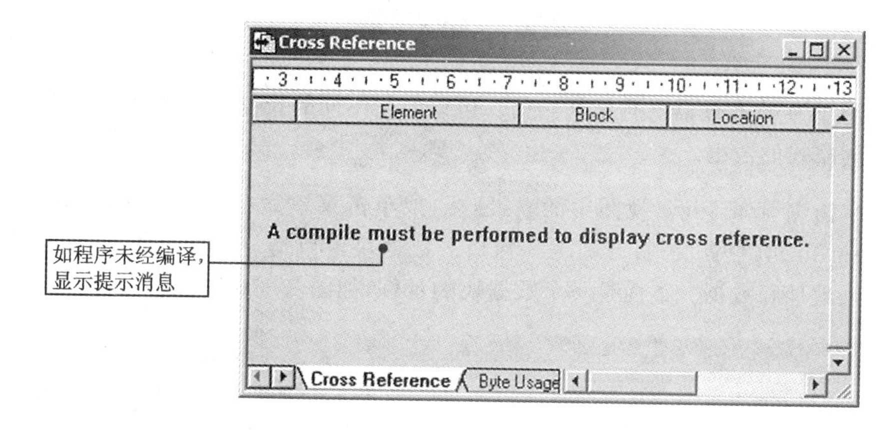

图 2-103　程序未经编译的交叉引用表

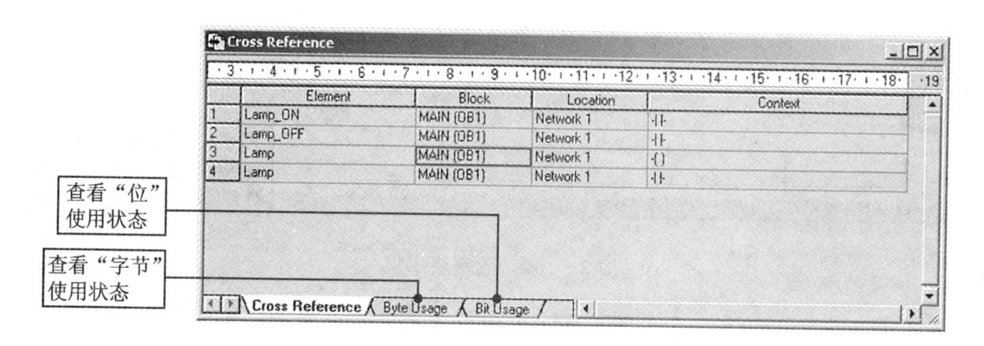

	Element	Block	Location	Context
1	Lamp_ON	MAIN (OB1)	Network 1	-| |-
2	Lamp_OFF	MAIN (OB1)	Network 1	-| |-
3	Lamp	MAIN (OB1)	Network 1	-( )
4	Lamp	MAIN (OB1)	Network 1	-| |-

图 2-104　交叉引用表

单击菜单命令 View(查看)>Symbolic Addressing(符号寻址)，可以在符号寻址方式和绝对寻址方式之间切换，如图 2-105 所示。

Cross Reference

	Element	Block	Location	Context
1	I0.0	MAIN (OB1)	Network 1	-| |-
2	I0.1	MAIN (OB1)	Network 1	-| |-
3	Q0.0	MAIN (OB1)	Network 1	-( )
4	Q0.0	MAIN (OB1)	Network 1	-| |-

图 2-105　以绝对寻址方式显示的交叉引用表

在交叉引用表中，用鼠标双击某一行可以立即在程序编辑器中显示引用相应元件的程序段。交叉引用表对查找程序中数据地址的使用冲突十分有用。

2.8　数据块

数据块用于为 V 存储器区指定初始值。可以使用不同的长度(字节、字或双字)在 V 存储器中保存不同格式的数据。

用鼠标单击浏览条 View 视图中的图标,或单击菜单命令 View(查看)>Component(组件)>Data Block(数据块)打开数据块窗口。数据块窗口是一个文本编辑器,编辑时直接在窗口内输入地址和数据。下面是一个数据块的示例,如图 2-106 所示。

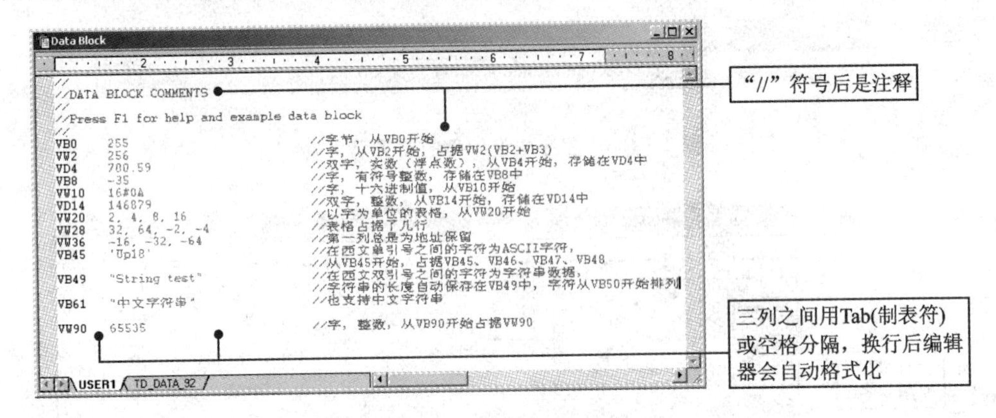

图 2-106　数据块举例

编辑数据块时,如果不确定下一个变量的地址(如输入比较长的字符串后),可以当输入光标处于当前行的末尾时按计算机的 Ctrl+Enter 键,Micro/WIN 会自动计算得出连续排列的下一个地址。

下载后可以使用状态表观察 V 存储区,注意为变量选择的数据显示格式,如图 2-107 所示。

⚠ 为变量选择不同的监视格式,同样的数值可以有不同的显示结果。数据块将下载到 S7-200 CPU 的 EEPROM 内,所以永远不会丢失。

数据块支持分页,可以把数据分组归类放在不同的数据块页中。在数据块标签上单击鼠标右键,在快捷菜单中选择 Insert(插入)>Data Page(数据页)可以插入新的数据页。

可以为数据页设置密码保护,未通过密码验证的人无法修改而只能查看内容。加密的数据页左上角会有一个锁的图标,表示这是一个加密的数据页。使用鼠标右键单击数据页标签,在快捷菜单中选择 Properties(属性)选项,在 Protection(保护)选项卡中设置和验证密码。

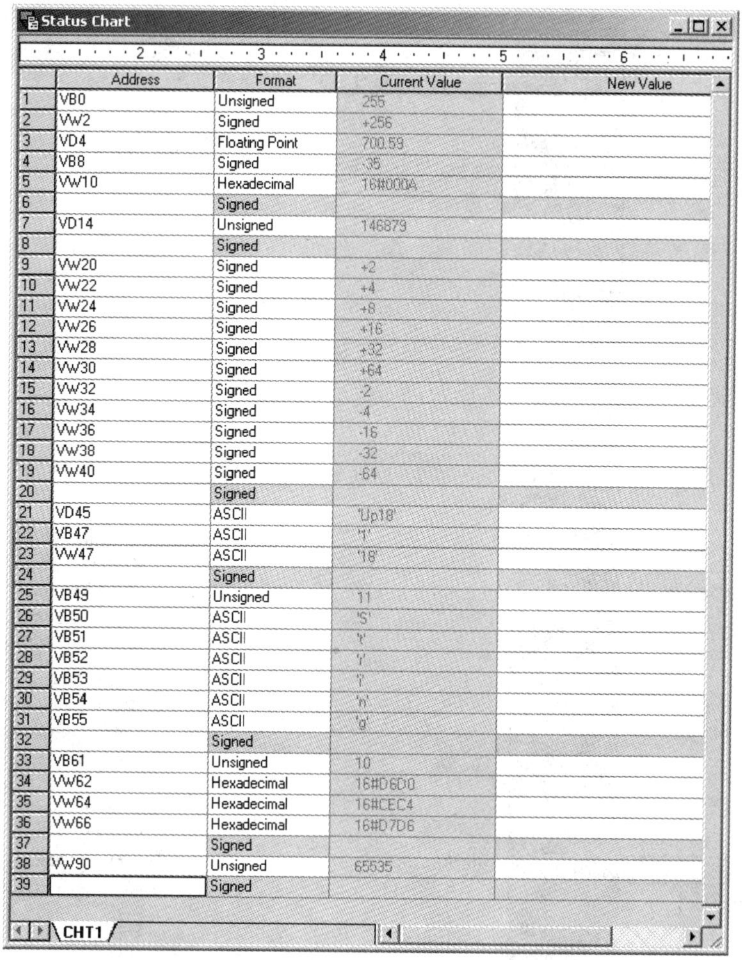

Status Chart

	Address	Format	Current Value	New Value
1	VB0	Unsigned	255	
2	VW2	Signed	+256	
3	VD4	Floating Point	700.59	
4	VB8	Signed	-35	
5	VW10	Hexadecimal	16#000A	
6		Signed		
7	VD14	Unsigned	146879	
8		Signed		
9	VW20	Signed	+2	
10	VW22	Signed	+4	
11	VW24	Signed	+8	
12	VW26	Signed	+16	
13	VW28	Signed	+32	
14	VW30	Signed	+64	
15	VW32	Signed	-2	
16	VW34	Signed	-4	
17	VW36	Signed	-16	
18	VW38	Signed	-32	
19	VW40	Signed	-64	
20		Signed		
21	VD45	ASCII	'Up18'	
22	VB47	ASCII	'1'	
23	VW47	ASCII	'18'	
24		Signed		
25	VB49	Unsigned	11	
26	VB50	ASCII	'S'	
27	VB51	ASCII	't'	
28	VB52	ASCII	'r'	
29	VB53	ASCII	'i'	
30	VB54	ASCII	'n'	
31	VB55	ASCII	'g'	
32		Signed		
33	VB61	Unsigned	10	
34	VW62	Hexadecimal	16#D6D0	
35	VW64	Hexadecimal	16#CEC4	
36	VW66	Hexadecimal	16#D7D6	
37		Signed		
38	VW90	Unsigned	65535	
39		Signed		

CHT1

图 2－107　状态表

2.9　Tools(工具)

用鼠标单击 STEP 7－Micro/WIN 浏览条的 Tools(工具)按钮显示 Tools(工具)视图，如图 2－108所示。也可以单击菜单命令 Tools(工具)找到向导和工具入口，如图 2－109 所示。

Instruction Wizard(指令向导)开始的界面如图 2－110 所示。

STEP 7－Micro/WIN 提供了许多有用的编程向导。使用编程向导就可以通过比较简单的参数设置自动生成能够实现比较复杂的控制运算的子程序、中断程序和数据块等，供用户程序调用。编程向导还用来设置一些特殊的通信、功能模块。

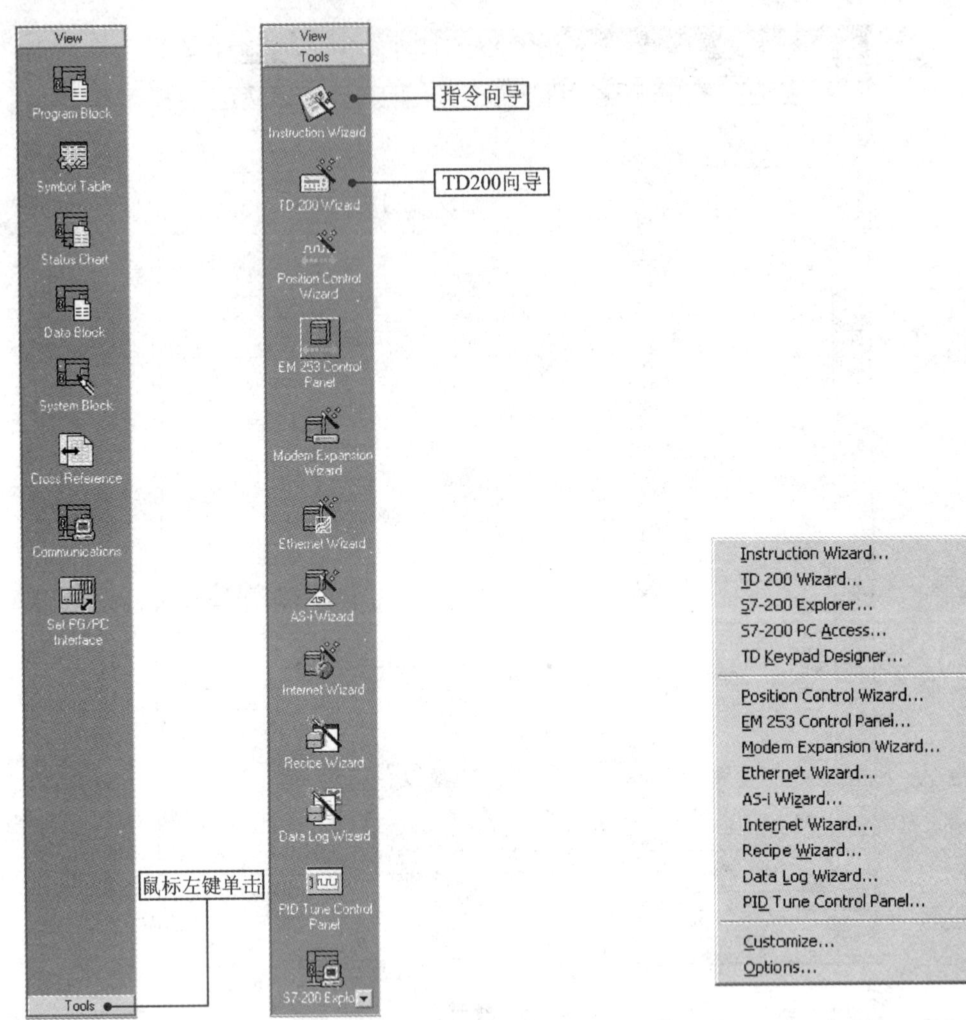

图 2－108　Tools 视图

图 2－109　向导与工具入口

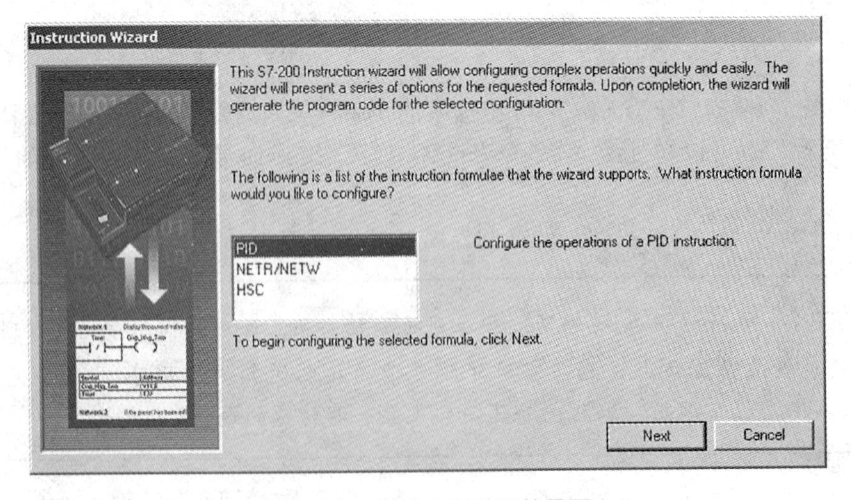

图 2－110　指令向导的开始界面

第3章　S7-200常用功能及编程简介

3.1　S7-200寻址与基本指令

3.1.1　S7-200如何工作

S7-200 CPU的基本功能就是监视现场的输入信号，根据用户程序中编制的控制逻辑进行运算，把运算结果作为输出信号去控制现场设备的运行。

在S7-200系统中，控制逻辑由用户编程实现。用户程序要下载到S7-200 CPU中执行。S7-200 CPU按照循环扫描的方式，完成包括执行用户程序在内的各项任务。

S7-200 CPU周而复始地执行一系列任务。这些任务每次自始至终地执行一遍，CPU就经历一个扫描周期。通常在一个扫描周期内，CPU顺序执行如下操作。

- 读输入：S7-200 CPU读取物理输入点上的状态并复制到输入过程映像寄存器中。
- 执行用户控制逻辑：从头至尾地执行用户程序。一般情况下，用户程序从输入映像寄存器获得外部控制和状态信号，把运算的结果写到输出映像寄存器中，或者存入到不同的数据保存区中。
- 处理通信任务。
- 执行自诊断：S7-200 CPU检查整个系统是否工作正常。
- 写输出：复制输出过程映像寄存器中的数据状态到物理输出点。

过程映像寄存器是S7-200 CPU中的特殊存储区，专门用于存放从物理输入/输出点读取或写到物理输入/输出点的状态。用户程序通过过程映像寄存器访问实际物理输入和输出点，可以大大提高程序执行效率。

为保证某些任务对执行时间的要求，S7-200允许用户程序直接访问物理输入和输出点；S7-200也使用硬件执行诸如高速脉冲处理、通信处理等任务，用户程序通过特殊寄存器控制这些硬件的工作。

3.1.2　S7-200 CPU的工作模式

S7-200有两种操作模式：停止模式和运行模式。CPU前面板上的LED状态指示灯显示了当前的操作模式。在停止模式下，S7-200不执行用户程序，此时可以下载程序、数据和CPU系统设置。在运行模式下，S7-200执行用户程序。

要改变S7-200 CPU的操作模式，有以下几种方法：

- 使用S7-200 CPU上的模式开关：开关拨到RUN时，CPU运行；开关拨到STOP时，

CPU 停止;开关拨到 TERM 时,不改变当前操作模式。如果需要 CPU 在上电时自动运行,模式开关必须在 RUN 位置。

- CPU 上的模式开关在 RUN 或 TERM 位置时,可以使用 STEP 7－Micro/WIN 编程软件控制 CPU 的运行和停止。
- 在程序中插入 STOP 指令,可以在条件满足时将 CPU 设置为停止模式。

3.1.3 S7－200 寻址

S7－200 CPU 将信息存储在不同的存储器单元中,每个单元都有地址。S7－200 CPU 使用数据地址访问所有的数据,称为寻址。数字量和模拟量输入/输出点,中间运算数据等各种数据具有各自的地址定义方式。S7－200 的大部分指令都需要指定数据地址。

1. 数据格式

S7－200 CPU 以不同的数据格式保存和处理信息。S7－200 支持的数据格式完全符合通用的相关标准。它们占用的存储单元长度不同,内部的表示格式也不同。这就是说,数据都有各自规定的长度,表示的数值范围也不同。S7－200 的 SIMATIC 指令系统针对不同的数据格式提供了不同类型的编程命令。

数据格式和取值范围如表 3－1 所列。

表 3－1 数据格式和取值范围

寻址格式	数据长度（二进制位）	数据类型	取值范围
BOOL(位)	1(位)	布尔数（二进制位）	真(1);假(0)
BYTE(字节)	8(字节)	无符号整数	0～255;0～FF(H)
INT(整数)	16(字)	有符号整数	－32768～32767; 8000～7FFF(H)
WORD(字)		无符号整数	0～65535; 0～FFFF(H)
DINT（双整数）	32(双字)	有符号整数	－2147483648～2147483647 8000 0000～7FFF FFFF(H)
DWORD（双字）		无符号整数	0～4294967295; 0～FFFF FFFF(H)
REAL(实数)		IEEE 32 位 单精度浮点数	－3.402823E＋38～－1.175495E－38(负数); ＋1.175495E－38～＋3.402823E＋38(正数)
ASCII	8(字节)/个	字符列表	ASCII 字符、 汉字内码(每个汉字 2 字节)
STRING（字符串）		字符串	1～254 个 ASCII 字符、 汉字内码(每个汉字 2 字节)

2. 数据的寻址长度

在 S7－200 系统中，可以按位、字节、字和双字对存储单元寻址。

寻址时，数据地址以代表存储区类型的字母开始，随后是表示数据长度的标记，然后是存储单元编号；对于二进制位寻址，还需要在一个小数点分隔符后指定位编号。

位寻址的举例如图 3－1 所示。字节寻址的举例如图 3－2 所示。

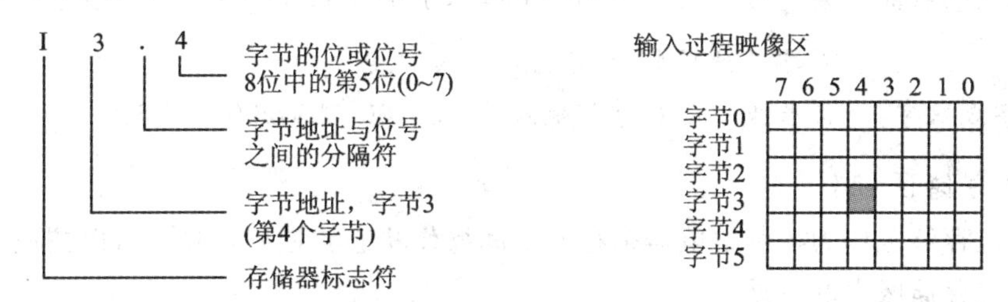

注：I 表示存储器是输入过程映像区

图 3－1　位寻址举例

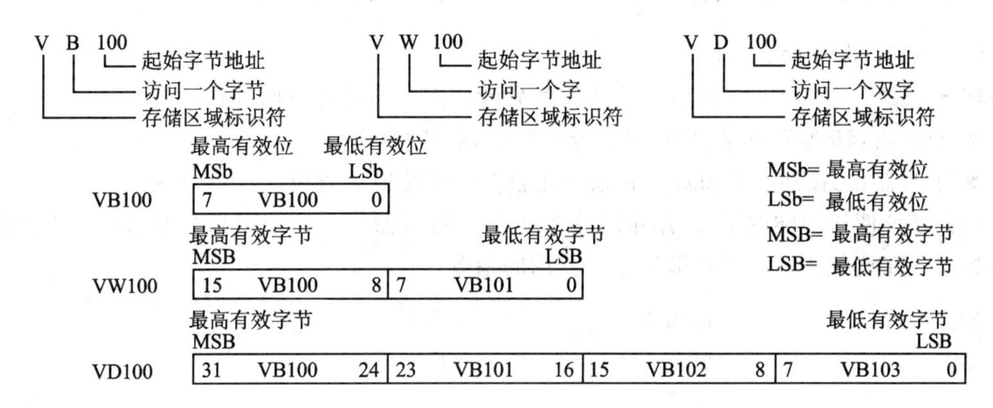

图 3－2　字节寻址举例

可以看出，VW100 包括 VB100 和 VB101；VD100 包含 VW100 和 VW102，即 VB100、VB101、VB102 和 VB103 这 4 个字节。值得注意的是，这些地址是互相交叠的。

当涉及到多字节组合寻址时，S7－200 遵循“高地址、低字节”的规律。如果将 16＃AB(十六进制立即数)送入 VB100，16＃CD 送入 VB101，那 VW100 的值将是 16＃ABCD。即 VB101 作为高地址字节，保存数据的低字节部分。

3. 各数据存储区寻址

(1) 输入过程映像寄存器：I

在每次扫描周期的开始，CPU 对物理输入点进行采样，并将采样值写入输入过程映像寄存器中。可以按位、字节、字或双字来存取输入过程映像寄存器中的数据。

位：　　I[字节地址].[位地址]　　I0.1

字节、字或双字：　I[长度][起始字节地址]　　IB4　IW1　ID0

(2) 输出过程映像寄存器：Q

在每次扫描周期的结尾，CPU 将输出过程映像寄存器中的数值复制到物理输出点上。可以按位、字节、字或双字来存取输出过程映像寄存器中的数据。

位：　　　　　　Q[字节地址].[位地址]　　Q1.1
字节、字或双字：　Q[长度][起始字节地址]　　QB5　QW1　QD0

(3) 变量存储区:V

可以用V存储器存储程序执行过程中控制逻辑操作的中间结果,也可以用它来保存与工序或任务相关的其他数据。可以按位、字节、字或双字来存取V存储器中的数据。

位：　　　　　　V[字节地址].[位地址]　　V10.2
字节,字或双字：　V[长度][起始字节地址]　　VB100　VW200　VD300

(4) 位存储区:M

可以用位存储区作为控制继电器来存储中间操作状态和控制信息。可以按位、字节、字或双字来存取位存储区中的数据。

位：　　　　　　M[字节地址].[位地址]　　M26.7
字节、字或双字：　M[长度][起始字节地址]　　MB0　MW13　MD20

(5) 定时器存储区:T

在S7-200 CPU中,定时器可用于时间累计。定时器寻址有两种形式:

● 当前值:16位有符号整数,存储定时器所累计的时间。
● 定时器位:按照当前值和预置值的比较结果置位或者复位。

两种寻址使用同样的格式,用定时器地址(T+定时器号,如T33)来存取这两种形式的定时器数据。究竟使用哪种形式取决于所使用的指令。

位：　　T[定时器号]　　T37
字：　　T[定时器号]　　T96

(6) 计数器存储区:C

在S7-200 CPU中,计数器可以用于累计其输入端脉冲电平由低到高的次数。计数器有两种寻址形式:

● 当前值:16位有符号整数,存储累计值。
● 计数器位:按照当前值和预置值的比较结果来置位或者复位。

可以用计数器地址(C+计数器号,如C0)来存取这两种形式的计数器数据。究竟使用哪种形式取决于所使用的指令。

位：　　C[计数器号]　　C0
字：　　C[计数器号]　　C255

(7) 高速计数器:HC

高速计数器对高速事件计数,它独立于CPU的扫描周期。高速计数器有一个32位的有符号整数计数值(或当前值)。若要存取高速计数器中的值,则应给出高速计数器的地址,即存储器类型(HC)加上计数器号(如HC0)。高速计数器的当前值是只读数据,可作为双字(32位)来寻址。

格式：　　HC[高速计数器号]　　HC1

(8) 累加器:AC

累加器是可以像存储器一样使用的读写存储区。例如,可以用它来向子程序传递参数,也可以从子程序返回参数,以及用来存储计算的中间结果。S7-200提供4个32位累加器(AC0、AC1、AC2和AC3)。可以按字节、字或双字的形式来存取累加器中的数值。被操作的数据长度取决于访问累加器时所使用的指令。

(9) 特殊存储器:SM

SM位为CPU与用户程序之间传递信息提供了一种手段。可以用这些位选择和控制S7-200 CPU的一些特殊功能。用户可以按位、字节、字或者双字的形式来存取。

位:　　　　　　　SM[字节地址].[位地址]　SM0.1
字节,字或者双字:SM[长度][起始字节地址]　SMB86

(10) 模拟量输入:AI

S7-200将模拟量值(如温度或电压)转换成1个字长(16位)的数据。可以用区域标志符(AI)、数据长度(W)及字节的起始地址来存取这些值。因为模拟值输入为1个字长,且从偶数位字节(如0,2,4)开始,所以必须用偶数字节地址(如AIW0,AIW2,AIW4)来存取这些值。模拟量输入值为只读数据。模拟量转换的实际精度是12位或10位(CPU 224 XP集成模拟量I/O)。输入模拟量地址还用于一些特殊模块的数据传递。

格式:　　　　　　AIW[起始字节地址]　　AIW4

(11) 模拟量输出:AQ

S7-200把1个字长(16位)数字值按比例转换为电流或电压。可以用区域标志符(AQ)、数据长度(W)及字节的起始地址来改变这些值。因为模拟量为一个字长,且从偶数字节(如0,2,4)开始,所以必须用偶数字节地址(如AQW0,AQW2,AQW4)来改变这些值。模拟量输出值为只写数据。模拟量转换的实际精度是12位或10位。

格式:　　　　　　AQW[起始字节地址]　　AQW4

常数如表3-2所列。

表3-2　常　数

数　制	格　式	举　例
十进制	[十进制数]	20 047
十六进制	16#[十六进制数]	16#4E4F
二进制	2#[二进制数]	2#1010_0101_1010_0101
ASCII	'[ASCII码文本]'	'Text goes between single quotes.'
字符串	"[字符串文本]"	"ASCII文本和中文"
实　数	ANSI/IEEE 754—1985	+1.175 495E—38(正数); —1.175 495E—38(负数); 0.0;10.05

3.1.4　S7－200 的集成 I/O 和扩展 I/O

S7－200 CPU 提供的集成 I/O 具有固定的 I/O 地址。可以将扩展模块连接到 CPU 的右侧来增加 I/O 点，形成 I/O 链。对于同种类型的输入输出模块而言，模块的 I/O 地址取决于 I/O 类型和模块在 I/O 链中的位置。输出模块不会影响输入模块上的 I/O 点地址，反之亦然。类似地，模拟量模块不会影响数字量模块的地址，反之亦然。

CPU 和扩展模块的数字量地址总是以 8 位(1 个字节)递增。如果 CPU 或模块在为物理 I/O 点分配地址时未用完 1 字节，则那些未用的位不能分配给 I/O 链中的后续模块。对于输入模块，这些字节中保留的未用位会在每个输入刷新周期中被清零。

每个模拟量扩展模块的输入点地址总是以 2 个通道(2 个 16 位的字)递增；输出点地址总是以 2 个通道(2 个 16 位的字)递增。如果模块只占用两个输入/输出通道中的一个，那么剩余的通道地址也不能够分配给后续模拟量模块。

I/O 地址分配举例如图 3－3 所示。

CPU 224		4 In / 4 Out		8 In	4 Analog In 1 Analog Out		8 Out	4 Analog In 1 Analog Out	
		Module 0		Module 1	Module 2		Module 3	Module 4	
I0.0	Q0.0	I2.0	Q2.0	I3.0	AIW0	AQW0	Q3.0	AIW8	AQW4
I0.1	Q0.1	I2.1	Q2.1	I3.1	AIW2	*AQW2*	Q3.1	AIW10	*AQW6*
I0.2	Q0.2	I2.2	Q2.2	I3.2	AIW4		Q3.2	AIW12	
I0.3	Q0.3	I2.3	Q2.3	I3.3	AIW6		Q3.3	AIW14	
I0.4	Q0.4	*I2.4*	*Q2.4*	I3.4			Q3.4		
I0.5	Q0.5	*I2.5*	*Q2.5*	I3.5			Q3.5		
I0.6	Q0.6	*I2.6*	*Q2.6*	I3.6			Q3.6		
I0.7	Q0.7	*I2.7*	*Q2.7*	I3.7			Q3.7		
I1.0	Q1.0	Expansion I/O							
I1.1	Q1.1								
I1.2	*Q1.2*								
I1.3	*Q1.3*								
I1.4	*Q1.4*								
I1.5	*Q1.5*								
I1.6	*Q1.6*								
I1.7	*Q1.7*								
Local I/O									

图 3－3　I/O 地址分配举例

图 3－3 中灰色斜体字表示的为未分配而不能使用的地址。

在编程计算机和 S7－200 CPU 联机状态下，使用 STEP 7－Micro/WIN 的菜单命令 PLC>Information(信息)，可以方便地查看 CPU 和扩展模块的地址分配。

3.1.5　基本指令

1. 位逻辑指令

位逻辑指令针对触点和线圈进行运算操作。在程序中，触点是对二进制变量的状态测试操作，测试的结果用于进行位逻辑运算；线圈是二进制变量状态的定义操作，其状态根据它前面的逻辑运算结果而定。

一个二进制变量，既可以在程序中作为触点，也可以作为线圈。线圈可以作为触点在程序中被多次引用；如果同一地址的线圈在不止一个网络中出现，其状态以最后一次运算的结果为准。

位逻辑运算的基本关系是“与”和“或”。程序举例如图 3－4 所示。

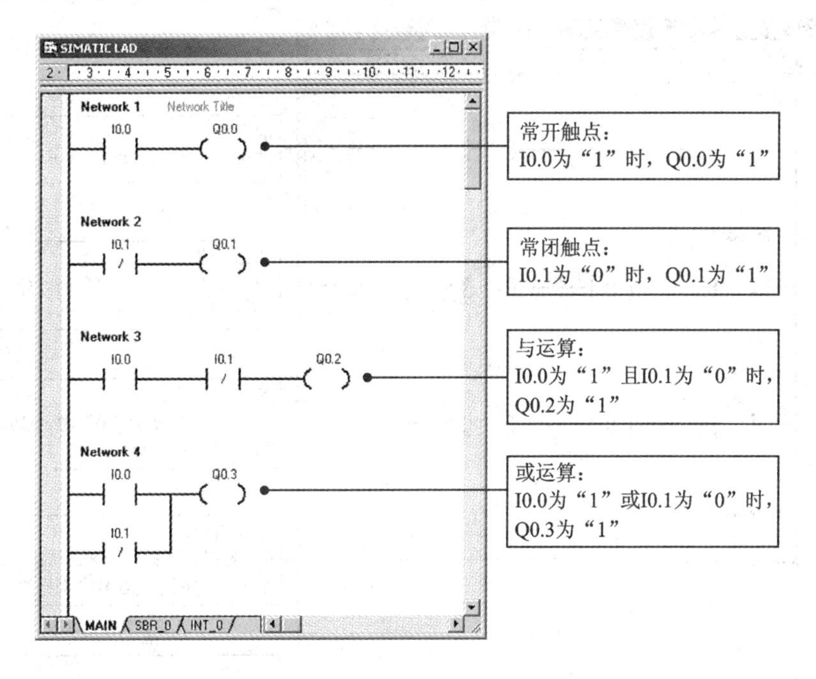

图 3－4 程序举例

（1）取反指令（|NOT|）

取反指令可改变它前面逻辑运算结果的状态，把“1”变成“0”，或把“0”变成“1”。

（2）正跳变指令（|P|）

正跳变指令可检测它前面的逻辑状态。如果上个程序扫描周期是“0”，本周期是“1”，则它后面的逻辑状态在本周期的剩余扫描时间内为“1”。该指令仅在一个周期内有效。

（3）负跳变指令（|N|）

负跳变指令可检测它前面的逻辑状态，如果上个程序扫描周期是“1”，本周期是“0”，则它后面的逻辑状态在本周期的剩余扫描时间内为“1”。该指令仅在一个周期内有效。

几种位逻辑指令的编程举例如图 3－5 所示。

2. 传送指令

传送指令针对至少一个字节长度的数据操作，在不改变原存储单元值（内容）的情况下，将 IN（输入端存储单元）的值复制到 OUT（输出端存储单元）中。

 传送指令的输入/输出数据长度应当一致。

传送指令的编程举例如图 3－6 所示。

3. 比较指令

比较指令用来比较两个数值，结果反映了比较表达式是否成立。

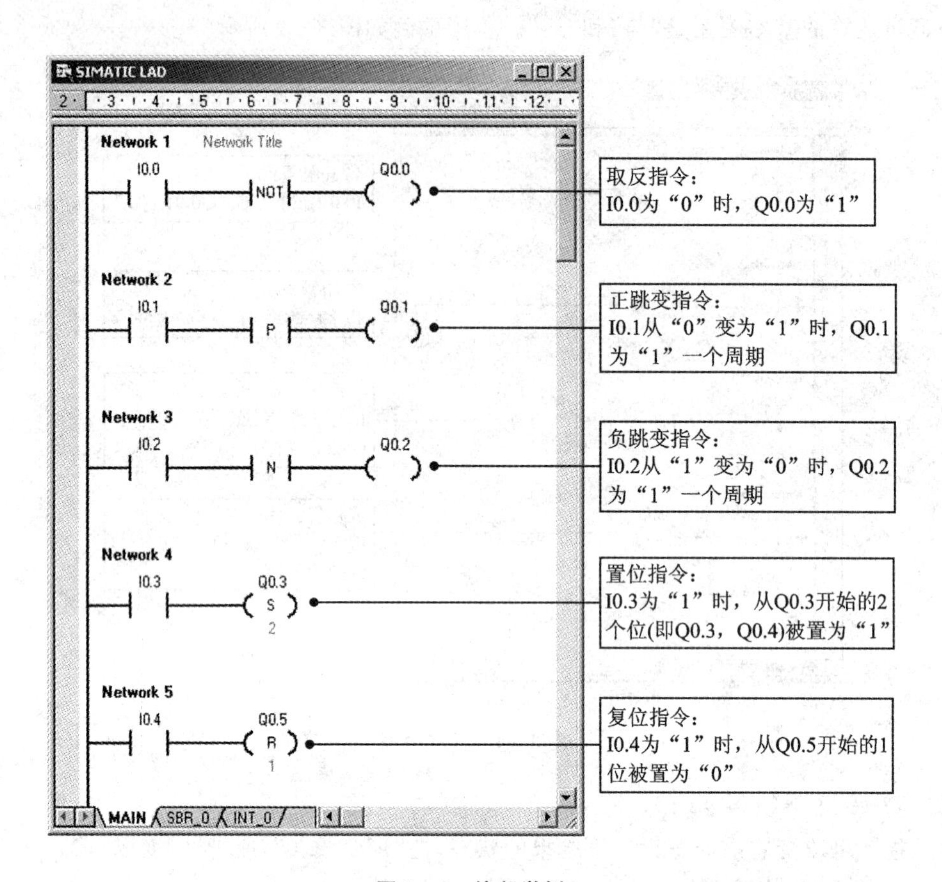

图 3-5　编程举例

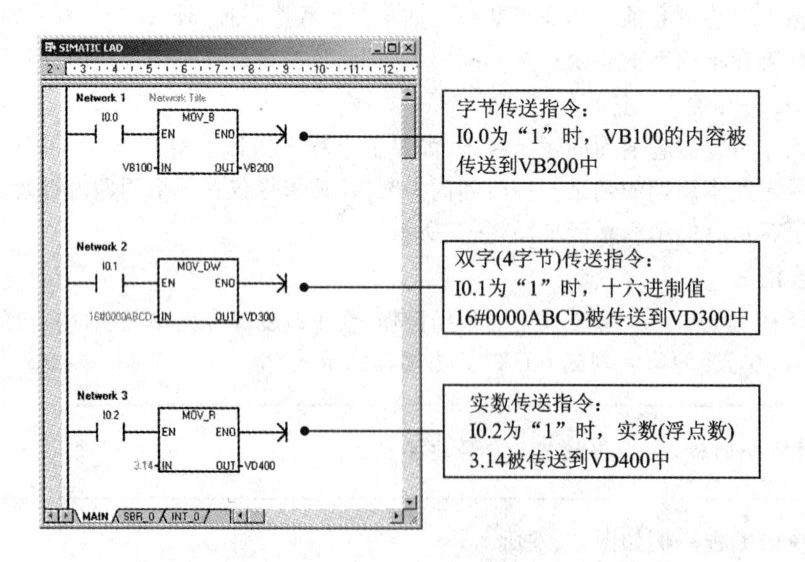

图 3-6　传送指令的编程举例

⚠ 字节比较是无符号操作；整数、双字和实数比较是有符号运算。

比较指令的编程举例如图 3 - 7 所示。

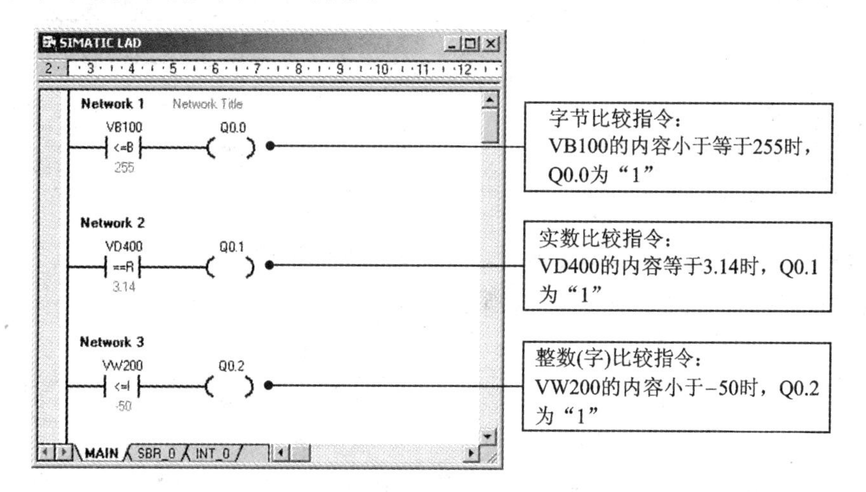

图 3 - 7　比较指令的编程举例

3.2　定时器和计数器

3.2.1　定时器

S7 - 200 CPU 提供了 256 个定时器。定时器分为三种类型：

- TON(接通延时定时器)：输入端通电后，定时器延时接通。
- TONR(有记忆接通延时定时器)：输入端通电时定时器计时，断开时计时停止，计时值累计；复位端接通时计时值复位为零。
- TOF(关断延时定时器)：输入端通电时输出端接通，输入端断开时定时器延时关断。

定时器对时间间隔计数，时间间隔又称分辨率(或时基)。S7 - 200 CPU 提供三种定时器分辨率：1 ms、10 ms 和 100 ms。

选择了定时器号就决定了定时器的类型和分辨率。建议在一个项目中，一个定时器号只使用一次。

定时器规格如表 3 - 3 所列。其中，

最长定时值＝时基(分辨率)×最大定时计数值

表 3-3 定时器规格

定时器类型	分辨率/ms	最长定时值/s	定时器号
TONR	1	32.767	T0,T64
	10	327.67	T1～T4,T65～T68
	100	3 276.7	T5～T31,T69～T95
TON,TOF	1	32.767	T32,T96
	10	327.67	T33～T36,T97～T100
	100	3 276.7	T37～T63,T101～T255

定时器使用一个字长的有符号整数对时基计数,最大值为 32 767。

定时器指令的梯形图格式如图 3-8 所示。

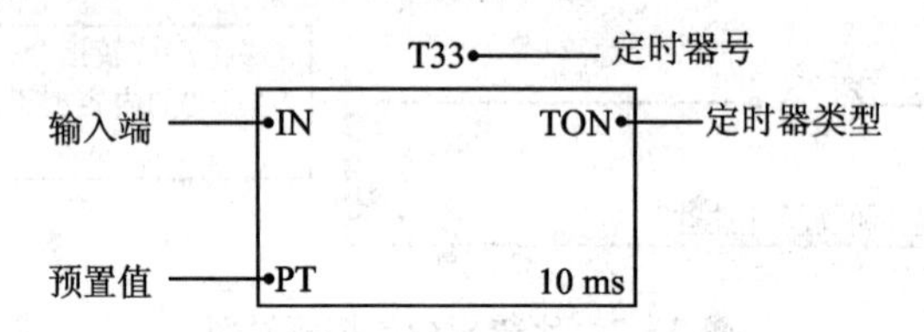

图 3-8 定时器指令的梯形图格式

定时器指令接受操作数如表 3-4 所列。定时器按表 3-5 所列的规律工作。

表 3-4 定时器指令接受的操作数

输入/输出	数据类型	操作数
Txx	WORD	常数(T0～T255),指定定时器号
IN	BOOL	I、Q、V、M、SM、S、T、C、L、能流,启动定时器
PT	INT	IW、QW、VW、MW、SMW、T、C、LW、AC、AIW、* VD、* LD、* AC、常数,规定预置值

表 3-5 定时器工作规律

定时器类型	当前值≥预设值时	IN(使能)输入接通	IN(使能)输入断开	上电周期/首次扫描
TON	定时器位 ON,当前值连续计数到 32 767	当前值对时间间隔计数,定时器工作	定时器位 OFF,当前值=0	定时器位 OFF,当前值=0
TONR	定时器位 ON,当前连续计数到 32 767	当前值对时间间隔计数,定时器工作	定时器位和当前值保持最后状态	定时器位 OFF,当前值保持 1
TOF	定时器位 OFF,当前值 = 预设值,停止计数	定时器位 ON,当前值=0,定时器工作	发生 ON 到 OFF 的跳变之后,定时器开始计数	定时器位 OFF,当前值=0
注:有记忆定时器的当前值可以在电源掉电时保持记忆				

接通延时定时器指令程序举例如图3-9所示。

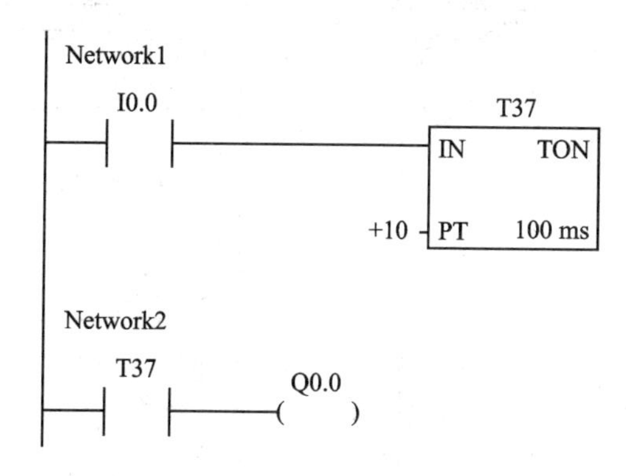

图3-9　接通延时定时器指令程序举例

定时器T37时基为100 ms,预置值设定为10,实际延时时间为100 ms×10=1 s。这个程序的时序图如图3-10所示。定时器有两种寻址类型:Word(字)和Bit(位)。按字访问定时器标号时,返回定时器的当前计数值;按位访问时,返回定时器的位状态,即是否到达定时值。

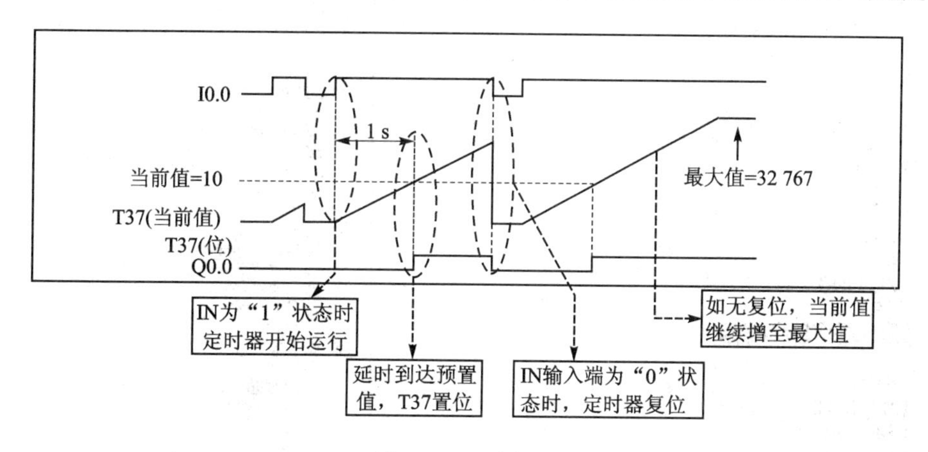

图3-10　时序图

定时器号既可以参加字指令操作,例如定时值的数值计算;也可以参加位指令计算,例如对定时器位的复位操作。

(1) 定时器应用举例

在如图3-11所示的灯开关联锁程序中,加上一个接通延时定时器,控制灯点亮10 s后熄灭。

(2) 插入定时器

在需要插入定时器的位置上,单击工具栏按钮,或按F6弹出选择框,选择TON定时器,如图3-12所示。或者在指令树Timer(定时器)分支中直接用鼠标选取,如图3-13所示。完成后的程序如图3-14所示。

编译下载程序到S7-200 CPU,监控程序的运行,按Lamp_On(开灯)按钮,如图3-15所示。用状态表监控程序的运行,如图3-16所示。

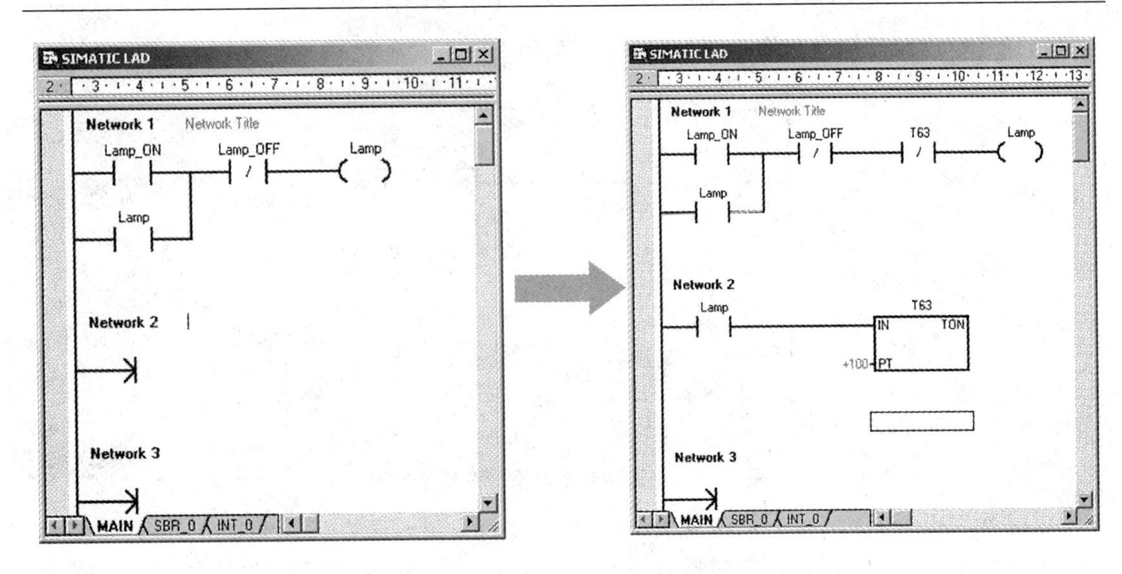

图 3-11　定时器应用举例

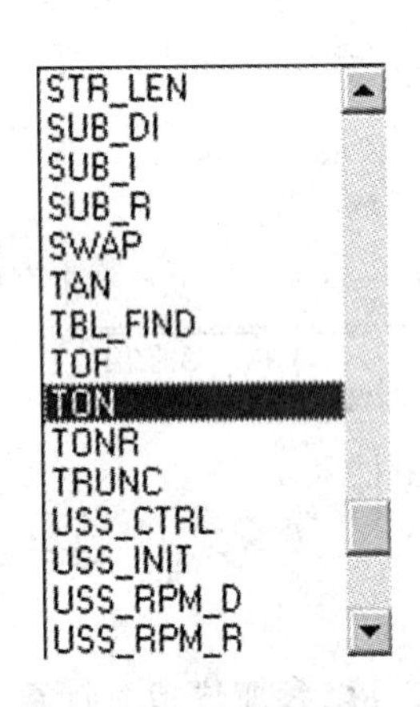

图 3-12　TON 定时器的选择

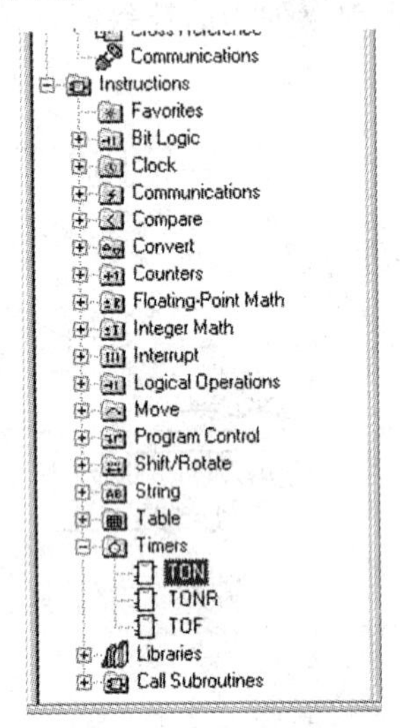

图 3-13　在指令树中选取 TON 定时器

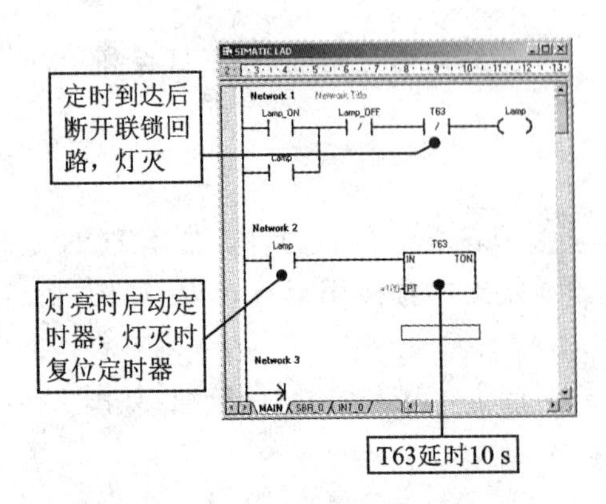

图 3-14　完成编程的窗口

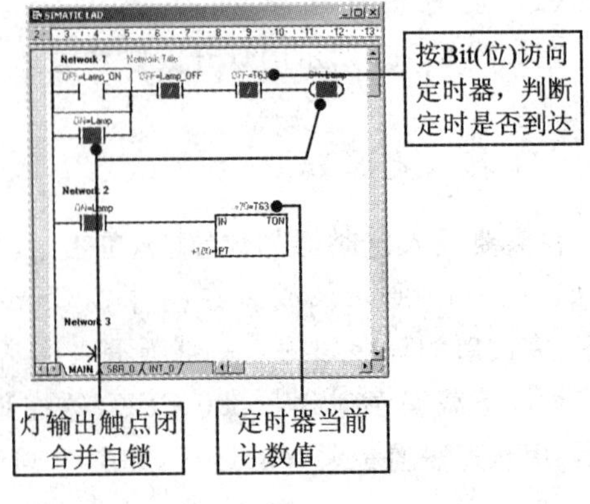

图 3-15　监控程序运行状态

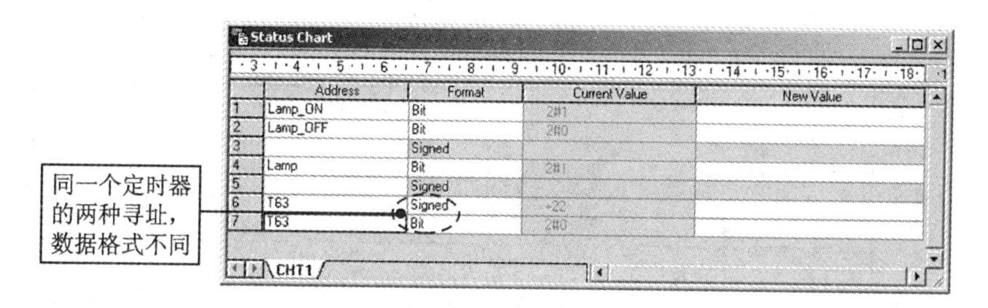

图 3-16　用状态表监控程序

3.2.2　计数器

S7-200 CPU 提供了 256 个计数器。计数器可作为以下三种类型使用。

- CTU：增计数器。
- CTD：减计数器。
- CTUD：增/减计数器。

计数器指令的梯形图格式如图 3-17 所示。计数器指令接受操作数如表 3-6 所列。计数器按如表 3-7 所列的规律工作。

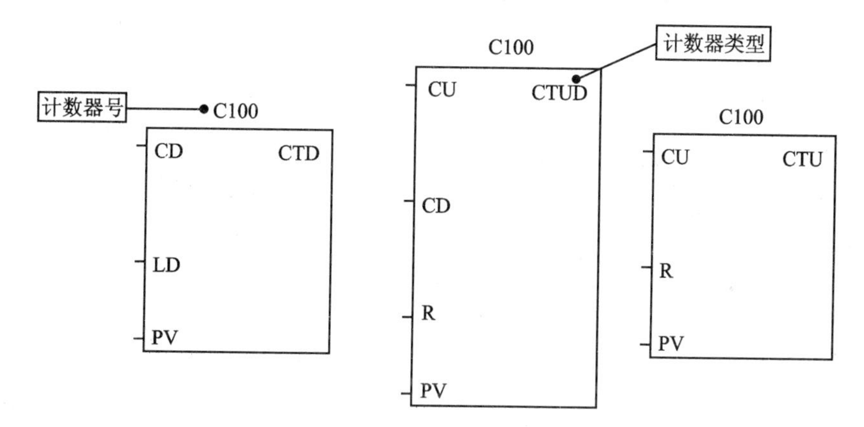

CU：增计数信号输入端；
CD：减计数信号输入端；
R：复位输入；
LD：装载预置值；
PV：预置值

图 3-17　计数器指令的梯形格式

表 3-6　计数器指令接受操作数

输入/输出	数据类型	操作数
Cxx	WORD	常数(C0～C255)，指定计数信号
CU,CD,LD,R	BOOL	I、Q、V、M、SM、S、T、C、L、能流
PV	INT	IW、QW、VW、MW、SMW、SW、LW、T、C、AC、AIW、* VD、* LD、* AC、常数，规定预置值

表 3-7 计数器工作规律

类型	操作	计数器位	上电周期/首次扫描
CTU	CU 使当前值递增,当前值持续递增直至 32 767	当当前值≥预置值时,计数器位接通	计数器位关断
CTUD	CU 使当前值递增,CD 使当前值递减,R 使当前值复位	当当前值≥预置值时,计数器位接通	计数器位关断
CTD	CD 使当前值递减,直至当前值为 0	当当前值=0 时,计数器位接通	计数器位关断

计数器计数范围为 0～32 767。计数器号不能重复使用。计数器有两种寻址类型:Word(字)和 Bit(位)。计数器标号既可以用来访问计数器当前值,也可以用来表示计数器位的状态。

增/减计数器指令举例如图 3-18 所示,时序图如图 3-19 所示。

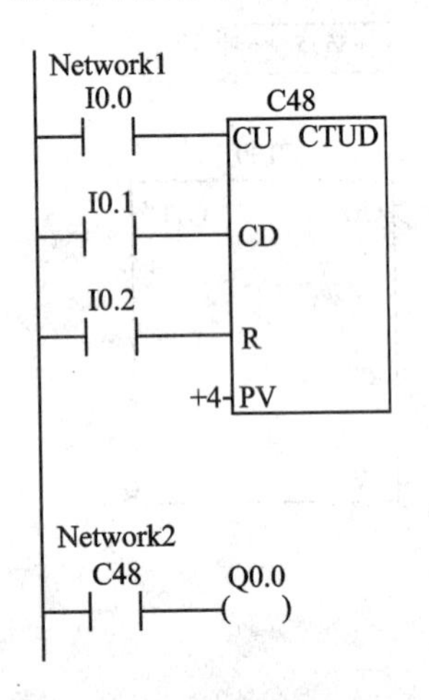

图 3-18 增/减计数器指令

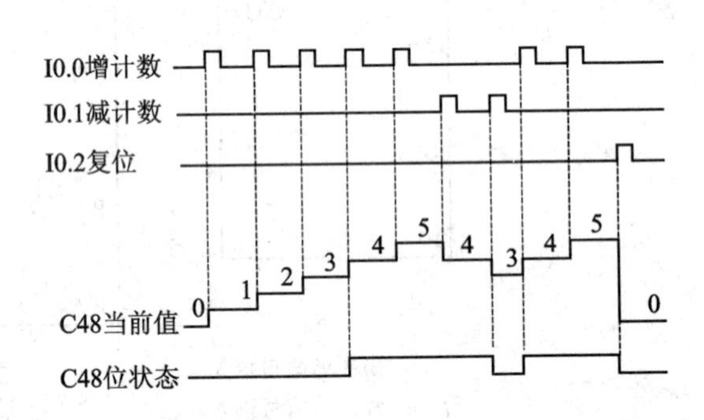

图 3-19 时序图

在 3.2.1 节的例子中,加上一个计数器,使灯的延时时间达到 100 s。如图 3-20 所示。

在这个例子中,T63 和 C0 组成一个延时指令组合。设置不同的定时器时基和计数器预置值可以组合出范围广泛的延时时间,可用来实现长时间延时。注意这种延时组合的精度不是很高。

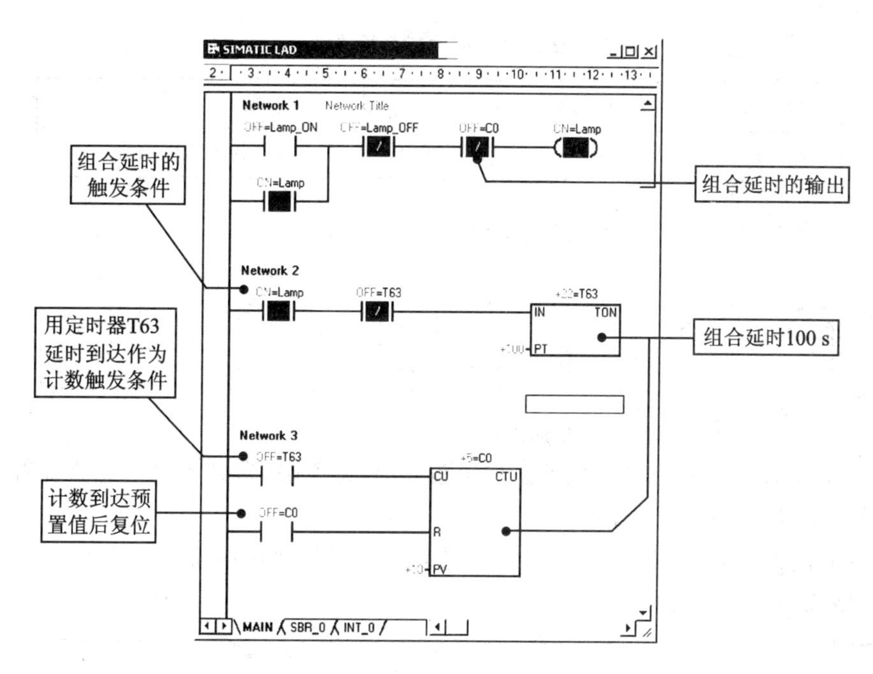

图 3－20　定时器和计数器组合延时

3.3　系统时钟

S7－200 CPU 提供时钟指令对 CPU 的系统时钟进行操作：

- READ_RTC：读系统时钟。
- SET_RTC：写系统时钟。

指令的输入端有：

- EN：使能输入端，执行指令；
- T：以 T 开始的 8 字节的时钟缓冲区。

时钟指令操作数如表 3－8 所列。时钟指令格式如图 3－21 所示。

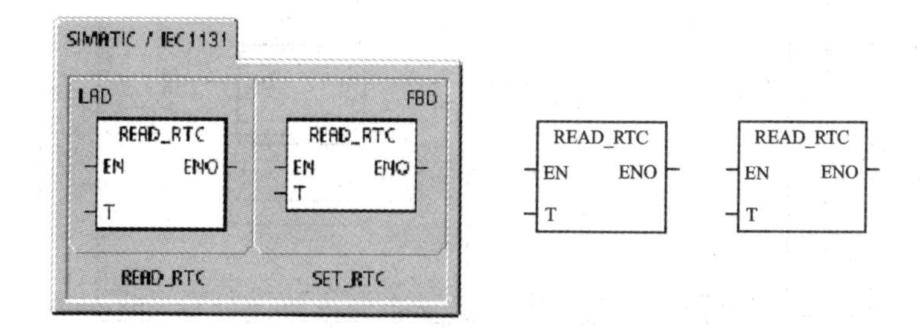

图 3－21　时钟指令格式

表 3－8 时钟指令操作数

输入/输出	数据类型	操作数
T	BYTE	IB、QB、VB、MB、SMB、SB、LB、* VD、* LD、* AC

两个时钟指令的缓冲区具有同样的格式：

T	T+1	T+2	T+3	T+4	T+5	T+6	T+7
年 00～99	月 01～12	日 01～31	小时 00～23	分钟 00～59	秒 00～59	0	星期 0～7 *

* T+7 1=星期日，7=星期六；0=禁用。

其中 T 是缓冲区的起始单元地址。如果设定 T 为 VB100，则年份信息将保存在 VB100 中，而月份信息将保存在 VB101 中。

日期和时间值按 BCD 格式表示。按 16 进制查看时钟缓冲区得到正确的数据；写时钟时要按 BCD 格式准备日期时间值。

⚠ S7－200 CPU 224/CPU 224 XP/CPU 226 已经内置系统实时时钟；CPU 221/CPU 222 需要外插时钟/电池卡。

读写实时时钟程序如图 3－22 所示。此程序不断读取实时时钟，并在 M0.0 为“1”时将预设的日期时间写入实时时钟。

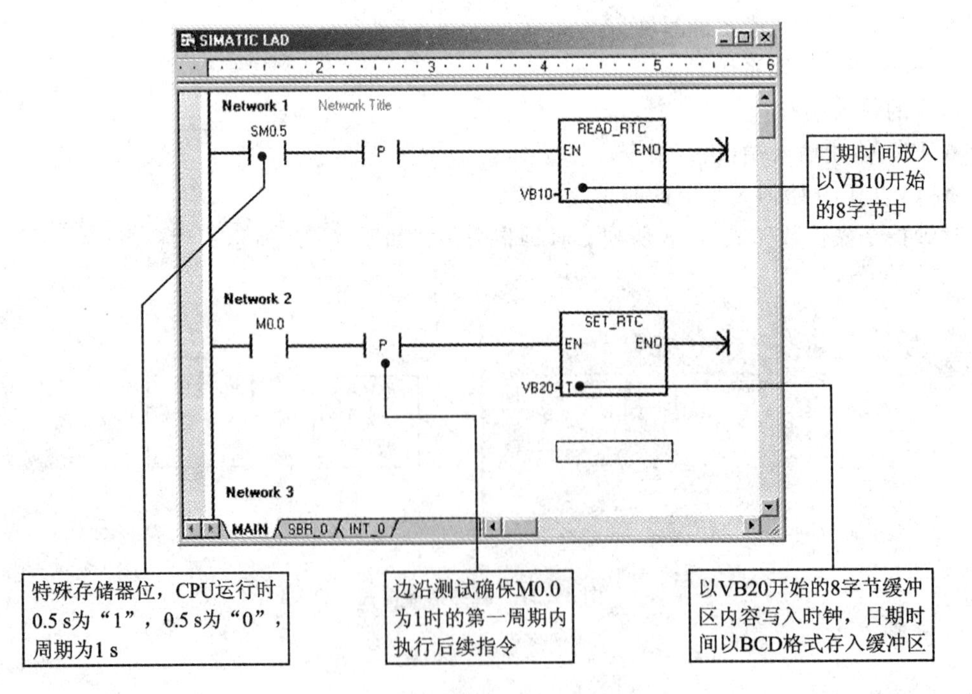

图 3－22 读写实时时钟程序举例

由于可读取的系统时钟最小单位为秒，程序中对特殊存储器位SM0.5 进行上升沿测试，每秒读取一次。这样可以提高程序的执行效率。运行程序中，使用状态表监控程序的运行如图 3－23 所示。

Status Chart

	Address	Format	Current Value	New Value
1	VB10	Hexadecimal	16#03	
2	VB11	Hexadecimal	16#06	
3	VB12	Hexadecimal	16#09	
4	VB13	Hexadecimal	16#02	
5	VB14	Hexadecimal	16#38	
6	VB15	Hexadecimal	16#52	
7	VB16	Hexadecimal	16#00	
8	VB17	Hexadecimal	16#02	
9		Signed		

CHT1

图 3－23　使用状态表监控

3.4　子程序和中断服务程序

3.4.1　子程序

S7－200 CPU 提供了灵活的子程序调用功能。使用子程序可以更好地组织程序结构，便于调试和阅读，缩短程序代码的长度。用户可以为子程序加密以保护自己的知识产权，导出导入子程序，或从子程序生成自己的指令库。

1. 程序举例

为了更好地理解子程序，我们先看一段程序。这个程序不断读取 S7－200 CPU 的系统时钟、日期时间等信息以 BCD 格式保存在从 VB10 开始的 8 字节中。如图 3－24 所示。

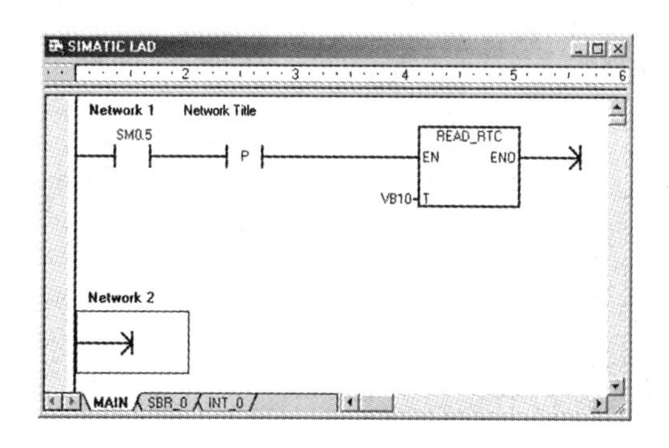

图 3－24　读系统时钟程序

如果要计算日期时间，就需要把数据从 BCD 格式转换为十进制整数格式。下面的程序把时钟的秒数转换为十进制整数，如图 3－25 所示。时钟的秒数只有 1 字节长，而转换指令需要 1 字(2 字节)长的操作数，因此使用累加器运算比较方便。

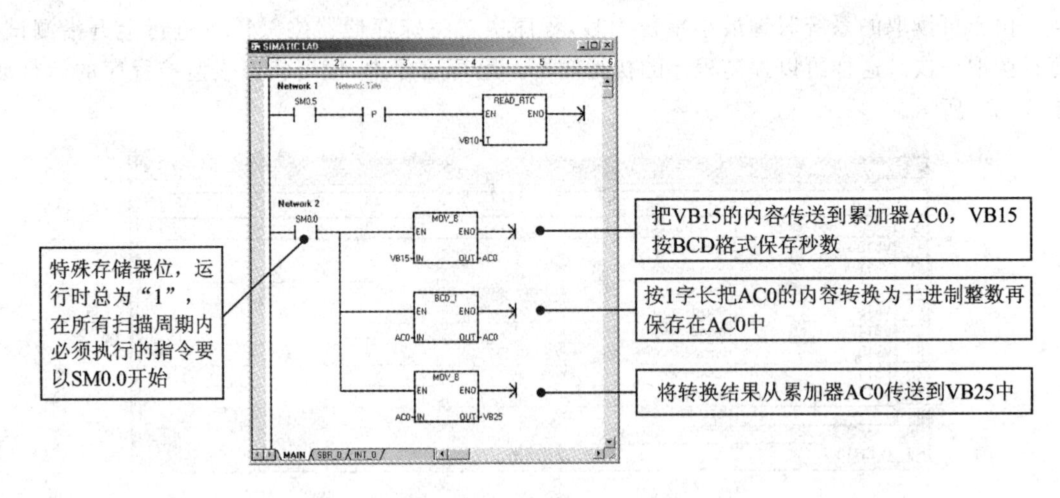

图 3-25 秒数的转换程序

对累加器 AC0、AC1、AC2 和 AC3 来说，参与运算的数据长度取决于所使用的指令。可以灵活应用累加器以配合指令对数据长度的要求。

运行程序过程中，在状态表中对程序运行进行监视，如图 3-26 所示。

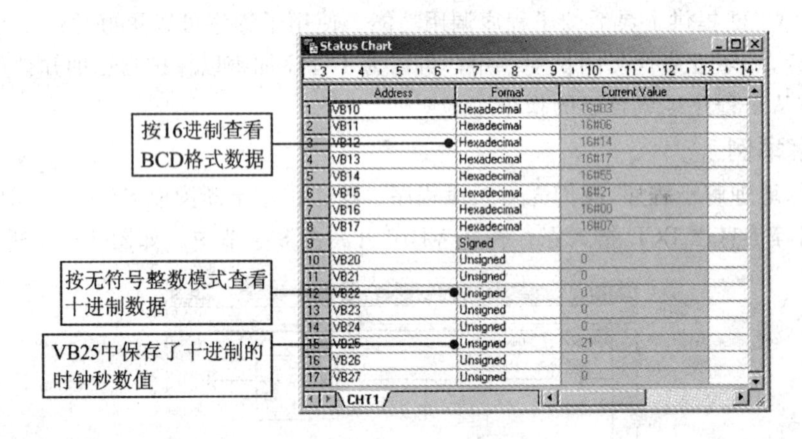

	Address	Format	Current Value
1	VB10	Hexadecimal	16#03
2	VB11	Hexadecimal	16#06
3	VB12	Hexadecimal	16#14
4	VB13	Hexadecimal	16#17
5	VB14	Hexadecimal	16#55
6	VB15	Hexadecimal	16#21
7	VB16	Hexadecimal	16#00
8	VB17	Hexadecimal	16#07
9		Signed	
10	VB20	Unsigned	0
11	VB21	Unsigned	0
12	VB22	Unsigned	0
13	VB23	Unsigned	0
14	VB24	Unsigned	0
15	VB25	Unsigned	21
16	VB26	Unsigned	0
17	VB27	Unsigned	0

图 3-26 状态表监视

2. 子程序举例

可以把在上面的例子中的 BCD 码转换功能(Network 2)放到子程序中执行。

STEP 7-Micro/WIN 在打开程序编辑器时，默认提供了一个空的子程序 SBR_0，可以直接在其中输入程序。用户可以新建、删除子程序，或者给子程序改名。

可用鼠标在指令树的 Program Block(程序块)分支，或在程序编辑器的子程序标签上单击右键执行上述命令，如图 3-27 所示。

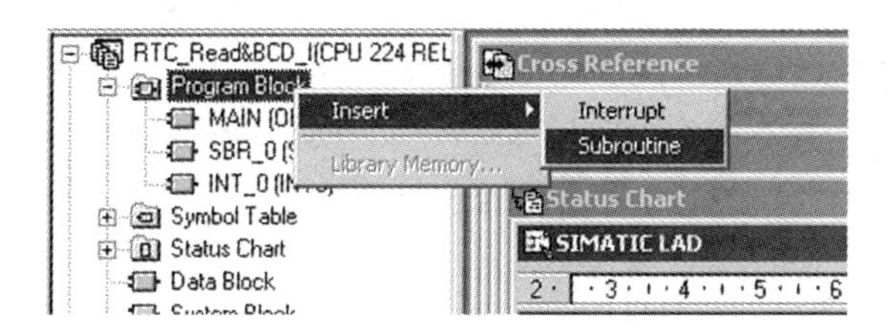

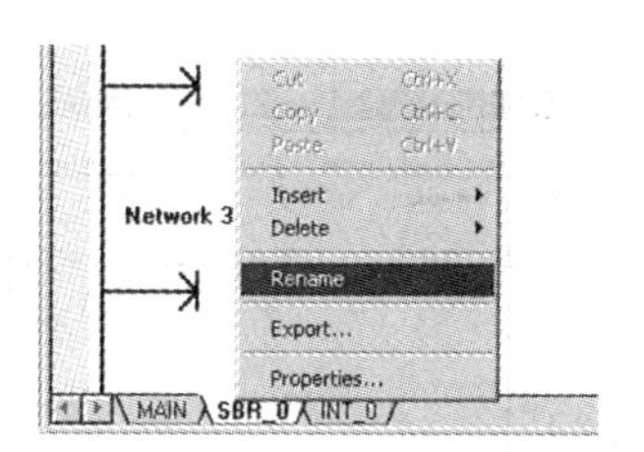

图 3-27　操作子程序

可以使用 Files(文件)菜单中的 Save as(另存为)命令复制一个 Project(项目),在其中编辑、修改;或新建一个项目。当同时打开两个 STEP 7-Micro/WIN 并分别编辑不同项目时,可以在它们之间进行复制、粘贴等操作。

在子程序 SBR_0 中插入转换程序,如图 3-28 所示。在主程序中调用子程序如图 3-29 所示。

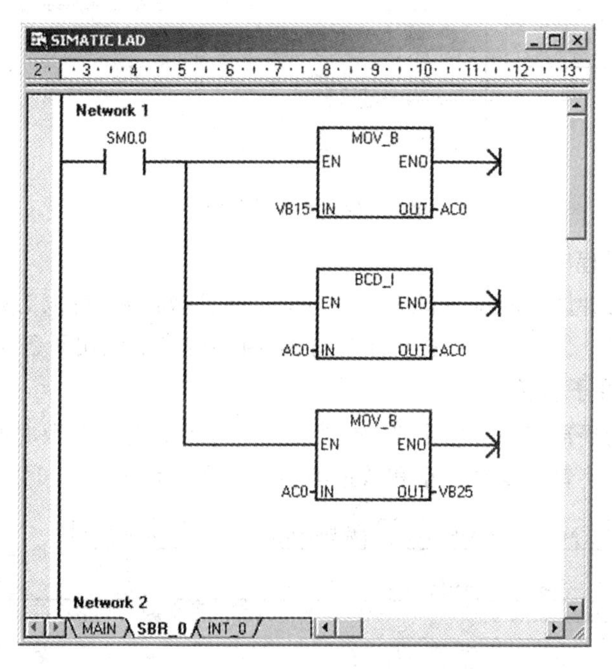

图 3-28　子程序中插入转换程序

STEP 7-Micro/WIN 会自动在子程序末尾加上返回指令。S7-200 系统还提供了 RET(条件返回)指令,根据条件选择是否提前返回调用它的程序。返回指令在指令树的 Program Control(程序控制)分支中。

子程序可以嵌套调用(即在子程序中调用子程序)。从主程序算起,一共可以嵌套 8 层。在中断程序中调用的子程序,不能再调用其他子程序。CPU 226 可以支持 128 个子程序,其

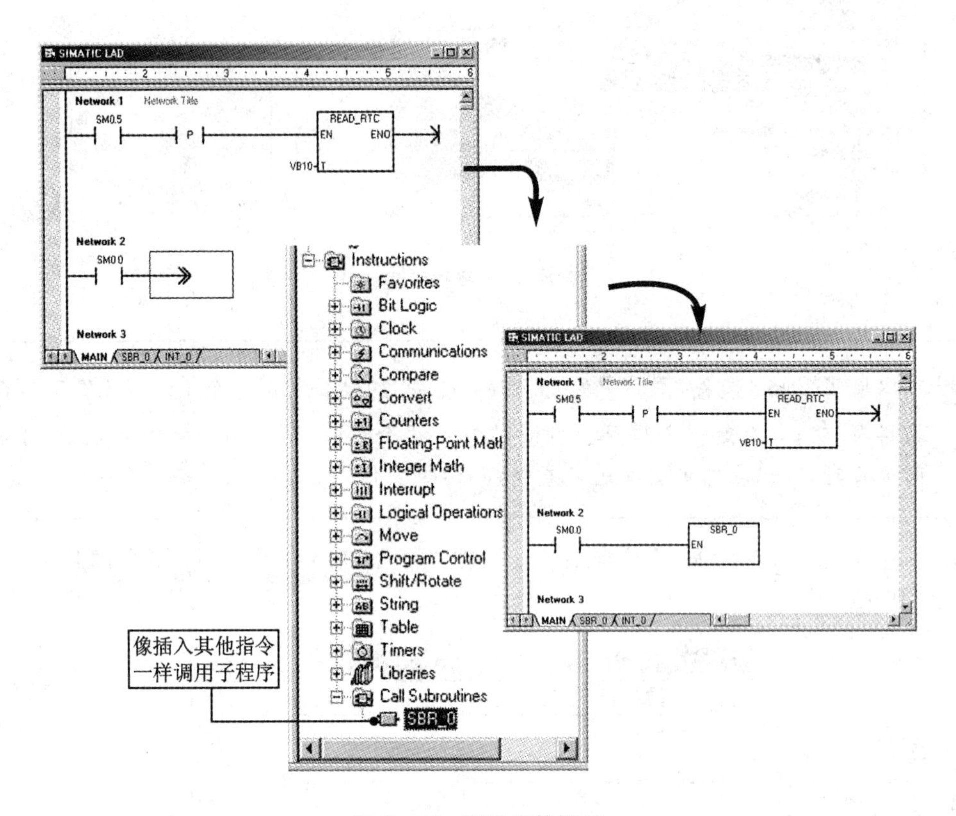

图 3－29　子程序的调用

他 CPU 支持 64 个子程序。

如果需要把从时钟读取的年月日等转换为十进制整数格式，可以为每字节编写专门的一段程序或一个子程序。但 S7－200 提供了更好的功能：带参数调用子程序。

3. 带参数调用子程序

参数在子程序的局部变量表中定义，如图 3－30 所示。定义参数时必须指定参数的符号名称(最多 23 个英文字符)、变量类型和数据类型。一个子程序最多可以传递 16 个参数。

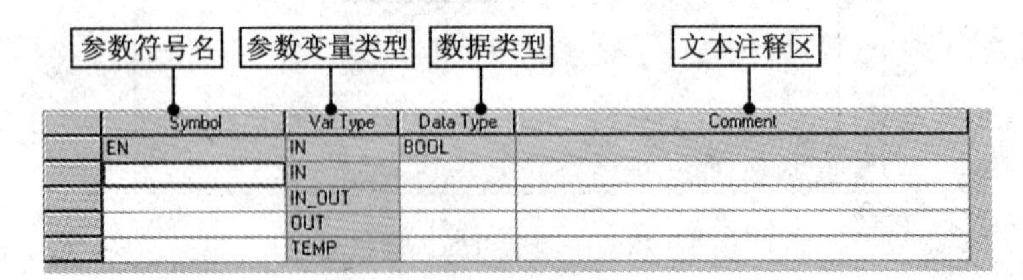

	Symbol	Var Type	Data Type	Comment
	EN	IN	BOOL	
		IN		
		IN_OUT		
		OUT		
		TEMP		

图 3－30　局部变量表定义子程序参数

这些参数即所谓形式参数，并不是具体的数值或者变量地址，而是以符号定义的参数。这些参数在调用子程序时被实际的数据代替。带参数的子程序在 LAD 和 FBD 编程界面中就像一个指令块，上面有参数的输入/输出端口。

带参数的子程序在每次调用时可以对不同的变量、数据进行相同的运算、处理，提高程序编辑和执行的效率，节省程序存储空间。

参数的变量类型有如下几种。

- IN：输入子程序的参数。
- IN_OUT：输入并从子程序返回的参数，输入值和返回值使用同一地址。
- OUT：子程序返回的参数。
- TEMP：临时变量，仅用于子程序内部暂存数据。

把光标放在局部变量表中要加入参数的区域，单击鼠标右键，使用弹出的快捷菜单来插入新变量行，如图 3 - 31 所示。

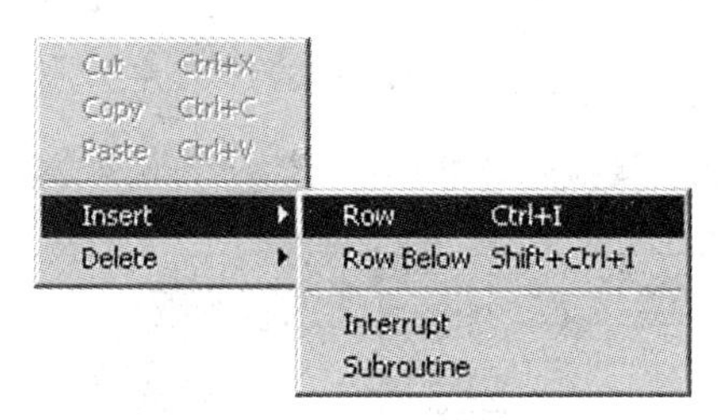

图 3 - 31　新变量行的插入

编辑完成的子程序 SBR_0 及其局部变量表如图 3 - 32 所示。

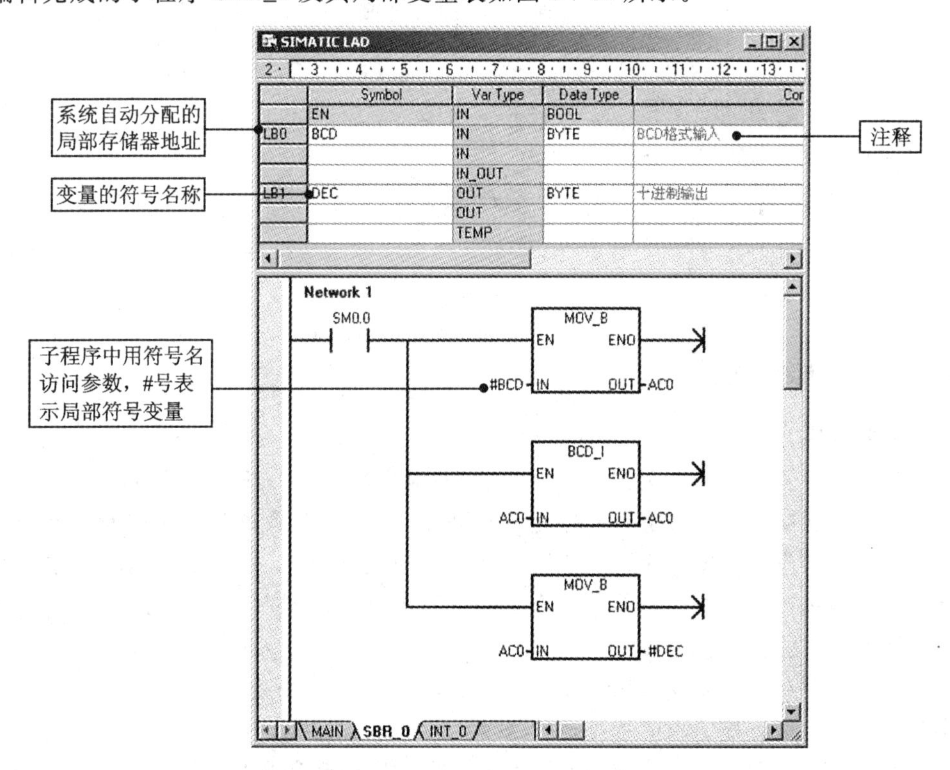

图 3 - 32　子程序及局部变量表

在主程序中两次调用子程序 SBR_0，如图 3－33 所示。运行程序后，用状态表监视程序的运行，如图 3－34 所示。

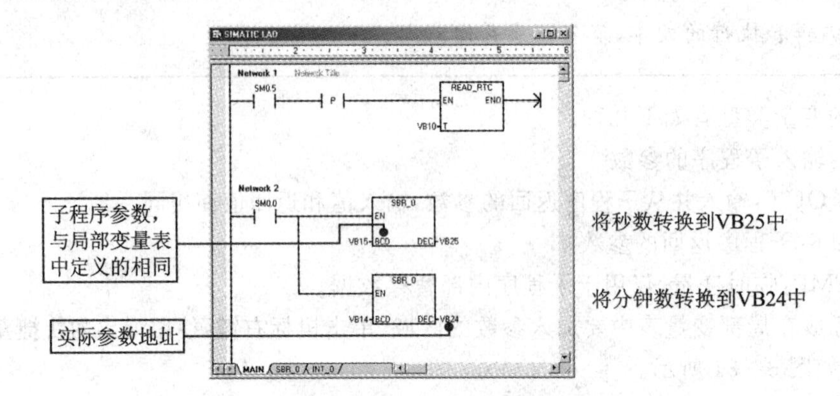

图 3－33　两次调用子程序

Status Chart

	Address	Format	Current Value	
1	VB10	Hexadecimal	16#03	
2	VB11	Hexadecimal	16#06	
3	VB12	Hexadecimal	16#14	
4	VB13	Hexadecimal	16#23	
5	VB14	Hexadecimal	16#10	
6	VB15	Hexadecimal	16#24	
7	VB16	Hexadecimal	16#00	
8	VB17	Hexadecimal	16#07	
9		Signed		
10	VB20	Unsigned	0	
11	VB21	Unsigned	0	
12	VB22	Unsigned	0	
13	VB23	Unsigned	0	
14	VB24	Unsigned	10	
15	VB25	Unsigned	24	
16	VB26	Unsigned	0	
17	VB27	Unsigned	0	

CHT1

注：分钟和秒数转换为十进制数

图 3－34　状态表监视

3.4.2　中断服务程序

1. 中断事件

S7－200 CPU 提供了中断处理功能，用来及时响应特定的内部或外部事件。

能够用中断功能处理的特定事件称为中断事件。S7－200 系统为每个中断事件规定了一个中断事件号。响应中断事件而执行的程序称为中断服务程序，把中断事件号和中断服务程序关联起来才能执行中断处理功能。多个中断事件可以调用同一个中断程序，一个中断事件不可以连接多个中断程序。

中断事件可能在 S7－200 CPU 程序循环周期中任何时刻发生。执行中断服务程序前后，系统会自动保护和恢复被中断的程序运行环境，不会造成混乱。

S7－200 CPU 支持三类中断事件：通信口中断、I/O 中断和时基中断。中断事件各有不同的优先级别。

中断程序或中断程序调用的子程序不会再被中断。中断程序执行过程中发生的其他中断事件不会影响它的执行，而是按照优先级和发生时序排队。队列中优先级高的中断事件首先得到处理；优先级相同的中断事件先到先处理。

中断事件号及其优先级如表 3－9 所列。

2. 中断指令

中断指令主要包括以下几种。

- ATCH(中断连接)：连接某中断事件(由中断事件号指定)所要调用的程序段(由中断程序号指定)。
- ENI(全局允许中断)：开放中断处理功能。
- DISI(全局禁止中断)：禁止处理中断服务程序，但中断事件仍然会排队等候。
- DTCH(分离中断)：将中断事件号与中断服务程序之间的关联切断，并禁止该中断事件。
- RETI(有条件中断返回)：根据逻辑操作的条件，从中断服务程序中返回。
- CLR_EVNT(清除中断事件)：清除当前的中断事件队列。

表 3－9　中断事件号及其优先级

事件号	中断描述	优先组	优先组中的优先级
8	端口 0：接收字符	通信(最高)	0
9	端口 0：发送完成		0
23	端口 0：接收信息完成		0
24	端口 1：接收信息完成		1
25	端口 1：接收字符		1
26	端口 1：发送完成		1
19	PTO 0 完成中断	I/O(中等)	0
20	PTO 1 完成中断		1
0	上升沿，I0.0		2
2	上升沿，I0.1		3
4	上升沿，I0.2		4
6	上升沿，I0.3		5
1	下降沿，I0.0		6
3	下降沿，I0.1		7
5	下降沿，I0.2		8
7	下降沿，I0.3		9
12	HSC0 CV＝PV(当前值＝预置值)		10
27	HSC0 输入方向改变		11

续表 3-9

事件号	中断描述	优先组	优先组中的优先级
28	HSC0 外部复位		12
13	HSC1 CV=PV(当前值=预置值)		13
14	HSC1 输入方向改变		14
15	HSC1 外部复位		15
16	HSC2 CV=PV(当前值=预置值)		16
17	HSC2 输入方向改变		17
18	HSC2 外部复位		18
32	HSC3 CV=PV(当前值=预置值)		19
29	HSC4 CV=PV(当前值=预置值)		20
30	HSC4 输入方向改变		21
31	HSC4 外部复位		22
33	HSC5 CV=PV(当前值=预置值)		23
10	定时中断 0,SMB34	定时(最低)	0
11	定时中断 1,SMB35		1
21	定时器 T32 CT=PT 中断		2
22	定时器 T96 CT=PT 中断		3

可在 STEP 7-Micro/WIN 指令树的 Interrupt(中断)分支中找到与中断处理有关的指令。

中断服务程序执行完毕后会自动返回。RETI(有条件中断返回)指令用来在中断程序中间,根据逻辑运算的结果决定是否返回。

---

3. 中断程序示例

S7-200 CPU 提供了时基中断处理功能,用来执行精确定时的周期性任务。例如,对模拟量信号采样,或执行 PID 回路控制功能。时基中断包括两个特殊存储器定时中断和两个定时器中断。其中特殊存储器中断是以毫秒为时间间隔单位,可以指定从 1～255 ms 的周期范围。

如果在中断服务程序中对定时中断事件进行计数,选择性地执行某些运算操作,就可以得到长于 255 ms 的周期。使用定时器中断,其中断时间范围更长。

本例使用定时中断实现对 100 ms 定时周期计数。我们使用特殊存储器定时中断 0。

查表 3-9,可以得知定时中断 0 的中断事件号为 10,确定周期的特殊存储器字节是 SMB34。

该程序主要包括以下几部分。

- SBR_0:中断初始化程序。
- INT_0:中断服务程序。

在主程序中调用 SBR_0，如图 3 - 35 所示。SBR_0 编程如图 3 - 36 所示。INT_0 编程如图 3 - 37 所示。

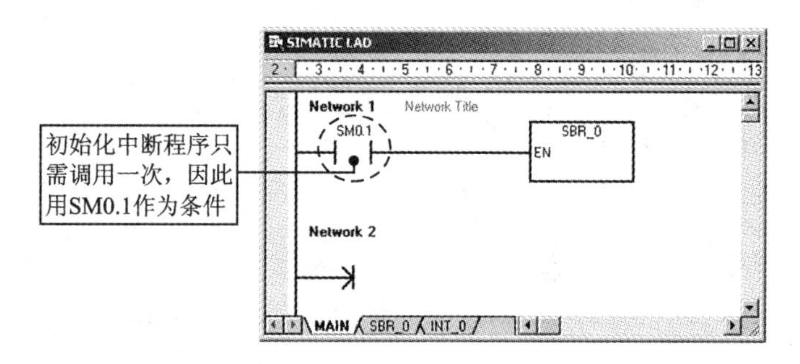

图 3 - 35　SBR_0 的调用

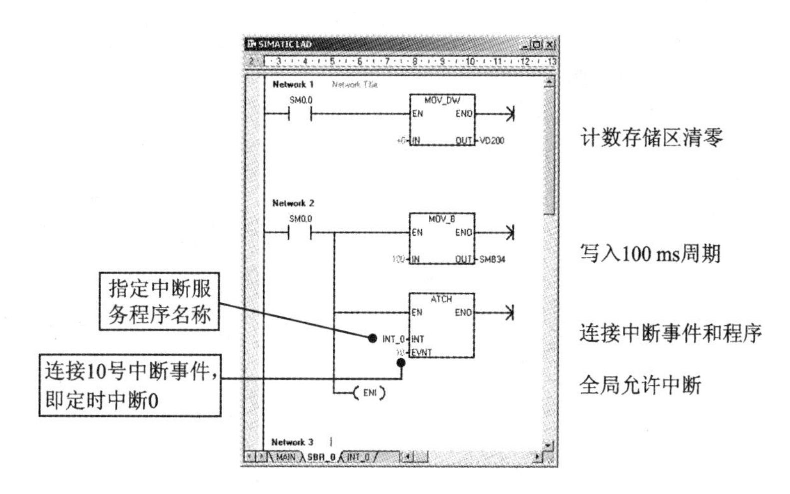

图 3 - 36　SBR_0 编程

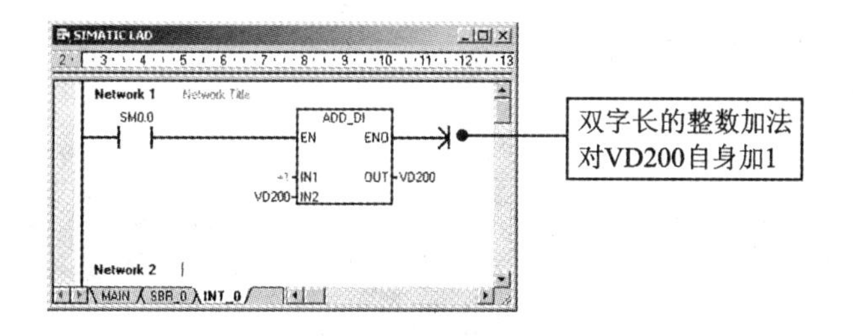

图 3 - 37　INT_0 编程

中断程序的初始化只可执行一次，如果每个周期都执行会造成不能正常工作。也可根据需要重新定义中断事件。

在 S7 - 200 CPU 中运行程序，INT_0 会自动根据定时中断事件的发生而执行。使用状态表监视，VD200 的内容就是 100 ms 定时周期到达的次数，如图 3 - 38 所示。

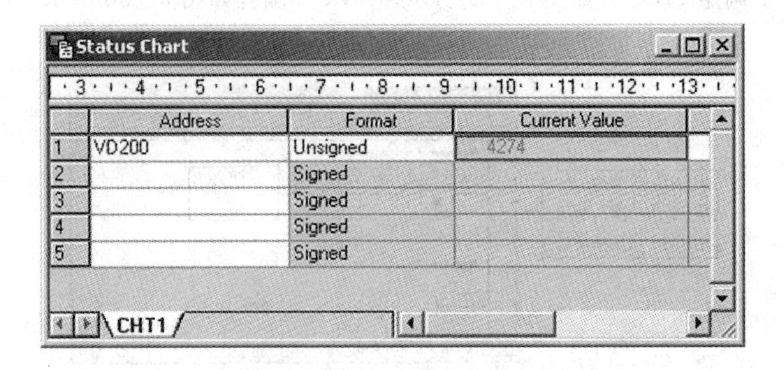

图 3 - 38　状态表监视

3.4.3　程序的密码保护

STEP 7 - Micro/WIN 提供了完善的密码保护功能，以保护用户的知识产权。

1. 保护项目文件

STEP 7 - Micro/WIN 把所有的 S7 - 200 程序、设置等保存在一个项目文件中(扩展名为 .MWP)，可以为这个项目文件设置密码，使未经授权的人无法打开项目。

在 STEP 7 - Micro/WIN 的 File 文件菜单中选择 Set Password(设置密码)命令，如图 3 - 39所示，在弹出的对话框中设置密码，如图 3 - 40 所示。

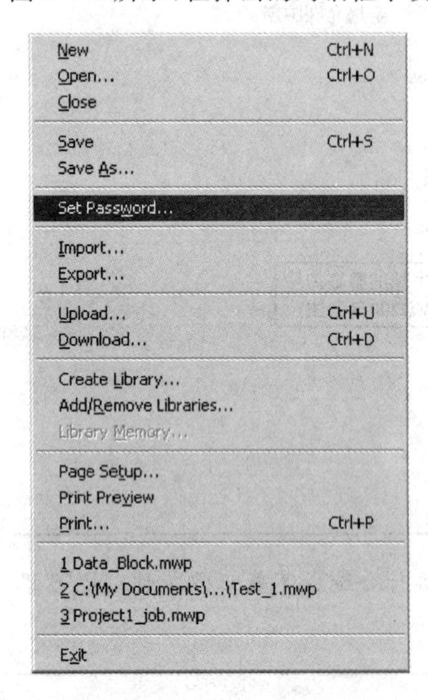

图 3 - 39　设置密码

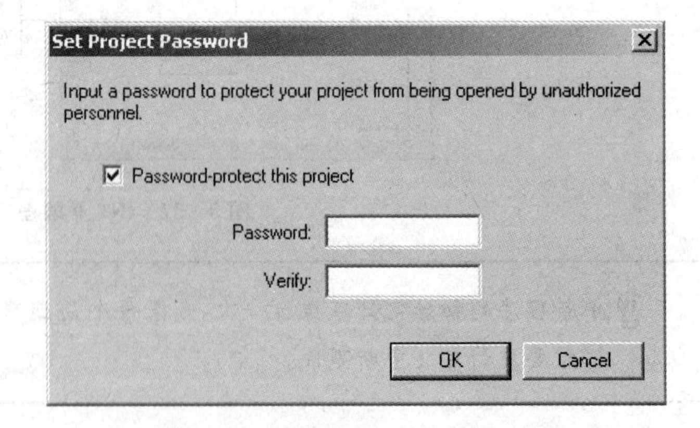

图 3 - 40　设置项目文件密码

下次打开这个项目文件时，会弹出对话框要求输入验证密码。

2. 保护部分程序

在 STEP 7 - Micro/WIN 指令树的项目分支中，或者在程序编辑器中，用鼠标右击主程序、子程序或者中断程序标记，在弹出的快捷菜单中单击 Properties（属性）选项，如图 3 - 41 所示。

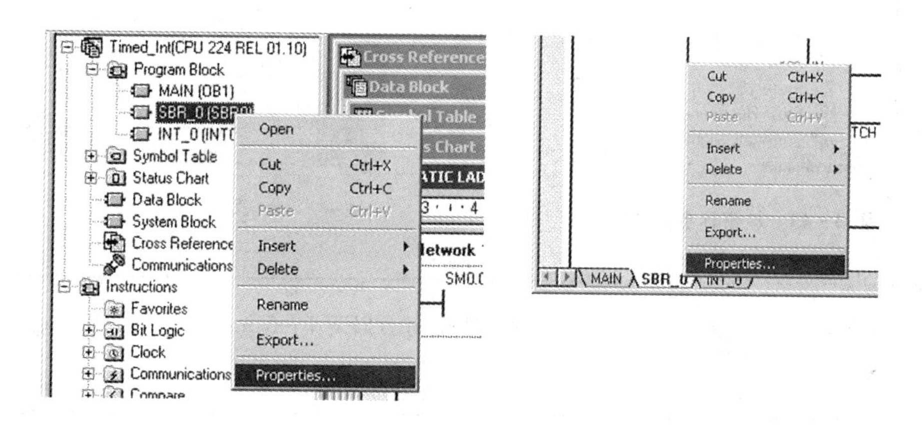

图 3 - 41　查看主程序、子程序或中断程序标记的属性

在程序的属性选项中，选择 Protection（保护）选项卡，如图 3 - 42 所示。

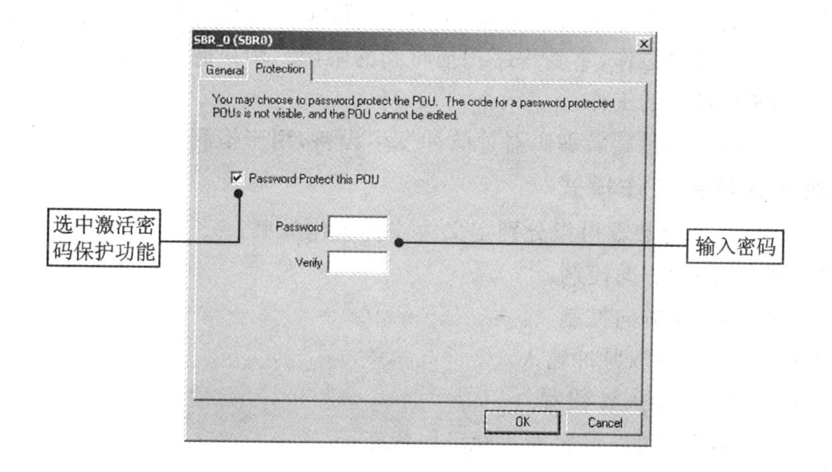

图 3 - 42　Protection 选项卡

输入密码，单击 OK 按钮后，这部分程序即被加密保护。未经授权的人打开项目文件时，在指令树相应的条目上会显示加密标记，在程序编辑器中也不能查看程序的内容，如图 3 - 43 所示。要显示程序内容，需打开程序属性，并在 Protection（保护）选项卡中输入密码，再单击 Authorize（验证）按钮，如图 3 - 44所示。

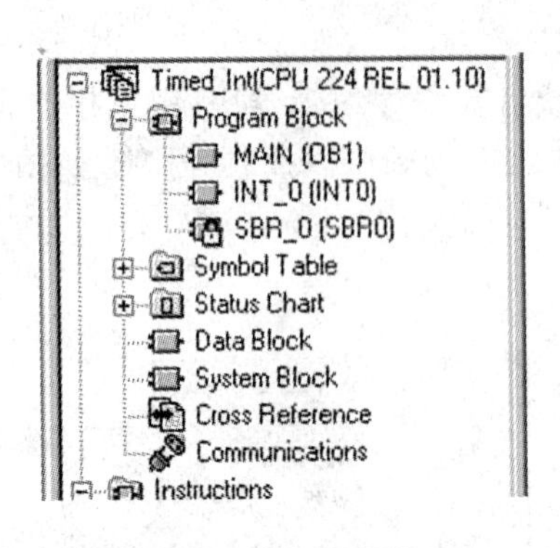

图 3－43　加密标志的显示

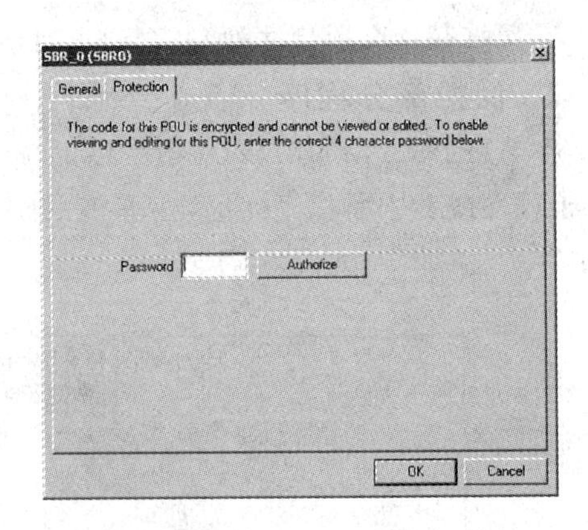

图 3－44　验证密码

加密的程序下载到 S7－200 CPU 中，再使用 STEP 7－Micro/WIN 上载后也处在加密状态。

3.5　高速计数器

S7－200 CPU 提供了多个高速计数器(HSC0～HSC5)以响应快速的脉冲输入信号。高速计数器独立于用户程序工作，不受程序扫描时间的限制。用户通过相关指令，设置相应的特殊存储器控制高速计数器的工作。

高速计数器可连接增量旋转编码器等脉冲发生设备，用于检测位置和速度等。

1. 高速计数器的工作模式

S7－200 CPU 高速计数器可以分别定义为 4 种工作类型：

- 单相计数器，内部方向控制。
- 单相计数器，外部方向控制。
- 双相增/减计数器，双脉冲输入。
- A/B 相正交脉冲输入计数器。

每种高速计数器类型可以设定为 3 种工作状态：

- 无复位、无启动输入。
- 有复位、无启动输入。
- 既有复位、又有启动输入。

所以共有 12 种高速计数器工作模式。对于 A/B 相正交输入，可以选择使用 4×(4 倍)和 1×(1 倍)输入脉冲频率的内部计数速率。

表 3－10 列出了高速计数器的硬件输入定义和工作模式。

表 3 - 10 高速计数器的硬件输入定义和工作模式

模 式	描 述	输入点			
	HSC0	I0.0	I0.1	I0.2	
	HSC1	I0.6	I0.7	I1.0	I1.1
	HSC2	I1.2	I1.3	I1.4	I1.5
	HSC3	I0.1			
	HSC4	I0.3	I0.4	I0.5	
	HSC5	I0.4			
0	带有内部方向控制的单相计数器	计数脉冲			
1		计数脉冲		复位	
2		计数脉冲		复位	启动
3	带有外部方向控制的单相计数器	计数脉冲	方向		
4		计数脉冲	方向	复位	
5		计数脉冲	方向	复位	启动
6	带有增/减计数脉冲的双相计数器	增计数脉冲	减计数脉冲		
7		增计数脉冲	减计数脉冲	复位	
8		增计数脉冲	减计数脉冲	复位	启动
9	A/B 相正交计数器	计数脉冲 A	计数脉冲 B		
10		计数脉冲 A	计数脉冲 B	复位	
11		计数脉冲 A	计数脉冲 B	复位	启动

S7 - 200 CPU 221、CPU 222 没有 HSC1 和 HSC2;CPU 224、CPU 224 XP 和 CPU 226 拥有全部 6 个计数器。

还有一种模式 12,只有 HSC0 和 HSC3 支持。当它们工作在模式 12 时,可以通过 CPU 内部连线对 CPU 上的两个高速脉冲输出点计数,HSC0 对应 Q0.0,HSC3 对应 Q0.1。这个功能可以用来对已经发出的脉冲计数,并且不需要外部接线。模式 12 不占用实际的数字量输入点。

高速计数器的硬件输入接口与普通数字量输入接口使用相同的地址。已定义用于高速计数器的输入点不应再用于其他功能,但某个模式下没有用到的输入点还可以用作普通开关量输入点。

CPU 224 XP 的 HSC4 和 HSC5 支持单相 200 kHz/双相 100 kHz 的高速脉冲输入;并且 I0.3、I0.4、I0.5 在硬件上支持 5～24 V 直流信号输入。

由于硬件输入点的定义有复用,不是所有的计数器都可以同时定义为任意工作模式。

高速计数器的工作模式通过一次性地执行 HDEF(高速计数器定义)指令来选择。

2. 控制字节

每个高速计数器在 S7－200 CPU 的特殊存储区中拥有各自的控制字节。控制字节用来定义计数器的计数方式和其他一些设置,以及在用户程序中对计数器的运行进行控制。控制字节的各个位的 0/1 状态具有不同的设置功能。

高速计数器控制字节的位地址分配如表 3－11 所列。

表 3－11　高速计数器控制字节的位地址分配

HSC0	HSC1	HSC2	HSC3	HSC4	HSC5	描　述
SM37.0	SM47.0	SM57.0	—	SM147.0	—	复位有效电平控制位:0＝复位高电平有效;1＝复位低电平有效
—	SM47.1	SM57.1	—	—	—	启动有效电平控制位:0＝启动高电平有效;1＝启动低电平有效
SM37.2	SM47.2	SM57.2	—	SM147.2	—	正交计数器计数速率选择:0＝4× 计数率;1＝ 1× 计数率
SM37.3	SM47.3	SM57.3	SM137.3	SM147.3	SM157.3	计数方向控制位:0＝减计数;1＝增计数
SM37.4	SM47.4	SM57.4	SM137.4	SM147.4	SM157.4	向 HSC 中写入计数方向:0＝不更新;1＝更新计数方向
SM37.5	SM47.5	SM57.5	SM137.5	SM147.5	SM157.5	向 HSC 中写入预置值:0＝不更新;1＝更新预置值
SM37.6	SM47.6	SM57.6	SM137.6	SM147.6	SM157.6	向 HSC 中写入新的初始值:0＝不更新;1＝更新初始值
SM37.7	SM47.7	SM57.7	SM137.7	SM147.7	SM157.7	HSC 允许: 0＝禁止 HSC; 1＝允许 HSC

3. 高速计数器数值寻址

每个高速计数器都有一个初始值和一个预置值,它们都是 32 位有符号整数。初始值是高速计数器计数的起始值;预置值是计数器运行的目标值,当实际计数值等于预置值时会发生一个内部中断事件。必须先设置控制字节以允许装入新的初始值和预置值,并且把初始值和预置值存入特殊存储器中,然后执行 HSC 指令使新的初始值和预置值有效。

高速计数器数值如表 3－12 所列。

表 3－12　高速计数器数值寻址

计数器号	HSC0	HSC1	HSC2	HSC3	HSC4	HSC5
初始值	SMD38	SMD48	SMD58	SMD138	SMD148	SMD158
预置值	SMD42	6SMD52	SMD62	SMD142	SMD152	SMD162
当前值	HC0	HC1	HC2	HC3	HC4	HC5

当前值也是一个 32 位的有符号整数。HSC0 的当前值,在 HC0 中读取。

4. 中断功能

所有的计数器模式都会在当前值等于预置值时产生中断；使用外部复位端的计数模式支持外部复位中断；除模式0、1和2之外，所有计数器模式还支持计数方向改变中断。每种中断条件都可以分别使能或者禁止。

S7-200 CPU还在特殊存储区中为高速计数器提供了状态字节，以在中断服务程序中使用。状态字节只在中断程序中有效。

5. 高速计数器编程

使用高速计数器，须完成下列步骤：

① 根据选定的计数器工作模式，设置相应的控制字节。

② 使用HDEF指令定义计数器号。

③ 设置计数方向(可选)。

④ 设置初始值(可选)。

⑤ 设置预置值(可选)。

⑥ 指定并使能中断服务程序(可选)。

⑦ 执行HSC指令，激活高速计数器。

若在计数器运行中改变其设置，须执行下列步骤：

① 根据需要来设置控制字节。

② 设置计数方向(可选)。

③ 设置初始值(可选)。

④ 设置预置值(可选)。

⑤ 执行HSC指令，使CPU确认。

用户还可以使用指令向导中的HSC向导生成程序。

---

6. 内部方向控制无复位单相计数器编程

在下面的例子中，使HSC0工作在内部方向控制、无复位状态，即模式0。所谓内部方向控制，就是通过高速计数器控制字节的方向位来控制计数的增/减方向。为此，须将HSC0的控制字节SMB37设置为如图3-45所示的形式。

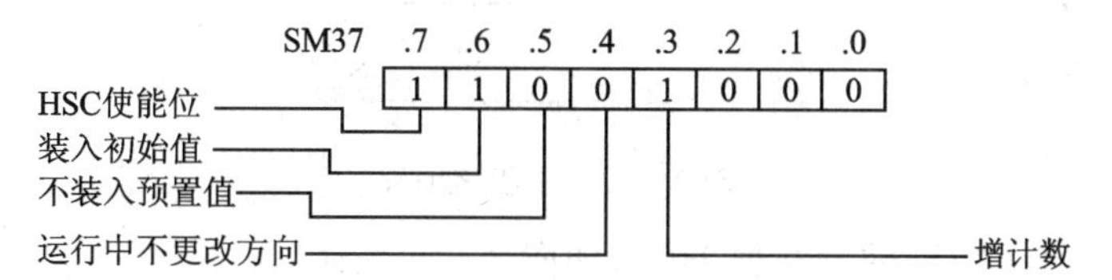

图3-45 控制字节设置

上述SMB37的内容用二进制表示为11001000B，为了方便可以换算成十六进制格式的C8H，用S7-200格式表示即为：

2#11001000=16#C8

如果在运行中改变方向，须设置控制字节的各个位，如图3-46所示。

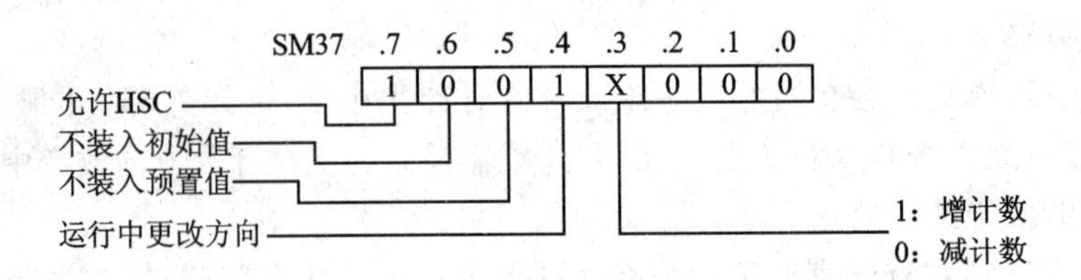

图 3－46　控制字节的位设置

上述 SMB37 内容可表示为：

2＃10011000＝16＃98 或 2＃10010000＝16＃90

如果感觉换算不方便，也可以直接按二进制格式写入控制字节。

在所举例子程序中，主要包括以下几部分。

- 主程序：调用初始化子程序，并根据 I0.1 的状态调用子程序改变计数方向；
- SBR_0：初始化 HSC0；
- SBR_1：改计数方向为减计数；
- SBR_2：改计数方向为增计数。

主程序编程如图 3－47 所示。SBR_0 编程如图 3－48 所示。SBR_1 编程如图 3－49 所示。SBR_2 编程如图 3－50 所示。

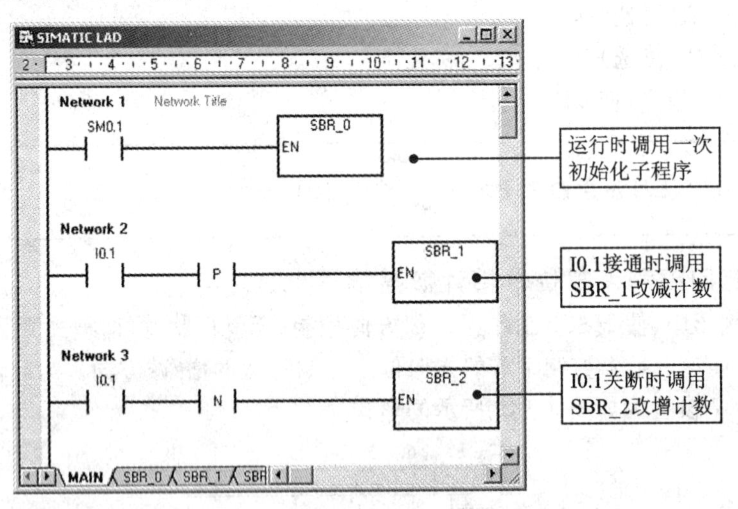

图 3－47　主程序编程

使用状态表监视 HSC0 的当前值 HC0，如图 3－51 所示。

如果没有脉冲信号发生装置，高速计数器可能在一般的开关或触点接通一次时计数出多个脉冲。这是灵敏的计数电路对输入信号的抖动或毛刺作出的反应。

7. 模式 10 应用举例

假设某单向旋转机械上连接了一个 A/B 两相正交脉冲增量旋转编码器，计数脉冲的个数就代表了旋转轴的位置。编码器旋转一圈产生 10 个 A/B 相脉冲和一个复位脉冲(C 相或 Z 相)，需要在第 5 和第 8 个脉冲所代表的位置之间接通 Q0.0，其余位置 Q0.0 断开。

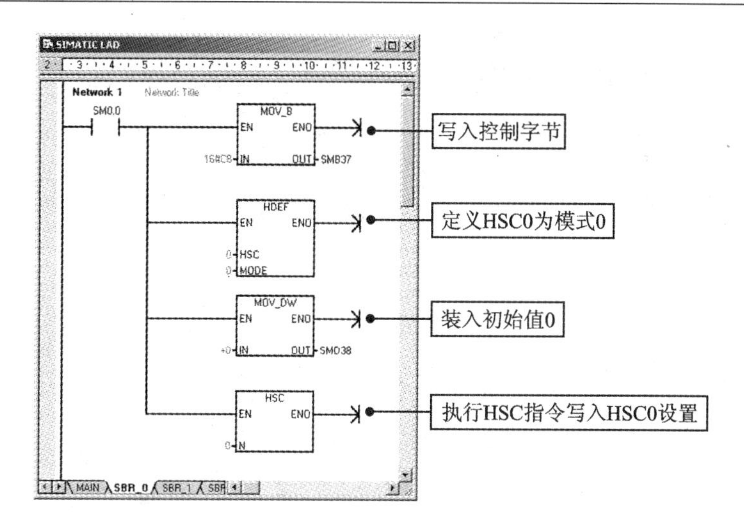

图 3－48　SBR_0 编程

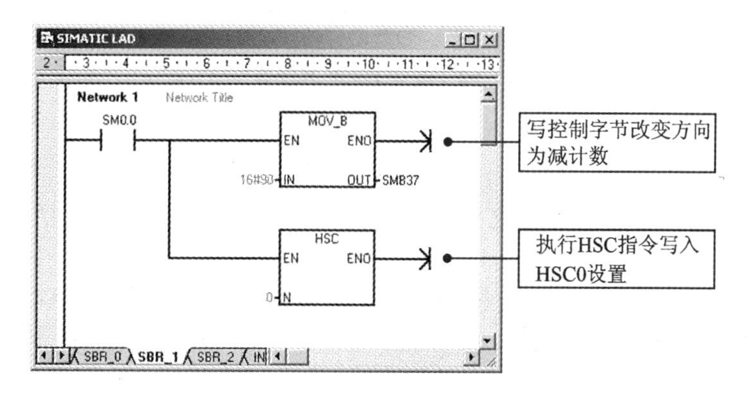

图 3－49　SBR_1 编程

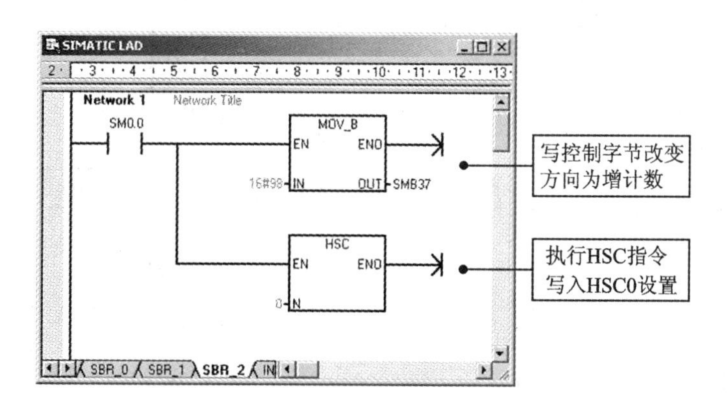

图 3－50　SBR_2 编程

利用 HSC0 的 CV＝PV（当前值＝预置值）中断，可以比较容易地实现这一功能。把 A 相接入 I0.0，B 相接入 I0.1，复位脉冲（C 相或 Z 相）接入 I0.2。确定 HSC0 的控制字节，如图 3－52 所示。

Status Chart

	Address	Format	Current Value
1	HC0	Signed	+198
2		Signed	
3	SMB37	Binary	2#1001_1000
4		Signed	
5	I0.1	Bit	2#0

图 3－51　用状态表监视 HSC0

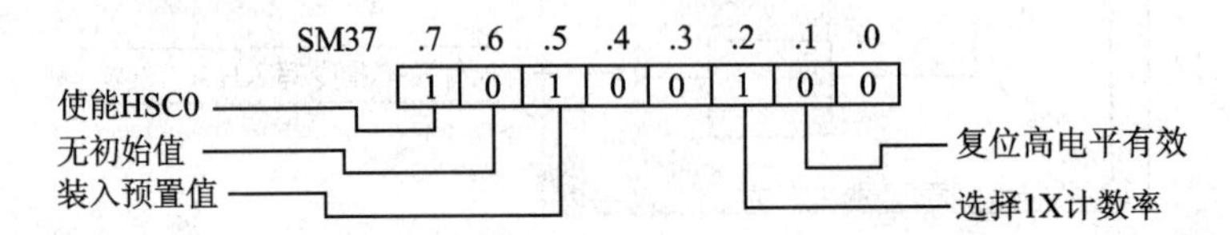

因此，HSC0的控制字节SMB37应当为

2#10100100=16#A4。

图 3－52　确定 HSC0 的控制字节

本例的程序中主要包括以下几部分。

- 主程序：一次性调用 HSC0 初始化子程序 SBR_0。
- SBR_0：初始化 HSC0 为模式 10，设预置值为 5，并连接中断事件 12(HSC0 的 CV ＝ PV)到 INT_0。
- INT_0：根据计数值置位 Q0.0，并重设预置值。

主程序如图 3－53 所示。SBR_0 编程如图 3－54 所示。INT_0 编程如图 3－55 所示。

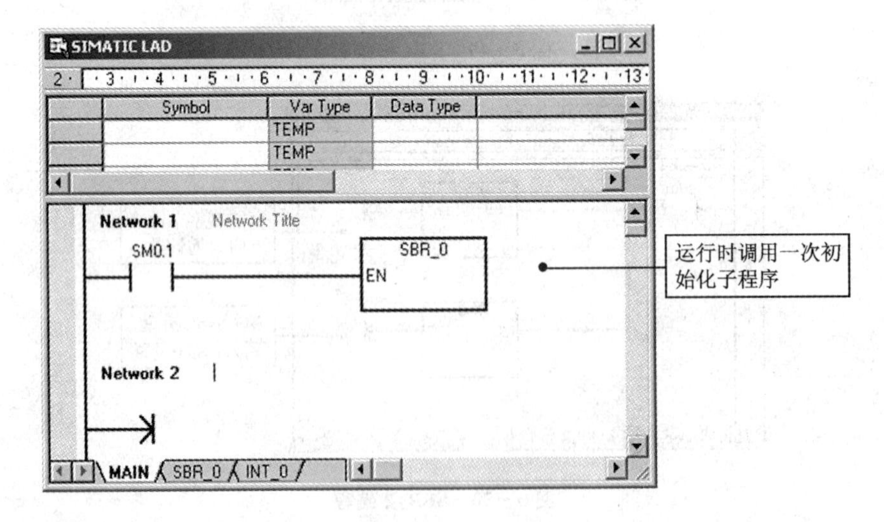

图 3－53　主程序

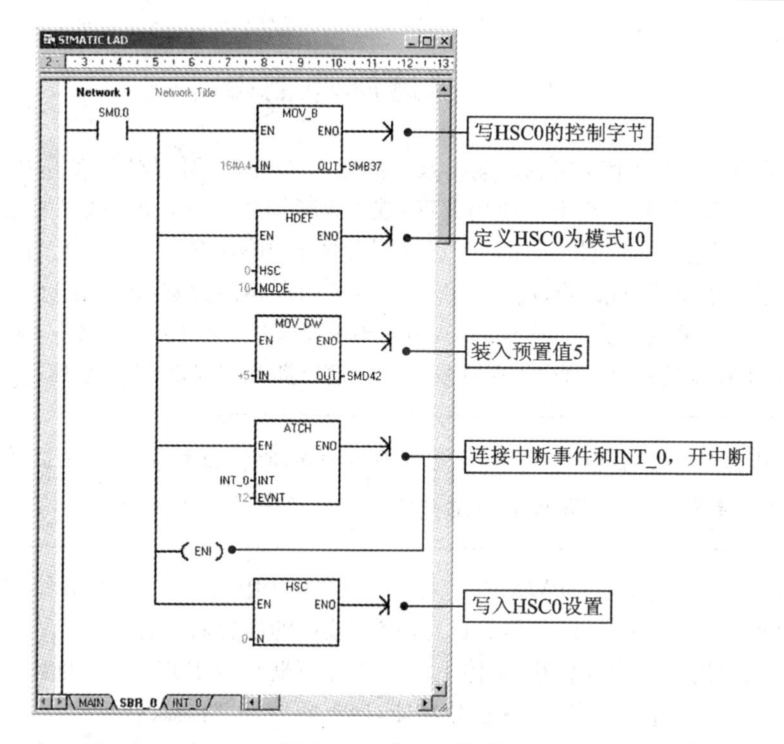

图 3 - 54　SBR_0 编程

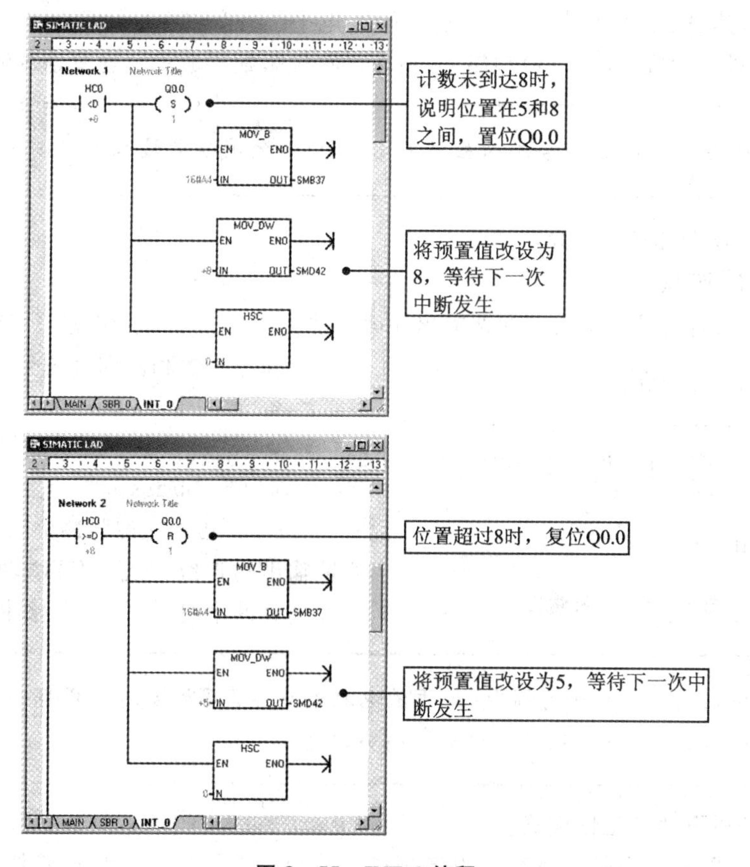

图 3 - 55　INT_0 编程

3.6 高速脉冲输出

S7－200 CPU 提供两个高速脉冲输出点(Q0.0 和 Q0.1),可以分别工作在 PTO(脉冲串输出)和 PWM(脉宽调制)状态下。使用 PTO 或 PWM 可以实现速度、位置的开环运动控制。

PTO 功能可以输出一串脉冲,用户可以控制脉冲的周期(频率)和个数。PWM 功能可以连续输出一串占空比可调的脉冲,用户可以控制脉冲的周期和脉宽(占空比)。

高速脉冲输出点和普通数字量输出点共用输出映像 Q0.0 和 Q0.1。当在 Q0.0 或 Q0.1 上激活 PTO 或者 PWM 功能时,PTO/PWM 发生器对输出拥有控制权,输出波形不受其他影响。

⚠ 只有晶体管输出类型的 CPU 能够支持高速脉冲输出功能。为保证波形良好,脉冲前、后沿陡直,PTO/PWM 在高电平输出时负载电流必须大于140 mA。

使用 Micro/WIN 的 PTO/PWM 位置控制向导为 23 版(订货号中有诸如 1BD23 序号的)以上的 S7－200 CPU 编程,可以获得 PTO 加速或减速的线性斜坡控制。

用户如果需要用 S7－200 CPU 本体上的高速计数器记录 PTO 的脉冲数,只需在向导中选中此功能,内部就可自动完成 PTO 计数功能,而不需要外部接线。

另外,S7－200 新型 CPU 224 XP 的高速脉冲输出速率可以达到 100 kHz(其他型号最大可达 20 kHz),其输出的电压范围也扩展为 TTL 电平(5 V)～24 V DC。

使用向导可以配置多段 PTO 包络图,也可以将包络配置成单一速度连续输出。

⚠ 用户自己使用 PLS 指令编的程序不支持 PTO 的线性斜坡和包络图等功能。

下面就 PTO 功能作一简介。

1. PTO 操作状态

PTO 按照给定的脉冲个数和周期输出一串方波(占空比 50%),如图 3－56 所示。

周期
50% 断开
50% 接通
50% 断开
50% 接通
脉冲串输出(PTO)

图 3－56 方波输出

脉冲个数和周期范围分别如下。

- 脉冲个数:1～4 294 967 295。
- 周期范围:10～65 535 μs 或 2～65 535 ms。

PTO 功能允许脉冲串“排队”,以保证脉冲输出的连续进行。PTO 功能也支持在未发完脉冲串时,立刻中止脉冲输出。

⚠ 如果要控制输出脉冲的频率(如步进电机的速度/频率控制),须将频率换算为周期。为保证占空比为 50%,请设定周期值为偶数。

PTO 支持以下两种工作模式。

- 单段管线:每次用特殊寄存器设定规格后输出一个脉冲串。单段管线支持排队,可以在发送当前脉冲串时，为下一个脉冲串重新定义特殊寄存器。队列中只能有一个脉冲串在等待。

- 多段管线：CPU 自动从 V 存储器区的包络表中读出多个脉冲串的特性并顺序发送脉冲。包络表使用 8 字节保存一个脉冲串的属性，包括一个字长的起始周期值，一个字长的周期增量值和一个双字长的脉冲个数。一个包络表可以包含 1～255 个脉冲串。

2. PTO 的控制

S7 - 200 使用两套特殊寄存器控制两个 PTO 独立工作。其定义如表 3 - 13 所列。

表 3 - 13　PTO 控制和状态寄存器

Q0.0	Q0.1	状态字节
SM66.4	SM76.4	PTO 包络由于增量计算错误而终止　0=无错误；1=终止
SM66.5	SM76.5	PTO 包络由于用户命令而终止　0=无错误；1=终止
SM66.6	SM76.6	PTO 管线上溢/下溢　0=无上溢；1=上溢/下溢
SM66.7	SM76.7	PTO 空闲　0=执行中；1=PTO 空闲
Q0.0	Q0.1	控制字节
SM67.0	SM77.0	PTO/PWM 更新周期值　0=不更新；1=更新周期值
SM67.1	SM77.1	PWM 更新脉冲宽度值　0=不更新；1=更新脉冲宽度值
SM67.2	SM77.2	PTO 更新脉冲数　0=不更新；1=更新脉冲数
SM67.3	SM77.3	PTO/PWM 时间基准选择　0=1/时基；1=1 ms/时基
SM67.4	SM77.4	PWM 更新方法　0=异步更新；1=同步更新
SM67.5	SM77.5	PTO 操作　0=单段操作；1=多段操作
SM67.6	SM77.6	PTO/PWM 模式选择　0=选择 PTO；1=选择 PWM
SM67.7	SM77.7	PTO/PWM 允许　0=禁止 PTO/PWM；1=允许 PTO/PWM
Q0.0	Q0.1	其他 PTO/PWM 寄存器
SMW68	SMW78	PTO/PWM 周期值(范围：2～65 535)
SMW70	SMW80	PWM 脉冲宽度值(范围：0～65 535)
SMD72	SMD82	PTO 脉冲计数值(范围：1～4 294 967 295)
SMB166	SMB176	进行中的段数(仅用在多段 PTO 操作中)
SMW168	SMW178	包络表的起始位置，用从 V0 开始的字节偏移表示(仅用在多段 PTO 操作中)
SMB170	SMB180	线性包络状态字节
SMB171	SMB181	线性包络结果寄存器
SMD172	SMD182	手动模式频率寄存器

在表3-13中,SMB66为Q0.0的状态字节,如果SM66.7为0,就说明PTO在执行中。SMB67为Q0.0的控制字节,如需在下次PTO输出时更新周期,就需要将SM67.0置为“1”,然后再将周期值装入SMW68中。根据表3-13,可以得出控制字节取值快速参考表,即表3-14。

表3-14 PTO和PWM控制字节取值快速参考表

控制寄存器(16进制)	执行PLS指令的结果							
	允 许	模式选择	PTO段操作	PWM更新方法	时 基	脉冲数	脉冲宽度	周 期
16#81	Yes	PTO	单段		1 μs/周期			装入
16#84	Yes	PTO	单段		1 μs/周期	装入		
16#85	Yes	PTO	单段		1 μs/周期	装入		装入
16#89	Yes	PTO	单段		1 ms/周期			装入
16#8C	Yes	PTO	单段		1 ms/周期	装入		
16#8D	Yes	PTO	单段		1 ms/周期	装入		装入
16#A0	Yes	PTO	多段		1 μs/周期			
16#A8	Yes	PTO	多段		1 ms/周期			
16#D1	Yes	PWM		同步	1 μs/周期			装入
16#D2	Yes	PWM		同步	1 μs/周期		装入	
16#D3	Yes	PWM		同步	1 μs/周期		装入	装入
16#D9	Yes	PWM		同步	1 ms/周期			装入
16#DA	Yes	PWM		同步	1 ms/周期		装入	
16#DB	Yes	PWM		同步	1 ms/周期		装入	装入

在表3-14中,如果希望在设置单段PTO脉冲时只装入周期值,就可以取值16#81;需要同时装入周期和脉冲个数时,就可以取值16#85。

3. PTO编程

对单段管线,可在主程序中调用初始化子程序。在子程序中:

① 设置PTO/PWM控制字节。

② 写入周期值。

③ 写入脉冲串计数值。

④ 连接中断事件和中断服务程序,允许中断(可选)。

⑤ 执行PLS指令,使S7-200 CPU对PTO硬件编程。

如果要修改PTO的周期、脉冲数,可以在子程序或者中断程序中执行:

① 根据要修改的内容,写入相应的控制字节值。

② 写入新的周期、脉冲数。

③ 执行PLS指令,使S7-200 CPU确认设置。

对于多段PTO操作,可在主程序中调用初始化子程序。在子程序中:

① 设置控制字节,选择多段操作。

② 写入包络表起始地址到相应特殊寄存器(包络表的具体内容可另行计算、编写)。

③ 连接中断事件和程序，允许中断(可选)。

④ 执行 PLS 指令，使 S7 - 200 CPU 确认设置。

如果要在脉冲输出执行过程中，停止脉冲输出：

① 设置控制字节，将 PTO/PWM 使能位置为 0。

② 执行 PLS 指令，使 CPU 确认。

4. 单段 PTO 编程举例

该例程序主要包括以下几部分。

- 主程序：一次性调用初始化子程序 SBR_0；I0.0 接通时调用 SBR_1，改变脉冲周期。
- SBR_0：设定脉冲个数、周期并发出起始脉冲串。
- SBR_1：改变脉冲串周期。

主程序如图 3 - 57 所示。SBR_0 编程如图 3 - 58 所示。SBR_1 编程如图 3 - 59 所示。

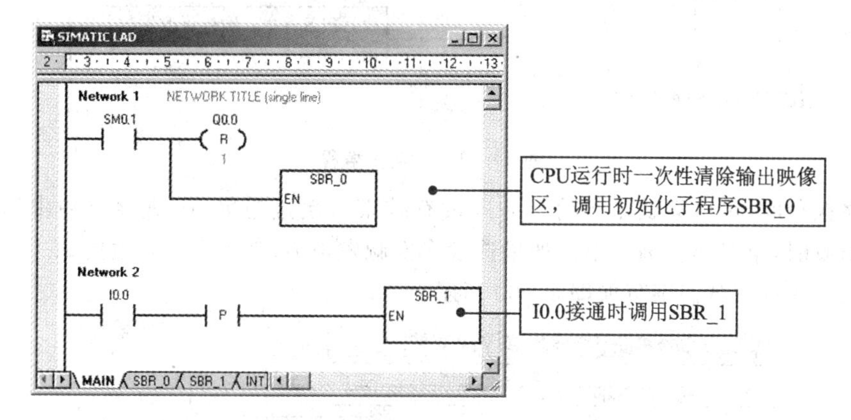

图 3 - 57　主程序

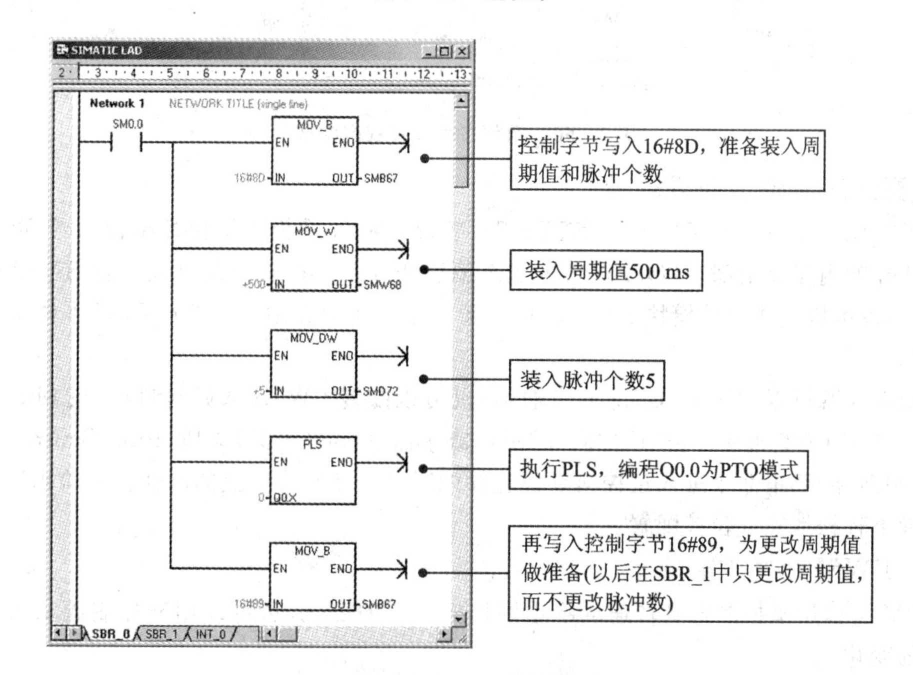

图 3 - 58　SBR_0 编程

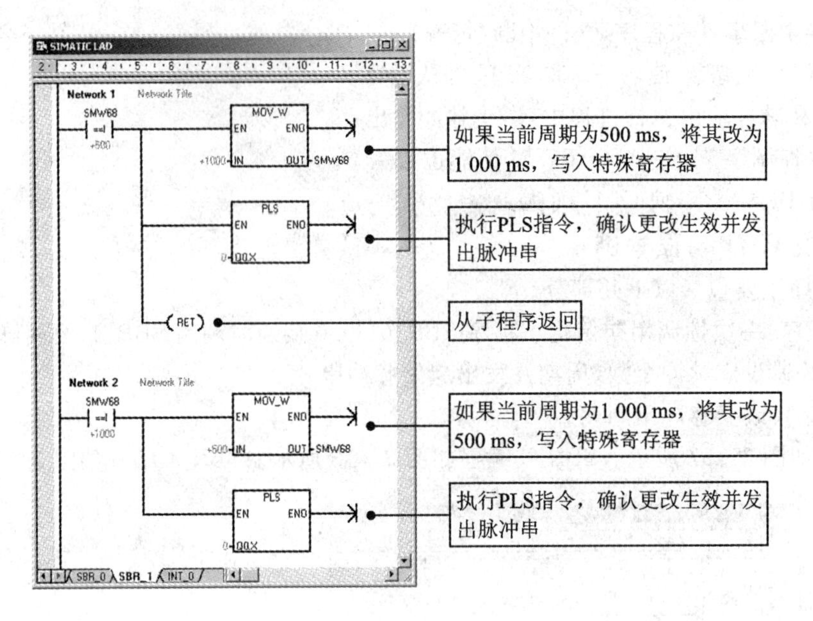

图 3－59　SBR_1 编程

在程序执行时，可以尝试在当前脉冲串没有结束再次接通 I0.0，观察脉冲串的排队。当前脉冲串结束时，第二串立刻发出。如果连续多次触发I0.0，会造成队列溢出。

可用状态表观察状态字节如图 3－60 所示。

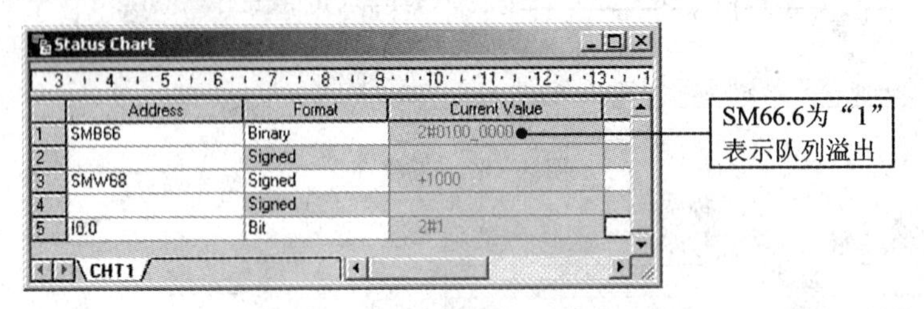

图 3－60　用状态表监视状态字节

5. 高速脉冲输出向导编程

为了简化位控应用程序的编程，STEP 7－Micro/WIN 中提供了位控编程向导，可以帮助用户在几分钟内完成全部 PTO、PWM 的组态编程任务。位控向导既可以配置 S7－200 本体上的位控，也可以完成位控模块 EM 253 的配置。以下主要介绍 S7－200 CPU 本体上的位控向导编程。

使用向导既可以配置 PTO(脉冲串输出)也可以配置 PWM(脉宽调制)。在 Micro/WIN 的 Tools(工具)浏览条中双击“位控向导”图标或单击 Tools(工具)>Position Control Wizard (位置控制向导)菜单命令进入位控向导并选择配置 S7－200 本体上的高速脉冲输出即可在向导的指导下轻松地完成位控配置。

(1) PWM 脉宽调制输出

PWM 可以用来控制电机转速从停止到目标速度的变化，也可以用来控制阀从关到开的各位置的变化。

PWM 的配置非常简单，只需在向导中选中配置 PWM 并定义其周期时间单位(毫秒或微秒)即可。如图 3－61 所示。

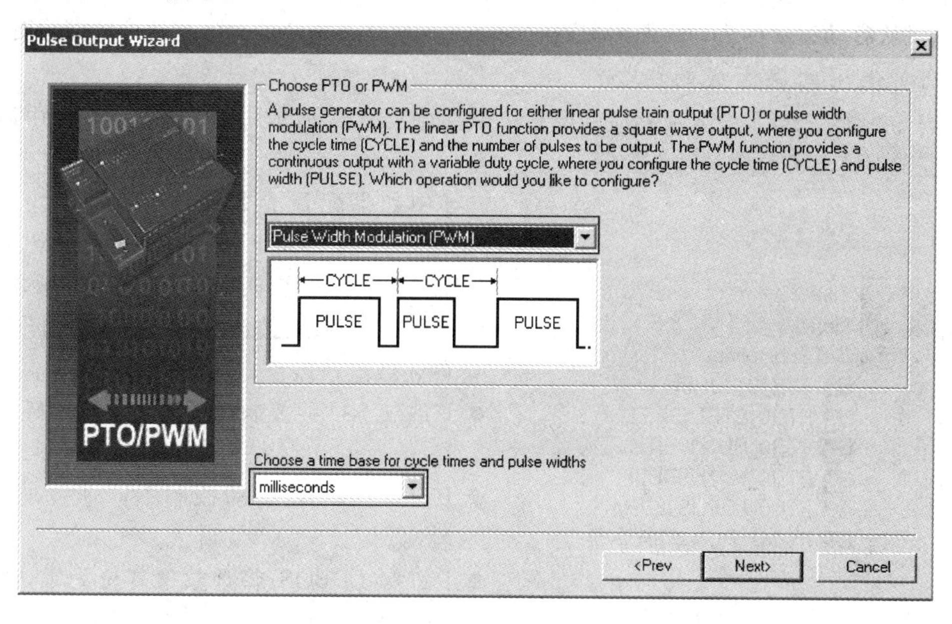

图 3－61　选择 PWM 组态

(2) PTO 脉冲串输出

使用 PTO 可以控制步进电机或伺服电机。

用向导配置 PTO 可以实现其加速或减速的线性斜坡控制;可以配置最多 25 个包络曲线,每个曲线最多可以包含 29 个段;还可将输出配置成单一速度的连续输出,并可通过指令将其随时终止。还可以方便地实现 PTO 脉冲的高速计数器自动计数,而不需要外部接线。如图 3－62所示。

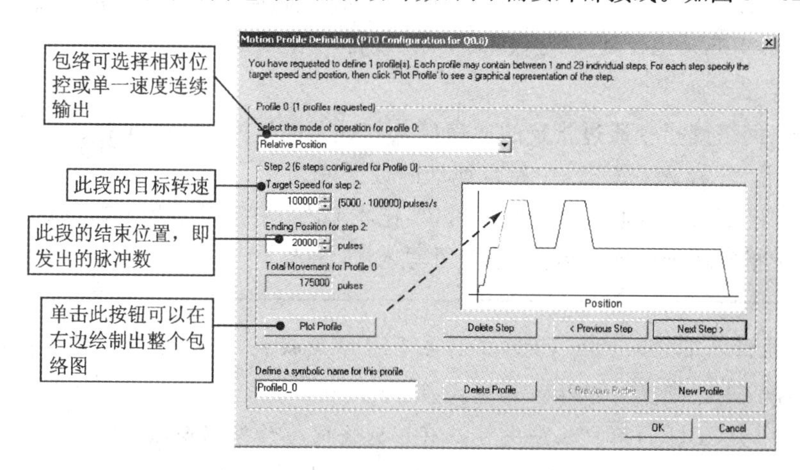

图 3－62　PTO 包络图配置

在图 3－61 中选择 PTO 输出模式,如果选中 PTO 内部计数功能,HSC0(Mode12)会为Q0.0计数;HSC3(Mode12)会为 Q0.1 计数。高速计数器的模式 12 不占用实际输入点,对应于这些高速计数器的输入点还能作为普通数字量输入点使用。

除此之外，根据工艺在向导中还可以定义包络中电机的最大转速、电机的启动及停止速度；电机从启动速度到最大转速的加速时间以及电机从最大转速到停止速度的减速时间。

(3) 使用向导生成的指令

向导配置完成后，会生成相应的控制指令(如图 3－63 所示)，用户在应用程序中调用这些指令完成对速度和位置的动态控制。

向导中如果配置了 PWM，会生成一个 PWMx_RUN 的指令，用来控制 PWM 的周期和脉宽。

向导中若是配置了 PTO，会生成四个指令：

- PTOx_CTRL：控制使能 PTO 的输出，及立即停止或减速停止 PTO 的输出。
- PTOx_RUN：控制运行向导中配置好的一个包络。
- PTOx_MAN：手动控制不同速度的 PTO 的输出。
- PTOx_LDPOS：将计数值复位为零，或者置一个新值(使用这一指令，必须在向导中选择了内部高速计数功能)。

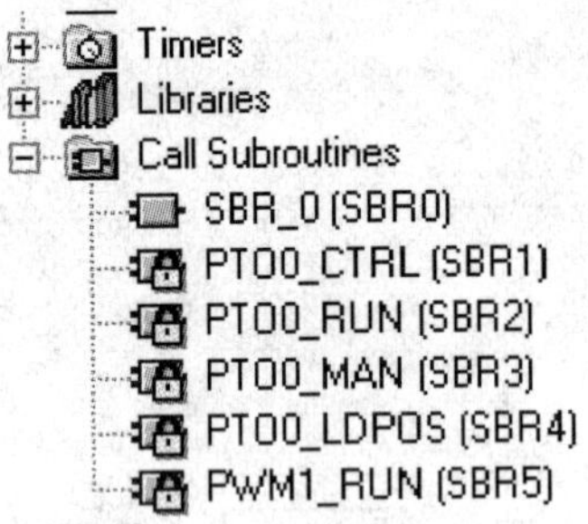

Timers
Libraries
Call Subroutines
SBR_0 (SBR0)
PTO0_CTRL (SBR1)
PTO0_RUN (SBR2)
PTO0_MAN (SBR3)
PTO0_LDPOS (SBR4)
PWM1_RUN (SBR5)

图 3－63　位控向导生成的指令

3.7　网络读写

S7－200 CPU 提供网络读写指令，用于 S7－200 CPU 之间的联网通信。网络读写指令只能由在网络中充当主站的 CPU 执行；从站 CPU 不必做通信编程，只需准备通信数据。主站可以对 PPI 网络中的其他任何 CPU(包括主站)进行网络读写。

1. 指令格式

- NETR：网络读指令通过指定的通信口从其他 CPU 中指定地址的数据区读取最多 16 字节的信息，存入本 CPU 中指定地址的数据区。
- NETW：网络写指令通过指定的通信口，把本 CPU 中指定地址的数据区内容写到其他 CPU 中指定地址的数据区内，最多可写入 16 字节。

⚠ 1. 默认情况下，S7－200 CPU 工作在 PPI 从站模式，要执行网络读写指令，必须用程序把 CPU 设置为 PPI 主站模式。

2. 同一个 CPU 的用户程序中可以有任意条网络读写指令，但同一时刻只能有最多 8 条网络读或写指令激活。建议必要时使用相关的读写指令标志位控制指令间的切换，详情请参考《S7－200 系统手册》。

网络读写指令具有相似的数据缓冲区格式，缓冲区以一个状态字节起始。

主站数据缓冲区如图 3－64 所示。远程站数据缓冲区如图 3－65 所示。

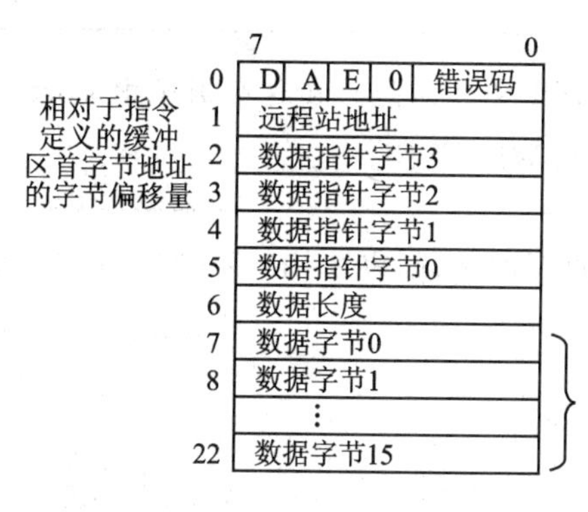

D完成(操作已完成): 0=未完成 1=完成
A有效(操作已被排队): 0=无效 1=有效
E错误(操作返回一个错误): 0=无错误 1=错误
远程站地址编号:被访问的PLC的地址
远程站点的数据区地址:指向被访问数据的存储地址
从此字节开始的4个字节装入被读/写的CPU的数据区地址
(缓冲区起始地址,可以是I、Q、M或V区地址)

数据长度:读取或写到远程站上的数据字节数(1~16)

接收和发送数据区:
执行NETR指令后,从远程站读到的数据放在这个数据区
执行NETW指令前,要发送到远程站的数据放在这个数据区

图 3-64 主站数据缓冲区

相对于主站网络读写指令定义的远程站缓冲区首字节地址的字节偏移量

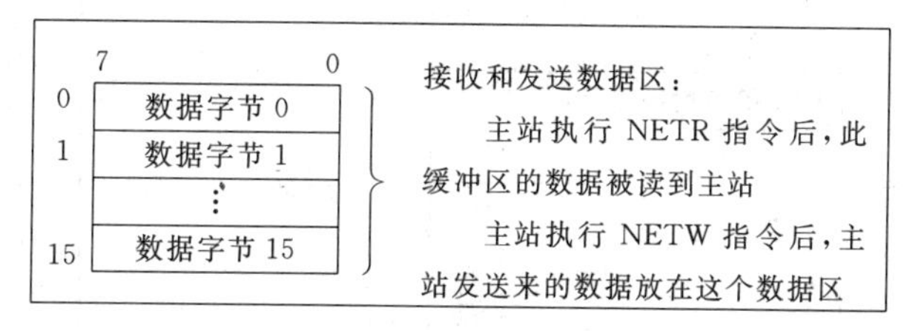

图 3-65 远程站数据缓冲区

2. PPI 通信主站定义

S7-200 CPU 使用特殊寄存器字节 SMB30(对 Port0,端口 0)和 SMB130(对 Port1,端口 1)定义通信口。

控制位定义:

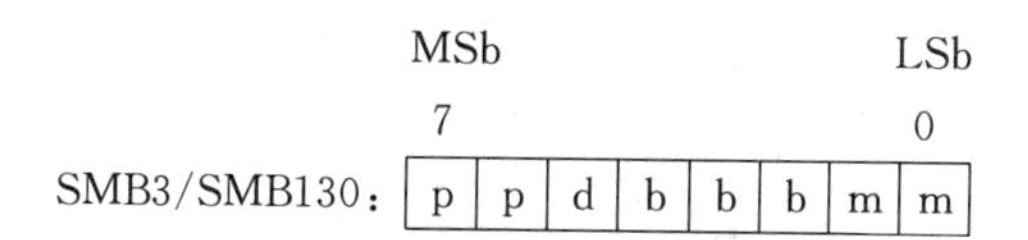

控制字节的最低两位,即 mm 用来决定相应通信口的工作模式。其中,

- mm=00:PPI 从站模式(默认设置为 PPI/从站模式)。
- mm=01:自由口模式。
- mm=10:PPI 主站模式。

所以,只要向 SMB30 或 SMB130 中写入数值 2(即二进制的 10),就可以将通信口设置为 PPI 主站模式。PPI 通信速率在"系统块"中设置。

3. 网络读写指令编程举例

在下面的例子中,CPU 226 和 CPU 224 连成一个 PPI 网络,其中CPU 226 为主站,CPU 224 为从站。我们的任务是把 CPU 226 内 V 存储区保存的时钟信息用网络写指令写入 CPU 224 的 V 存储区;把 CPU 224 内 V 存储区保存的时钟信息读取到 CPU 226 的 V 存储区。在两个 CPU 中,分别编程把对方实时时钟的"秒"信息以 BCD 格式,传送到自身开关量输出字节 QB0 显示。

在组成 PPI 网络时,将 CPU 226 的 Port1 和 CPU 224 的 Port0 用网络连接器和 PROFIBUS 电缆连接起来。分别通过 CPU 226 和 CPU 224 的系统块,设置它们的 PPI 网络地址。保持 CPU 226 的两个通信口地址为 2,将 CPU 224 的地址设置为 3。

⚠ CPU 224 XP/CPU 226 的两个通信口可以各自定义其功能。在这个例子中 Port1 用于 PPI 网络通信,Port0 可用于 STEP 7 -Micro/WIN 监控。

规划 CPU 226 发送数据缓冲区和 CPU 224 的接收缓冲区,如表 3-15 和表 3-16 所列。

表 3-15 CPU 226 发送缓冲区

VB200	状态字节
VB201	CPU 224 地址(3)
VD202	&VB400 CPU 224 接收缓冲区地址
VB206	8(字节数)
VB207	CPU 226 时钟信息: “年”
VB208	“月”
VB209	“日”
VB210	“时”
VB211	“分”
VB212	“秒”
VB213	“0”
VB214	“星期”

➡

表 3-16 CPU 224 接收缓冲区

	CPU 226 时钟信息
VB400	“年”
VB401	“月”
VB402	“日”
VB403	“时”
VB404	“分”
VB405	“秒”
VB406	“0”
VB407	“星期”

CPU 226 的接收缓冲区和 CPU 224 的发送缓冲区,如表 3-17 和表 3-18 所列。

表 3-17 CPU 226 接收缓冲区

VB300	状态字节
VB301	CPU 224 地址(3)
VD302	&VB300 CPU 224 发送缓冲区地址
VB306	8(字节数)
VB307	CPU 224 时钟信息:“年”
VB308	“月”
VB309	“日”
VB310	“时”
VB311	“分”
VB312	“秒”
VB313	“0”
VB314	“星期”

⬅

表 3-18 CPU 224 发送缓冲区

	CPU 224 时钟信息
VB300	“年”
VB301	“月”
VB302	“日”
VB303	“时”
VB304	“分”
VB305	“秒”
VB306	“0”
VB307	“星期”

(1) CPU 226(主站)编程

该例程序主要包括以下几部分。

- 主程序:调用通信初始化子程序,读取本 CPU 的实时时钟信息,执行网络读写指令,如

图 3 - 66所示。

● SBR_0:初始化通信口,为网络读写指令准备数据缓冲区。

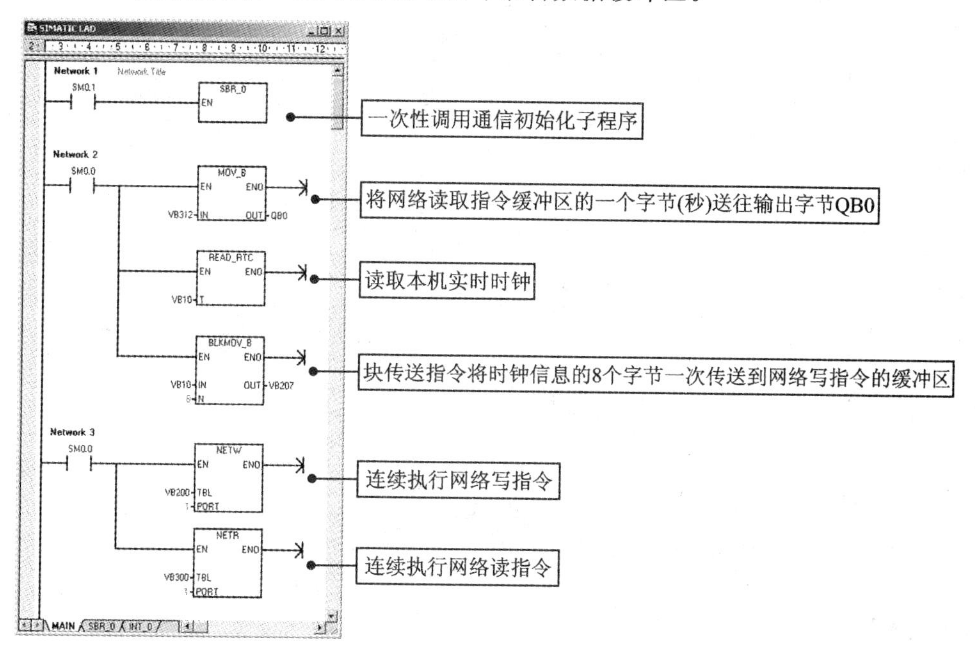

图 3 - 66　主程序

CPU 226 的 SBR_0 编程如图 3 - 67 所示。CPU 226 的 SBR_0 编程(续)如图 3 - 68 所示。

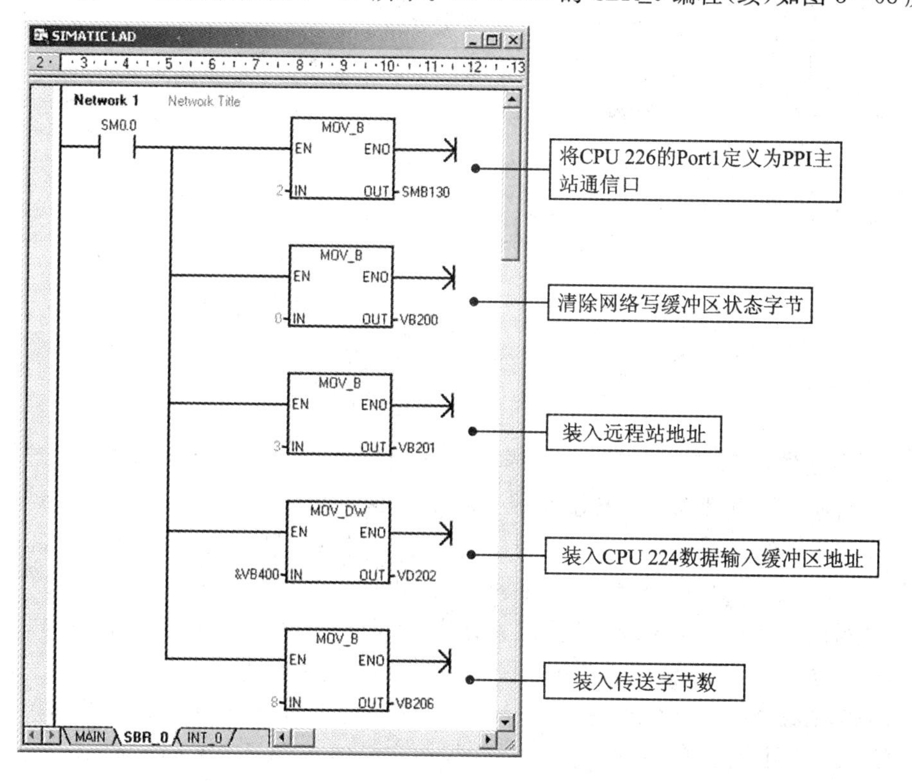

图 3 - 67　SBR_0 编程

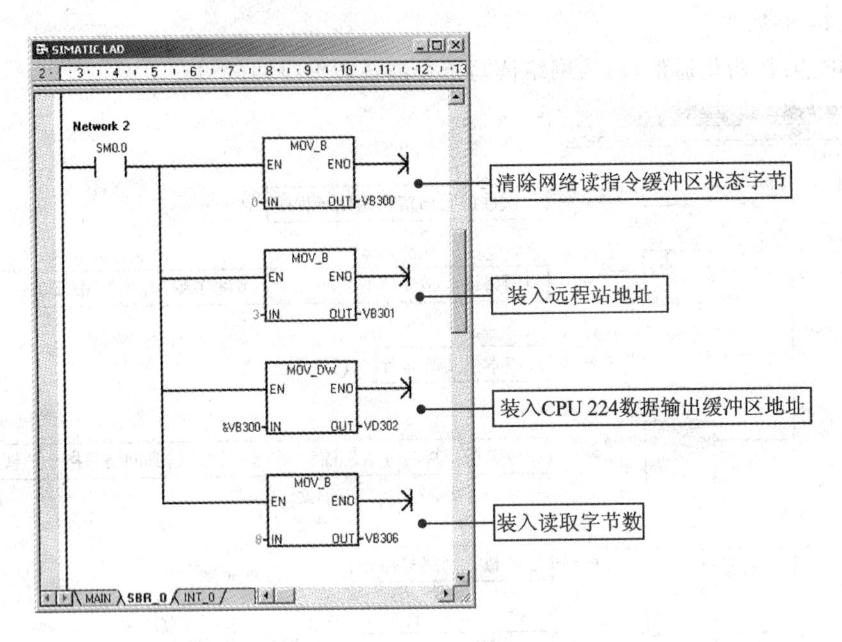

图 3-68 SBR_0 编程(续)

(2) CPU 224(从站)编程

CPU 224 主程序如图 3-69 所示。

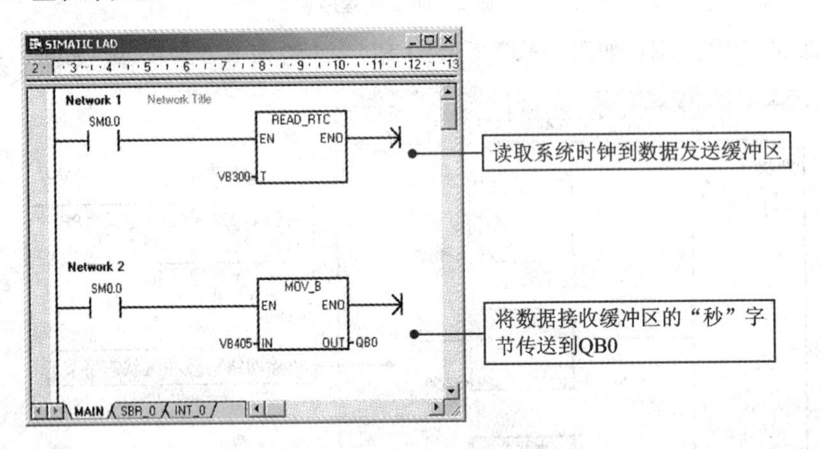

图 3-69 从站主程序

4. 使用网络读写向导(Wizard)编程

网络读写向导可以帮助用户自动生成一个 PPI 网络中多个 CPU 之间的通信指令,简化网络读写的编程步骤。用户只要按照向导的要求输入初始信息以及指明 CPU 之间的读写通信数据区,向导就会自动生成网络读写指令及数据块。

网络读写向导会自动将 CPU 设置成主站模式,用户不必另行编程设置。用户只需为主站编写通信程序,从站直接使用通信缓冲区中的数据,或将数据整理到通信区即可。向导的通信使用顺序控制程序,同一时刻只有一条 NETR/NETW 指令激活,并且对读写通信状态进行了判断,可以保证通信的可靠及稳定。所以建议用户使用 NETR/NETW 向导编程。

在 STEP 7-Micro/WIN 的 Tools(工具)浏览条中单击“指令向导”图标或者在命令菜单

中选择 Tools(工具)＞Instruction Wizard(指令向导)，然后在指令向导窗口中选择 NETR/NETW 指令进入 NETR/ NETW 向导。向导的编程主要包括以下步骤：

第一步：定义通信所需网络操作的数目。向导中最多可以使用 24 个网络读写操作，对于更多的操作，用户可用网络读写指令自己编程实现。

第二步：定义通信口和向导生成的子程序名(可使用默认名)。对于有两个通信口的 CPU 可以选择 Port0 口或 Port1 口，所有网络操作将由定义的通信口完成。

第三步：定义网络操作。如图 3-70 所示。每一个网络操作指令通信的数据最多为 16 字节。

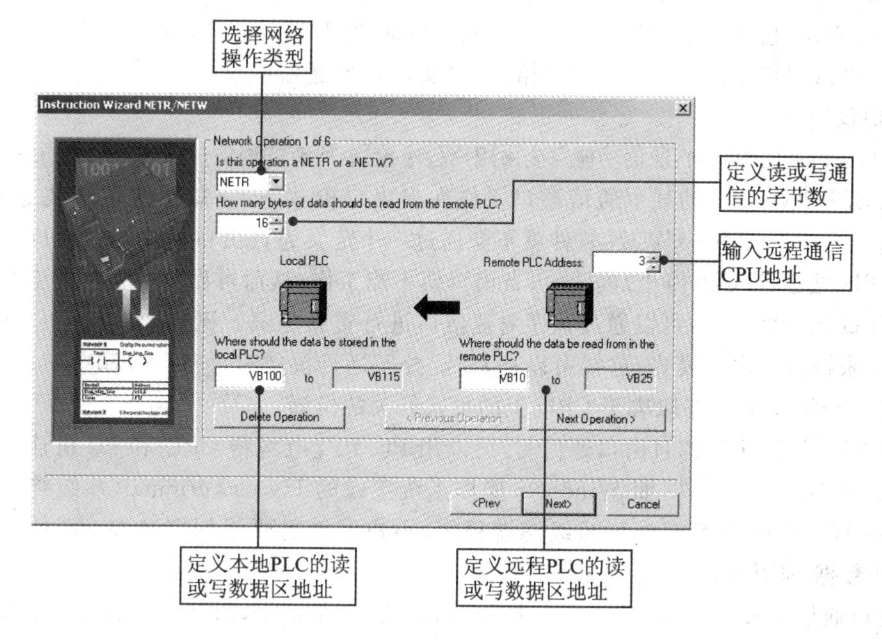

图 3-70　定义通信数据区

第四步：分配 V 存储区地址。可自己指定也可直接单击 Suggest Address(建议地址)按钮让向导为你分配程序中未用过的地址空间。

第五步：自动生成网络读写指令及符号表。在完成向导配置后，只需在 CPU 程序中调用向导所生成的网络读写指令即可，如图 3-71 所示。

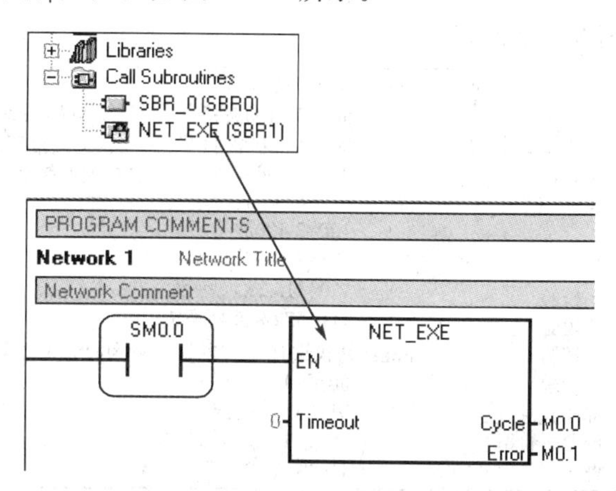

图 3-71　在程序中调用向导生成的网络读写指令

⚠ 一定且只能用 SM0.0 来调用 NETR/ NETW 子程序,以保证它的正常运行。

3.8 自由口通信

S7 - 200 CPU 拥有自由口通信能力。自由口通信是建立在半双工 RS - 485 硬件基础上的一种通信方式,它允许用户自己定义字符通信格式,如数据长度和奇偶校验等。灵活运用自由口功能,可以编程适应比较复杂的帧格式,以实现各种通信协议。例如,通过编程可以实现 Modbus 协议通信。

处于自由口通信模式时,通信功能完全由用户程序控制,所有的通信任务必须由用户编程完成。

如果 S7 - 200 CPU 的某个通信端口工作在自由口模式下,它就不能用于其他模式的通信。例如,STEP 7 - Micro/WIN 软件就不能通过一个定义为自由口模式的通信口与 CPU 通信。当 CPU 处于 STOP(停止)模式时,自由口便不能工作,从而可以建立正常的编程通信。

在 CPU 运行状态下,可以通过程序对通信口进行重新定义。例如,可以使用特殊寄存器位 SM0.7 来控制自由口模式,这样可以在 CPU 处于运行模式时,使用 STEP 7 - Micro/WIN 软件监控。SM0.7 的状态取决于 CPU 上的模式开关的位置。

调试 S7 - 200 CPU 的自由口通信时,可以用 PC/PPI 电缆将 CPU 和 PC 机连接起来,在 PC 机上运行串口调试软件,如 Windows 操作系统集成的 HyperTerminal(超级终端)应用程序(如果在 Windows 中没有找到超级终端程序,用户可能需要添加安装 Windows 组件),向 CPU 发送数据,或从 CPU 接收数据。

自由口通信的核心是 XMT(发送)和 RCV(接收)两条指令,以及相应的特殊寄存器控制。

⚠ 由于 S7 - 200 CPU 通信端口是 RS - 485 半双工通信口,因此发送和接收指令不能同时处于激活状态。

对于自由模式设置来说,S7 - 200 CPU 使用 SMB30(对 Port0)和 SMB130(对 Port1)定义通信口的工作模式,如图 3 - 72 所示。

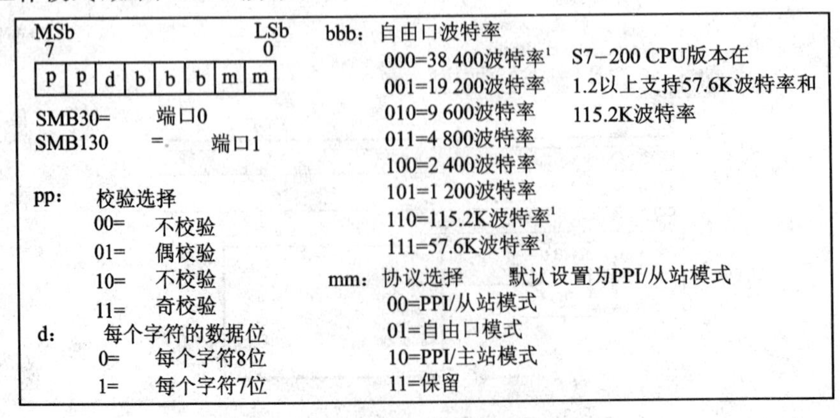

图 3 - 72 通信口工作模式的定义

3.8.1　发送指令

以字节为单位，XMT（发送指令）向指定通信口发送一串数据字符，要发送的字符以数据缓冲区指定，一次发送的字符最多为 255 个。

发送指令执行完成后，会产生一个中断事件（Port0 为中断事件 9，对 Port1 为中断事件 26）。在 SMB4 中也有相应的位对应于发送指令状态（SM4.5 置位对应 Port0 空闲，SM4.6 对应 Port1 空闲）。

XMT 指令缓冲区格式如表 3－19 所列。

表 3－19　XMT 指令缓冲区格式

T+0	发送字节的个数
T+1	数据字节
T+2	数据字节
T+3	数据字节
⋮	⋮
T+255	数据字节

1. XMT 指令编程举例

本例把 CPU 224 的 Port0 定义为自由口通信模式。在一个定时中断程序中对定时中断次数计数，并将计数值转换为 ASCII 字符串，再从 Port0 发送出去。我们还将使用 HyperTerminal（超级终端）显示 S7－200 CPU 发送的信息内容。

⚠ 自由口通信模式以字节为单位发送数据，而不考虑其表示形式。在这个例子中使用 ASCII 字符只是为了便于在 PC 机上显示。

我们规定发送缓冲区从 VB100 开始，如表 3－20 所列。

表 3－20　发送缓冲区

VB100	14	发送数据字节数
VB101	•	ASCII 字符串
VB102	•	共 12 字节长
VB103	•	
VB104	•	
VB105	•	
VB106	•	
VB107	•	
VB108	•	
VB109	•	
VB110	•	
VB111	•	
VB112	•	
VB113	16#0D	消息结束字符
VB114	16#0A	即“回车”符

在本例中设置 16＃0D0A 为结束字符，是因为在 HyperTerminal(超级终端)中 16＃0D0A 正好是字符“回车”，可用来换行显示。

⚠ *如果通信对象需要固定的起始或者结束字符，也须在发送缓冲区中设置。*

使用 Data Block(数据块)定义发送缓冲区，如图 3－73 所示。

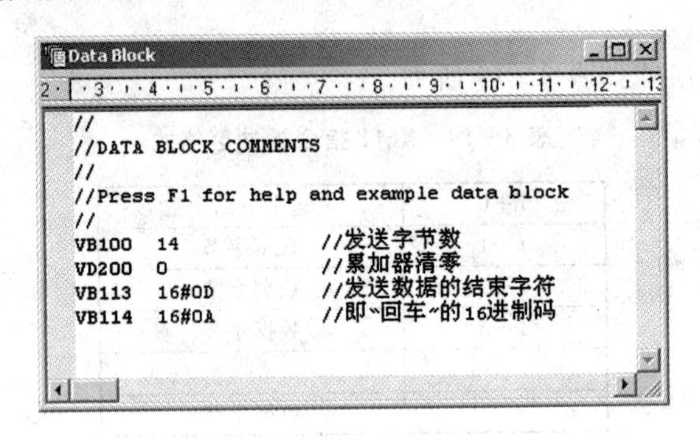

图 3－73　发送缓冲区的定义

程序结构如下所述。

- 主程序：初始化自由口通信设置，并根据“模式选择开关”的状态重新设置通信端口 0。
- SBR_0：定义通信端口 0 为自由口，初始化定时中断。
- SBR_1：定义通信端口 0 为普通 PPI 从站通信口。
- INT_0：对定时中断计数并从 Port0(端口 0)发送计数值。

主程序编程如图 3－74 所示。SBR_0 编程如图 3－75 所示。SBR_1 编程如图 3－76 所示。INT_0 编程如图 3－77 所示。

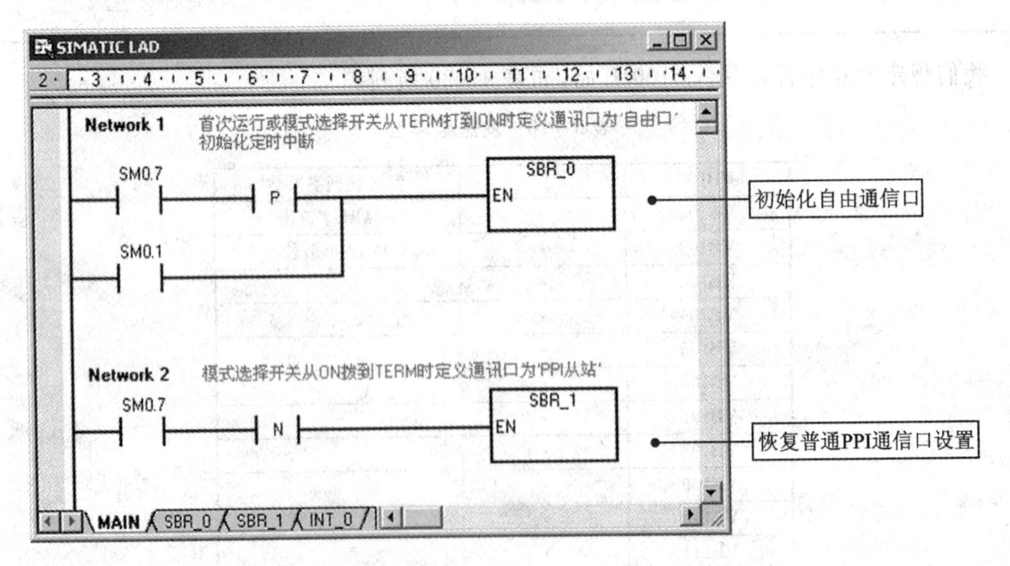

图 3－74　主程序编程

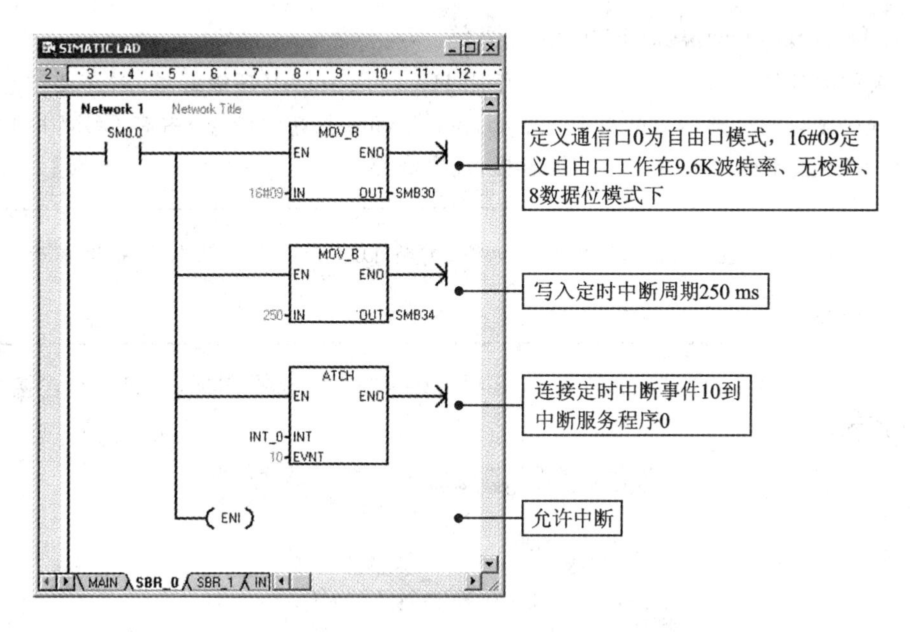

图 3-75 SBR_0 编程

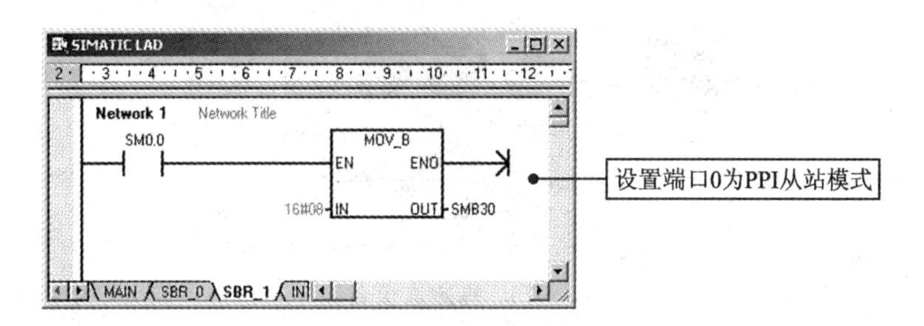

图 3-76 SBR_1 编程

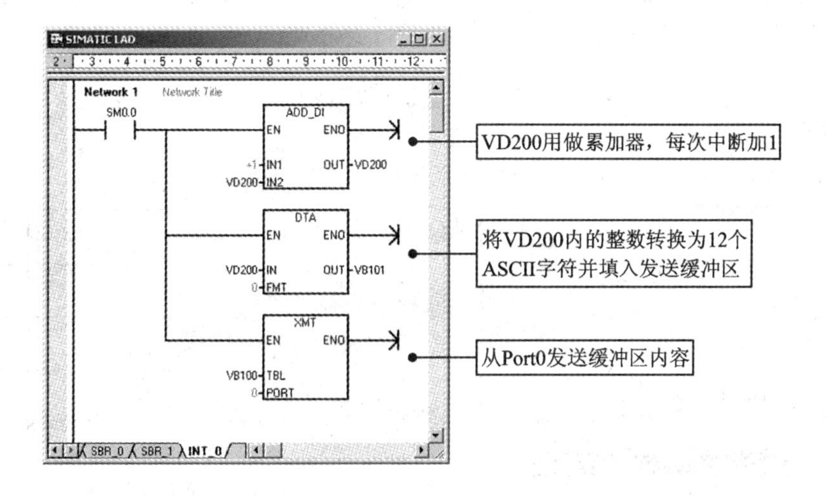

图 3-77 INT_0 编程

2. 使用 HyperTerminal 监视串口通信

如同编程时那样连接 PC/PPI 电缆。使用 HyperTerminal(超级终端)时需要注意不要让多个应用程序争夺串行通信口的控制权。HyperTerminal(超级终端)占有 COM 口时，STEP 7－Micro/WIN 就不能再取得串口的控制权；反之亦然。

⚠ 如果使用了多主站 RS－232/PPI 电缆，需将 DIP 开关 5 拨为“0”，并设置适当的通信速率。

打开 Windows 系统的 HyperTerminal(超级终端)程序，选择图标，指定一个连接名称，如图 3－78 所示。

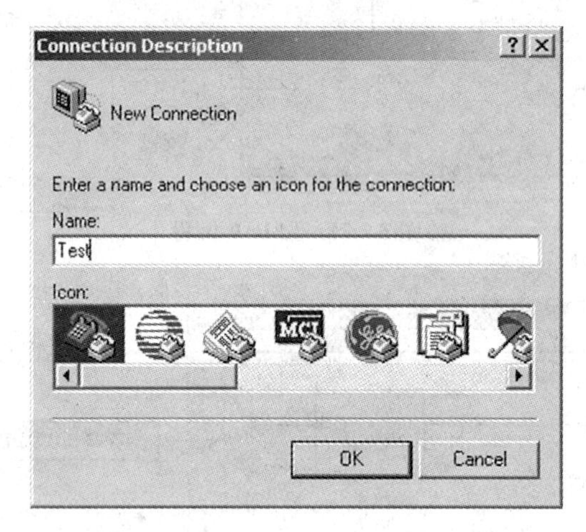

图 3－78　指定连接名称

选择 PC 机连接 PC/PPI 电缆的串行通信端口(这里是 COM1)，如图 3－79 所示。

选择通信口参数，如图 3－80 所示。在 HyperTerminal(超级终端)窗口中应当显示由 S7－200 CPU 发送来的字符串。如图 3－81 所示。

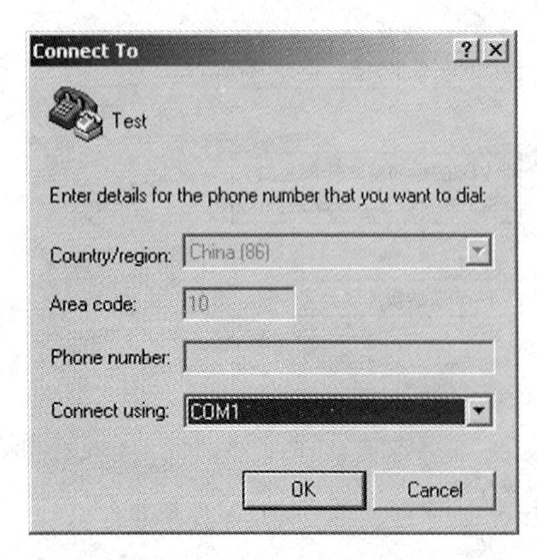

图 3－79　选择串行通信端口

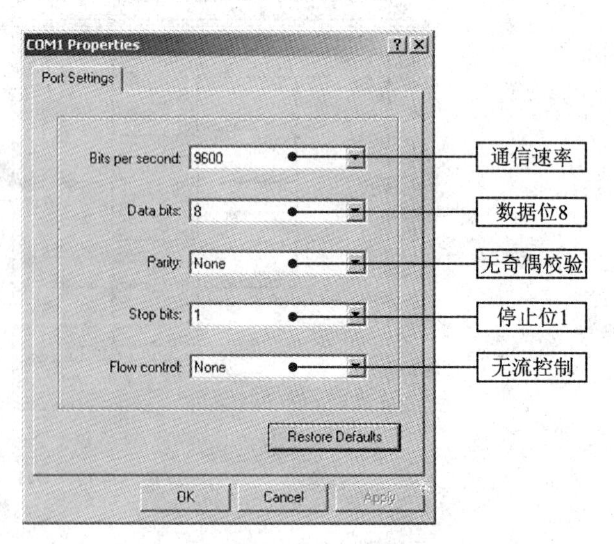

图 3－80　选择通信口参数

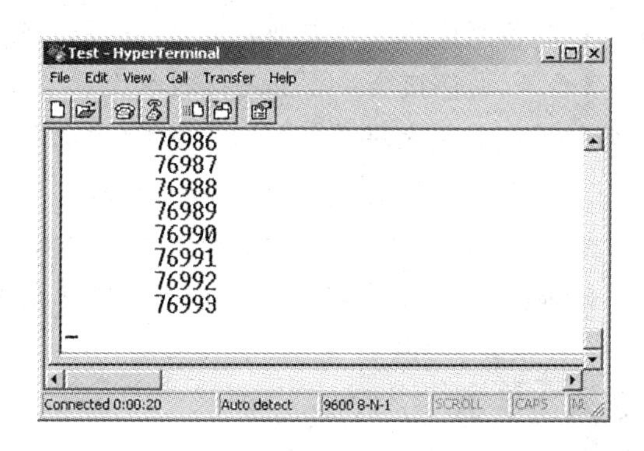

图3-81 S7-200 CPU发送的字符串

3.8.2 接收指令

RCV(接收)指令从S7-200 CPU的通信口接收一个或多个数据字节。接收的数据字节保存在接收数据缓冲区内。

接收指令完成后,会产生一个中断事件(对Port0为中断事件23,对Port1为中断事件24)。特殊寄存器SMB86(对Port0)和SMB186(对Port1)也提供了接收信息状态字节,以便用户程序使用。

1. RCV指令缓冲区格式

RCV指令缓冲区的格式如表3-21所列。

表3-21 RCV指令缓冲区格式

T+0	接收字符计数
T+1	起始字符(如果有)
T+2	数据字节
T+3	数据字节
⋮	⋮
T+244	数据字节
T+255	结束字符(如果有)

2. RCV指令控制特殊寄存器

RCV指令的所有控制均通过程序设置接收指令控制特殊寄存器完成。

3. RCV指令的控制

RCV指令的工作包括两个关键:

- 进入和退出接收状态:启动接收指令后,S7-200 CPU的通信控制器处于接收状态。正常接收信息完毕后,通信控制器自动退出接收状态。接收状态也可以由用户程序强行中止。

● 消息串起始/结束的判断：使用接收指令时需要设置消息起始和结束的判断条件。接收指令启动后，通信控制器用这些条件来判断消息的开始和结束。判断到满足消息结束时，接收状态终止；否则，通信口会一直处在接收状态。

上述控制都是通过设置接收指令控制字节(SMB87 对 Port0，SMB187 对 Port1)和其他一些控制特殊存储器实现。

⚠ 接收和发送不能同时进行。接收状态不结束，就不能执行发送指令。

---

4. RCV(接收)指令编程举例

在本例子中，S7－200 CPU 从通信口 0 接收字符串，并在信息接收中断服务程序中把接收到的第一个字节传送到 CPU 输出字节 QB0 上显示。

使用 PC/PPI 电缆连接 S7－200 CPU 和编程 PC 的串口。我们使用 HyperTerminal（超级终端）向 CPU 发送字符串。

选择空闲线检测为信息起始标志，字符 16＃0A 为消息结束字符，根据接收字节控制字节定义表，应当写入 SMB87 的控制数据为 16＃B0。

这里选择 16＃0A 为结束字符，是因为 16＃0D0A 在 HyperTerminal 软件中是“回车”（换行）符。

此例程序主要包括以下几部分。

- 主程序：根据 CPU 模式开关的状态，定义通信口。
- SBR_0：定义自由口接收指令参数，连接接收结束中断，开始接收。
- SBR_1：重定义 PPI 通信口。
- INT_0：传送消息首字节到 QB0 输出，开始下一个接收过程。

主程序编程如图 3－82 所示。SBR_0 编程如图 3－83 所示。SBR_1 编程如图 3－84 所示。INT_0 编程如图 3－85 所示。

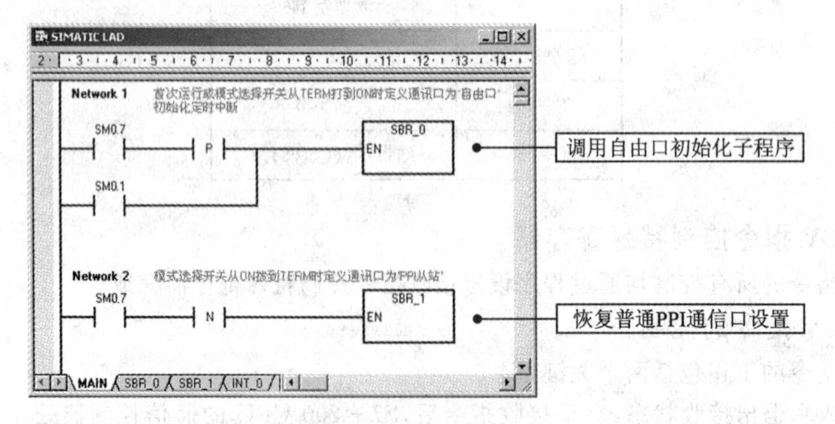

图 3－82　主程序编程

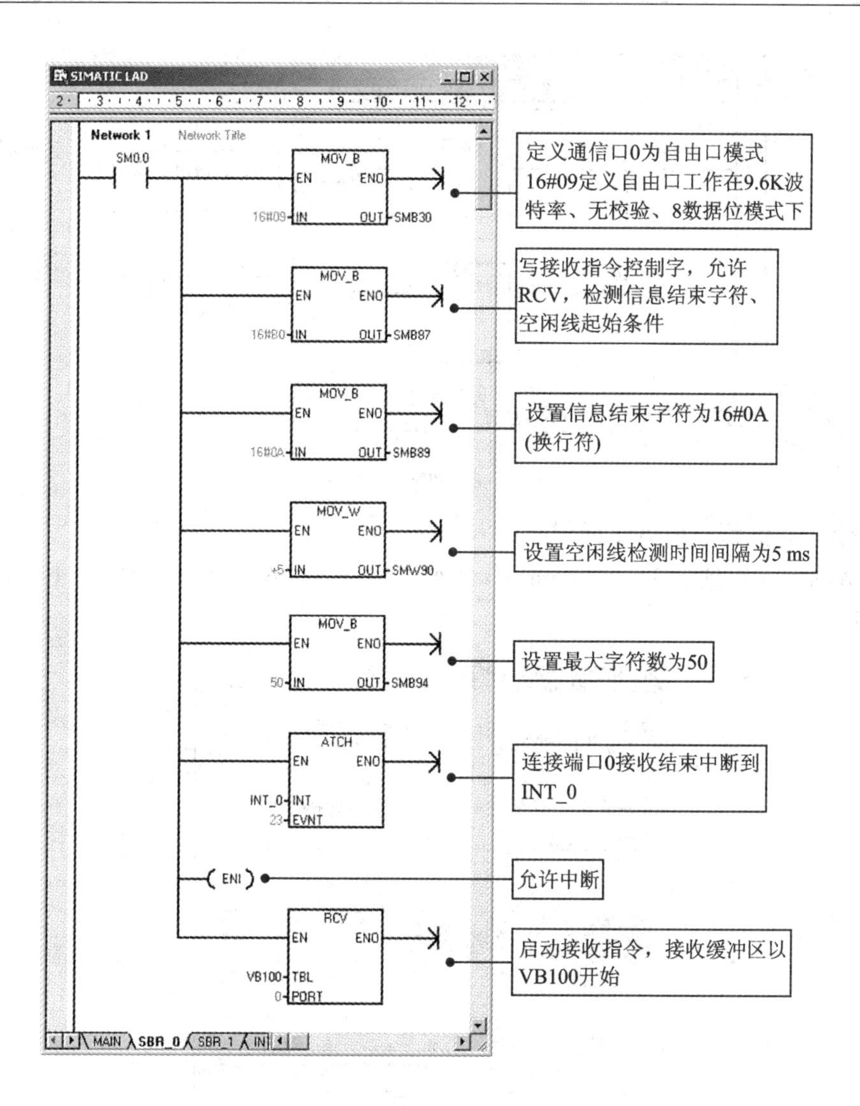

图 3－83　SBR_0 编程

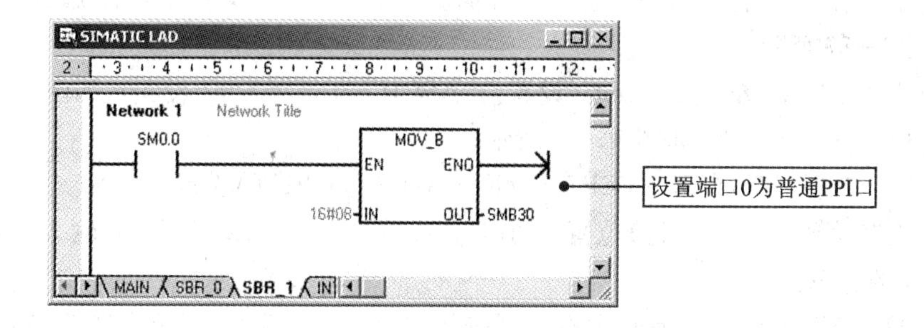

图 3－84　SBR_1 编程

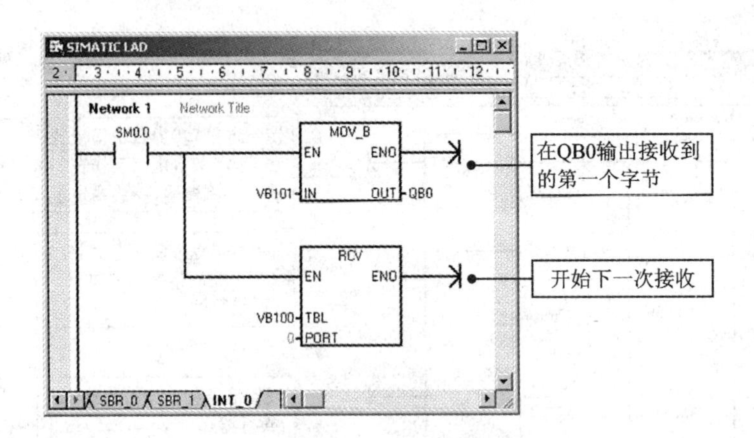

图 3-85 INT_0 编程

5. 使用 HyperTerminal 调试

打开 Windows 系统的 HyperTerminal(超级终端)程序,选择图标,指定一个连接名称,如图 3-86所示。

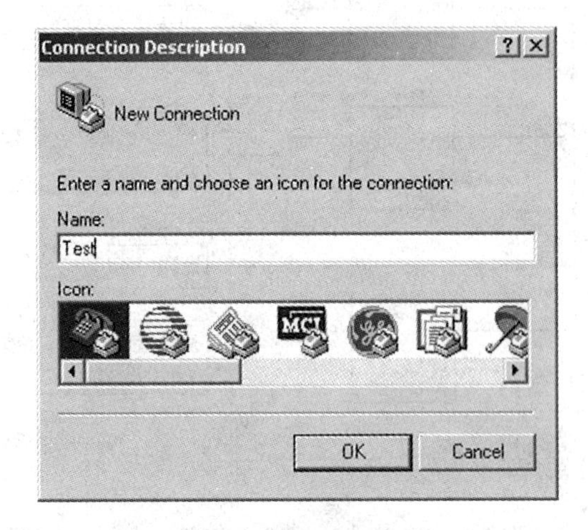

图 3-86 指定连接名称

选择监控通信口,设置波特率后进入主界面。在 File(文件)菜单中选择 Properties(属性)菜单项,如图 3-87 所示。

在"属性"对话框中,单击 Settings(设置)>ASCII Setup(ASCII 设置),如图 3-88 所示。

选中下列字符发送属性,如图 3-89 所示。

下载 S7-200 项目后,断开 STEP 7-Micro/WIN 与 CPU 的连接。将 S7-200 CPU 上的模式选择开关拨动到 RUN(运行)位置。在 HyperTerminal(超级终端)中输入字符串,观察 CPU 上 QB0 的状态。

如果在 HyperTerminal 工具栏上按挂断按钮,或在 Call(呼叫)菜单中选择 Disconnect(断开连接)命令,可以释放 HyperTerminal 对 PC 机串行口的占用,如图 3-90 所示。

将 S7-200 CPU 上模式开关从 ON 拨到 TERM,重新定义自由口为 PPI 从站模式。在 STEP 7-Micro/WIN 中使用状态表,在线观察缓冲区内容。如图 3-91 所示。

图 3－87　选择“属性”命令

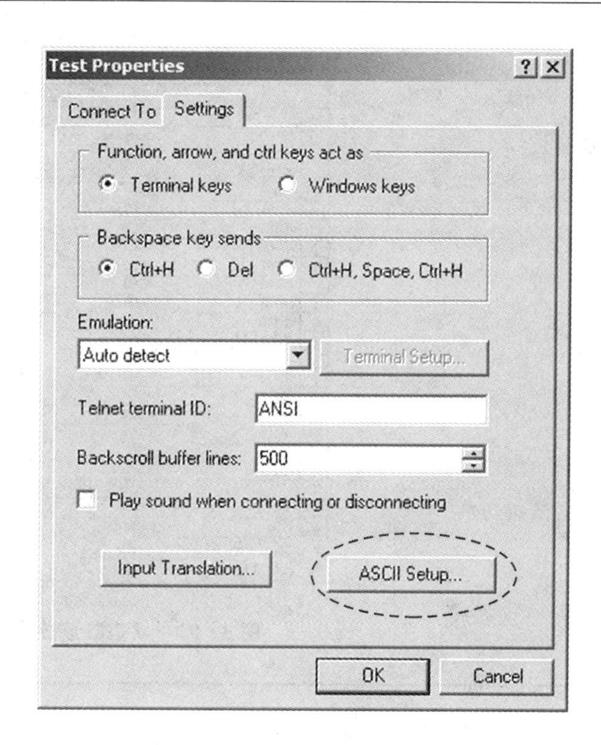

图 3－88　监控参数设定

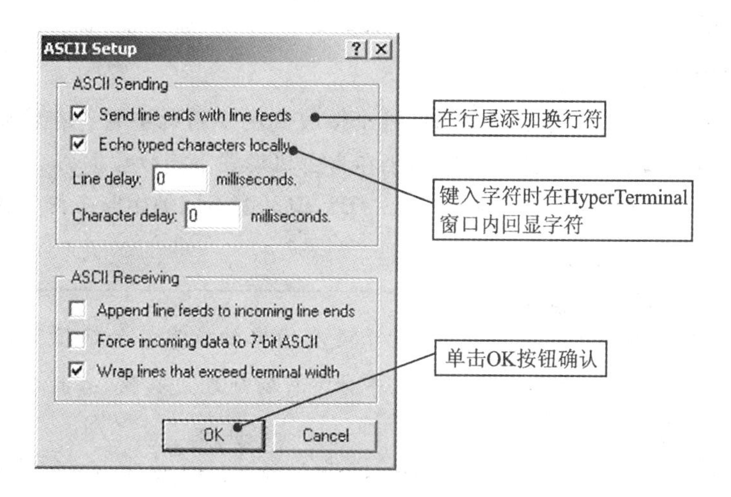

图 3－89　字符发送属性的设定

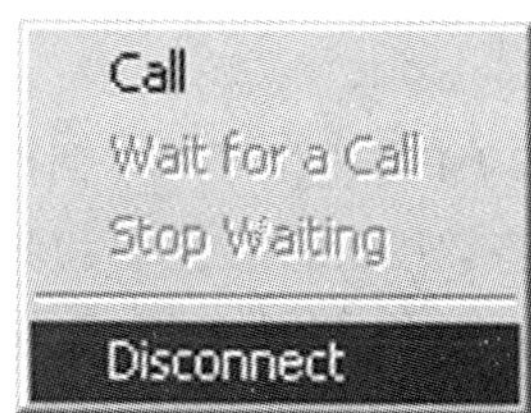

图 3－90　断开连接

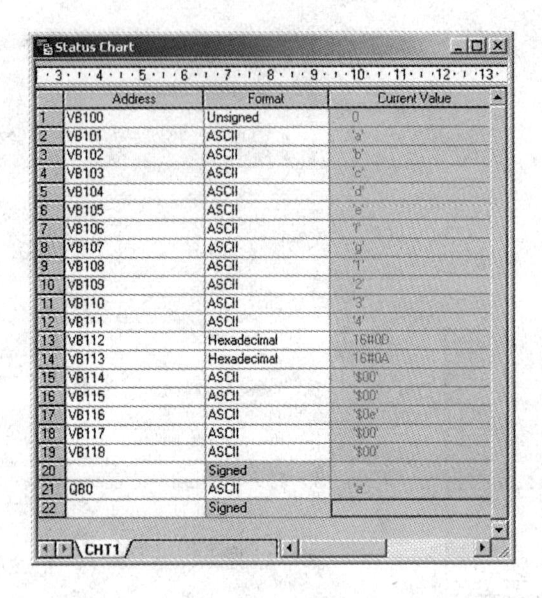

	Address	Format	Current Value
1	VB100	Unsigned	0
2	VB101	ASCII	'a'
3	VB102	ASCII	'b'
4	VB103	ASCII	'c'
5	VB104	ASCII	'd'
6	VB105	ASCII	'e'
7	VB106	ASCII	'f'
8	VB107	ASCII	'g'
9	VB108	ASCII	'1'
10	VB109	ASCII	'2'
11	VB110	ASCII	'3'
12	VB111	ASCII	'4'
13	VB112	Hexadecimal	16#0D
14	VB113	Hexadecimal	16#0A
15	VB114	ASCII	'$00'
16	VB115	ASCII	'$00'
17	VB116	ASCII	'$0e'
18	VB117	ASCII	'$00'
19	VB118	ASCII	'$00'
20		Signed	
21	QB0	ASCII	'a'
22		Signed	

图 3-91 状态表监控缓冲区内容

⚠ 这时 VB100(即接收字节数)为零。这是因为在未接收到任何字符前重新设置了 S7 - 200 CPU 的通信模式,恢复为普通 PPI 从站模式。

---

6. 使用字符中断控制接收数据

通信口接收每个字符时都会产生中断,每个接收到的字符都会暂存在特殊存储器 SMB2 中,校验结果保存在 SMB3 中。这也可以用于在自由口模式下接收数据。

通信端口 Port0 和 Port1 共用 SMB2 和 SMB3,但可由不同的中断事件号(8 和 25)来区别数据来源。

⚠ 字符中断控制的自由口数据接收,对于没有固定结束字符的通信协议十分有效。但当通信速率很高时,要求中断服务程序对字符的处理足够快,并且有可能出现跟不上的情况。

3.9 PID 功能

S7 - 200 CPU 提供了 8 个回路的 PID 功能,用以实现需要按照 PID 控制规律进行自动调节的控制任务,比如温度、压力和流量控制等。PID 功能一般需要模拟量输入,以反映被控制物理量的实际数值,称为反馈;而用户设定的调节目标值,即为给定。PID 运算的任务就是根据反馈与给定的相对差值,按照 PID 运算规律计算出结果,输出数字量控制信号到固态开关元件(控制加热棒),或者输出模拟量信号控制变频器(驱动水泵)等执行机构进行调节,以达到自动维持被控制的量跟随给定变化的目的。

PID 即比例/积分/微分控制，是一种闭环自动控制算法，目的是使被控制的物理量追随给定值而且稳定，自动消除各种因素对控制效果的扰动。

S7－200 中 PID 功能的核心是 PID 指令。PID 指令需要为其指定一个以 V 变量存储区地址开始的 PID 回路表，以及 PID 回路号。PID 回路表提供了给定和反馈，以及 PID 参数等数据入口，PID 运算的结果也在回路表输出。

3.9.1 PID 回路表

基本 PID 指令的回路如表 3－22 所列。

表 3－22 PID 指令回路表

偏移地址	域	格 式	类 型	描 述
T+0	过程变量(反馈)(PVn)	双字-实数	输入	过程变量，必须在 0.0～1.0 之间
T+4	设定值(给定)(SPn)	双字-实数	输入	给定值，必须在 0.0～1.0 之间
T+8	输出值(Mn)	双字-实数	输入/输出	输出值，必须在 0.0～1.0 之间
T+12	增益(P 参数)(KC)	双字-实数	输入	增益是比例常数，可正可负
T+16	采样时间(TS)	双字-实数	输入	单位为秒，必须是正数
T+20	积分时间(I 参数)(TI)	双字-实数	输入	单位为分钟，必须是正数
T+24	微分时间(D 参数)(TD)	双字-实数	输入	单位为分钟，必须是正数
T+28	积分项前项(MX)	双字-实数	输入/输出	积分项前项，必须在 0.0～1.0 之间
T+32	过程变量前值(PVn－1)	双字-实数	输入/输出	最近一次 PID 运算的过程变量值

3.9.2 PID 向导

STEP 7－Micro/WIN 提供了 PID Wizard(PID 指令向导)，可以帮助用户方便地生成一个闭环控制过程的 PID 算法子程序。用户只要在向导的指导下填写相应的参数，就可以方便快捷地完成 PID 运算的自动编程。用户只需在应用程序中调用向导生成的子程序，就可以完成 PID 控制任务。向导最多允许配置 8 个 PID 回路。

PID 向导既可以生成模拟量输出的 PID 控制算法，也支持开关量输出(如控制加热棒)；既支持连续自动调节，也支持手动参与控制。除此之外，它还支持 PID 反作用调节。

PID 功能块只接受 0.0～1.0 之间的实数作为反馈、给定与控制输出的标准化数值，如果是直接使用 PID 功能块编程，必须保证数据在这个范围之内，否则会出错。其他如增益、采样时间、积分时间和微分时间都是实数。但 PID 向导已经把外围实际的物理量与 PID 功能块需要的输入输出数据之间进行了转换，不再需要用户自己编程进行输入/输出的转换与标准化处理。

建议用户使用 PID 向导对 PID 编程，以简化编程及避免出错。

S7－200 CPU 和 Micro/WIN 有 PID 自整定功能，用户可以利用此功能得到最优化的 PID 参数。若要使用 PID 自整定功能，必须用 PID 向导完成编程任务。

---

1. PID 向导的使用

PID 向导可以指导用户在几分钟内迅速生成一个 PID 控制程序，方法是单击 Micro/WIN 的 Tools(工具)浏览条中的“指令向导”图标或在命令菜单中选择 Tools(工具)>Instruction Wizard(指令向导)，然后在指令向导窗口中选择 PID 向导进入配置。PID 向导的使用步骤如下：

第一步：定义需要配置的 PID 回路号。

第二步：设定 PID 回路参数，如图 3-92 所示。

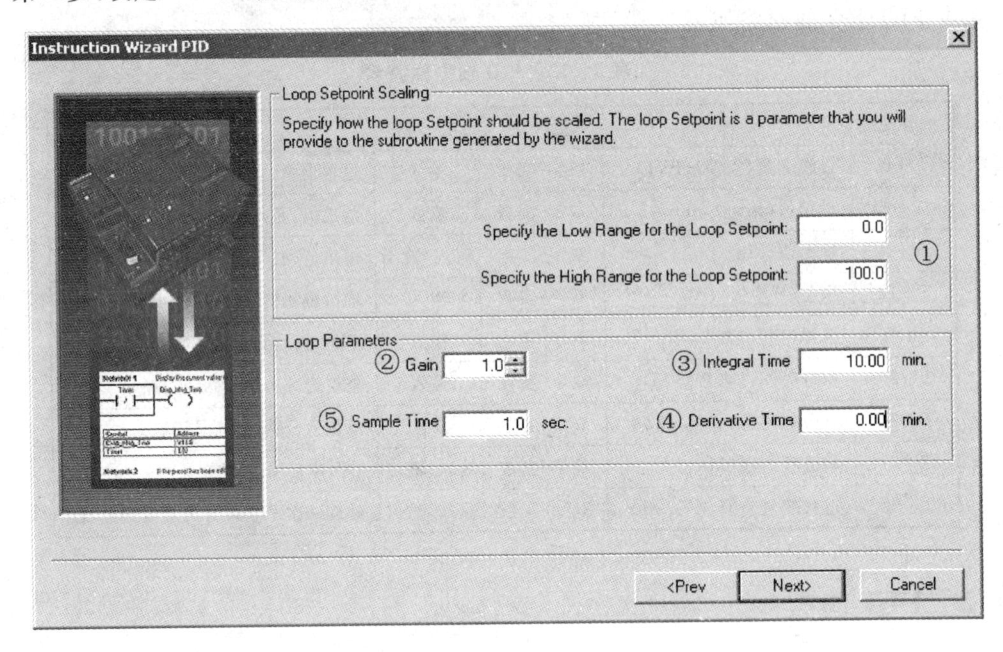

图 3-92 设定 PID 回路参数

① 定义回路设定值(SP，即给定)的高低限的范围：设定值的范围与过程变量范围相对应。在低限(Low Range)和高限(High Range)输入域中输入实数，默认值为 0.0 和 100.0，表示给定值的大小占过程反馈量程的百分比；也可以用实际的工程单位量程表示。

② Gain(增益)：即比例常数。

③ Integral Time(积分时间)：如果不想要积分作用，可以把积分时间设为无穷大。

④ Derivative Time(微分时间)：如果不想要微分回路，可把微分时间设为 0。

⑤ Sample Time(采样时间)：是 PID 控制回路对反馈采样和重新计算输出值的时间间隔。

在一般的控制系统中，经常只用到 PI 调节，这时需要把微分参数设为零。

第三步：设定 PID 回路输入输出参数，如图 3-93 所示。

① 指定输入类型：

- Unipolar：单极性，即输入的信号为正，如 0～10 V 或 0～20 mA 等。
- Bipolar：双极性，输入信号在正负的范围内变化，如输入信号为±10 V、±5 V 等时选用。
- 20% Offset：20%偏移，如果输入为 4～20 mA 则选单极性及此项，向导会自动进行转换。

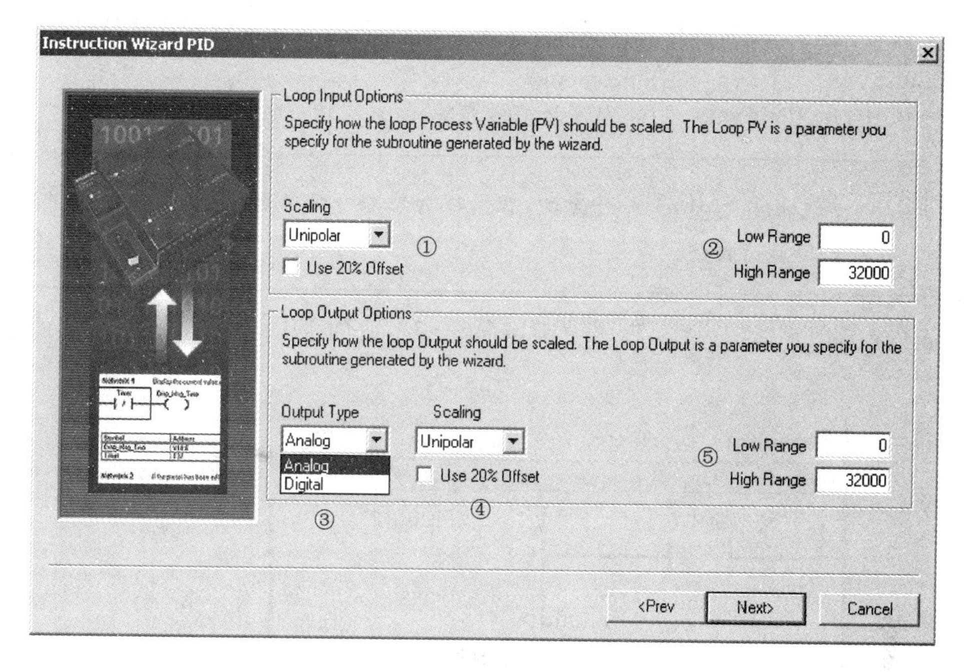

图 3－93　设定 PID 输入输出参数

② 设定过程反馈值的量程范围：

- Unipolar：单极性输入，默认值为 0～32 000。
- Bipolar：双极性输入，默认值为－32 000～＋32 000 。
- 20％ Offset：如果选中 20％ 偏移，则输入取值范围固定为 6 400～32 000。

③ 输出类型(Output Type)。可以选择模拟量输出或数字量输出。模拟量输出用来控制一些需要模拟量控制的设备，如比例阀和变频器等；数字量输出实际上是控制输出点的通、断状态按照一定的占空比变化，可以控制固态继电器(加热棒)等。

④ 选择模拟量后需设定回路输出的类型，可以选择：

- Unipolar：单极性输出，可为 0～10 V 或 0～20 mA 等。
- Bipolar：双极性输出，可为±10 V 或±5 V 等。
- 20％ Offset：如果选中 20％ 偏移，使输出为 4～20 mA。

⑤ 选择模拟量后需设定回路输出变量值的范围，可以选择：

- Unipolar：单极性输出，默认值为 0～32 000。
- Bipolar：双极性输出，默认值－32 000～＋32 000。
- 20％ Offset：如果选中 20％ 偏移，则输出取值范围为 6 400～32 000。

如果选择了开关量输出，需要设定输出占空比控制的周期。

第四步：设定回路报警选项(也可不选)。

第五步：指定 PID 运算数据存储区。

PID 向导需要一个 120 字节的数据存储区(V 区)，应注意在程序的其他地方不要重复使用这些地址。

第六步:指定向导所生成的 PID 子程序名和中断程序名(可用默认的或者自己定义)及添加手动模式。

第七步:生成 PID 子程序、中断程序及符号表等。

⚠ PID 向导使用了 SMB34 定时中断,在实现其他编程任务时,不能再使用此中断,否则会引起 PID 运行错误。

在完成向导配置后,只要在程序中调用向导所生成的 PIDx_INIT 即可。如图 3-94 所示。

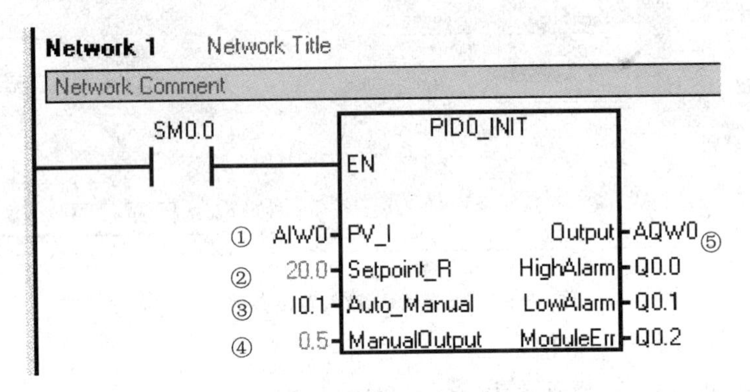

图 3-94 调用 PID 向导生成的子程序

PIDx_INIT 子程序中包括:

① 反馈过程变量值地址。

② 设定值(可以是立即数,也可以是设定值变量的地址)。

③ 手/自动控制方式选择。

④ 手动控制输出值。

⑤ PID 控制输出值地址。

⚠ 只能使用 SM0.0 作为唯一的条件来调用 PIDx_INIT,否则会造成 PID 控制功能不运行。

---

2. PID 向导符号表

完成 PID 向导配置后,会自动生成一个 PID 向导符号表,在这个符号表中可以找到 P(比例)、I(积分)、D(微分)等参数的地址。利用这些参数地址用户可以方便地在 Micro/WIN 中使用程序、状态表或从 HMI 上修改 PID 参数值进行编程调试。如图 3-95 所示。

3.9.3 PID 自整定

S7-200 CPU Rel. 2.00 以上版本支持 PID 自整定功能。

STEP 7-Micro/WIN V4.0 版本中增加了 PID 调节控制面板。用户可以使用用户程序或 PID 调节控制面板来启动自整定功能。在同一时间,如果需要,最多可以有 8 个 PID 回路同时进行自整定。

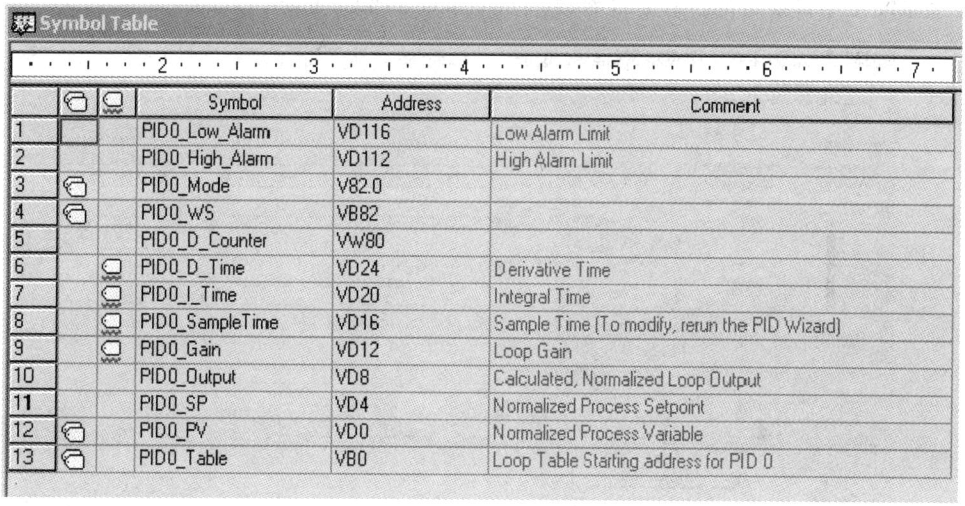

Symbol Table

			Symbol	Address	Comment
1			PID0_Low_Alarm	VD116	Low Alarm Limit
2			PID0_High_Alarm	VD112	High Alarm Limit
3			PID0_Mode	V82.0	
4			PID0_WS	VB82	
5			PID0_D_Counter	VW80	
6			PID0_D_Time	VD24	Derivative Time
7			PID0_I_Time	VD20	Integral Time
8			PID0_SampleTime	VD16	Sample Time (To modify, rerun the PID Wizard)
9			PID0_Gain	VD12	Loop Gain
10			PID0_Output	VD8	Calculated, Normalized Loop Output
11			PID0_SP	VD4	Normalized Process Setpoint
12			PID0_PV	VD0	Normalized Process Variable
13			PID0_Table	VB0	Loop Table Starting address for PID 0

图3-95 PID符号表

PID调节控制面板也可以用来手动调试老版本(不支持PID自整定的)CPU的PID控制回路,只要PID程序是由向导生成的。

PID自整定的目的是为用户提供一套最优化的整定参数,使用这些整定值可以使控制系统达到最佳的控制效果,真正优化控制程序。

用户可以根据工艺要求为调节回路选择快速响应、中速响应、慢速响应或极慢速响应。PID自整定会根据响应类型来计算出最优化的比例、积分和微分值,并可应用到控制中。

使用PID自整定

要想使用PID自整定,必须使用PID向导进行编程,然后可以进入PID调节控制面板,启动、停止自整定功能。另外从面板中可以手动改变PID参数,并可用图形方式监视PID回路的运行。

在Micro/WIN V4.0与CPU通信连接的情况下,单击导航栏Tools中的PID控制面板或从主菜单Tools(工具)>PID Tune Control Panel(PID调节控制面板)进入PID调节控制面板中。如果面板没有被激活(所有地方都是灰色),可单击Configure(配置)按钮运行CPU。

为了保证PID自整定的成功,在启动PID自整定前,需要手动调节PID参数使:

- PID调节器基本稳定,输出、反馈变化平缓,并且使反馈比较接近给定。
- 设置合适的给定值,使PID调节器的输出远离趋势图的上、下坐标轴,以免PID自整定开始后输出值的变化范围受限制。

在程序中使PID调节器工作在自动模式下,然后单击Start Auto Tune(开始自整定)按钮启动PID自整定功能,这时按钮变为Stop Auto Tune(停止自整定)。自整定过程中CPU会在回路的输出中加入一些小的阶跃变化,使得控制过程产生小的振荡(如图3-96所示),自动计算出优化的PID参数并将计算出的PID参数显示在PID参数区。当按钮再次变为Start Auto Tune(开始自整定)时,表示系统已经完成了PID自整定。此时PID参数区所显示的为整定后的参数,如果希望系统使用自整定得出的 PID 参数，单击 Update PLC(更新 PLC)按钮即可。

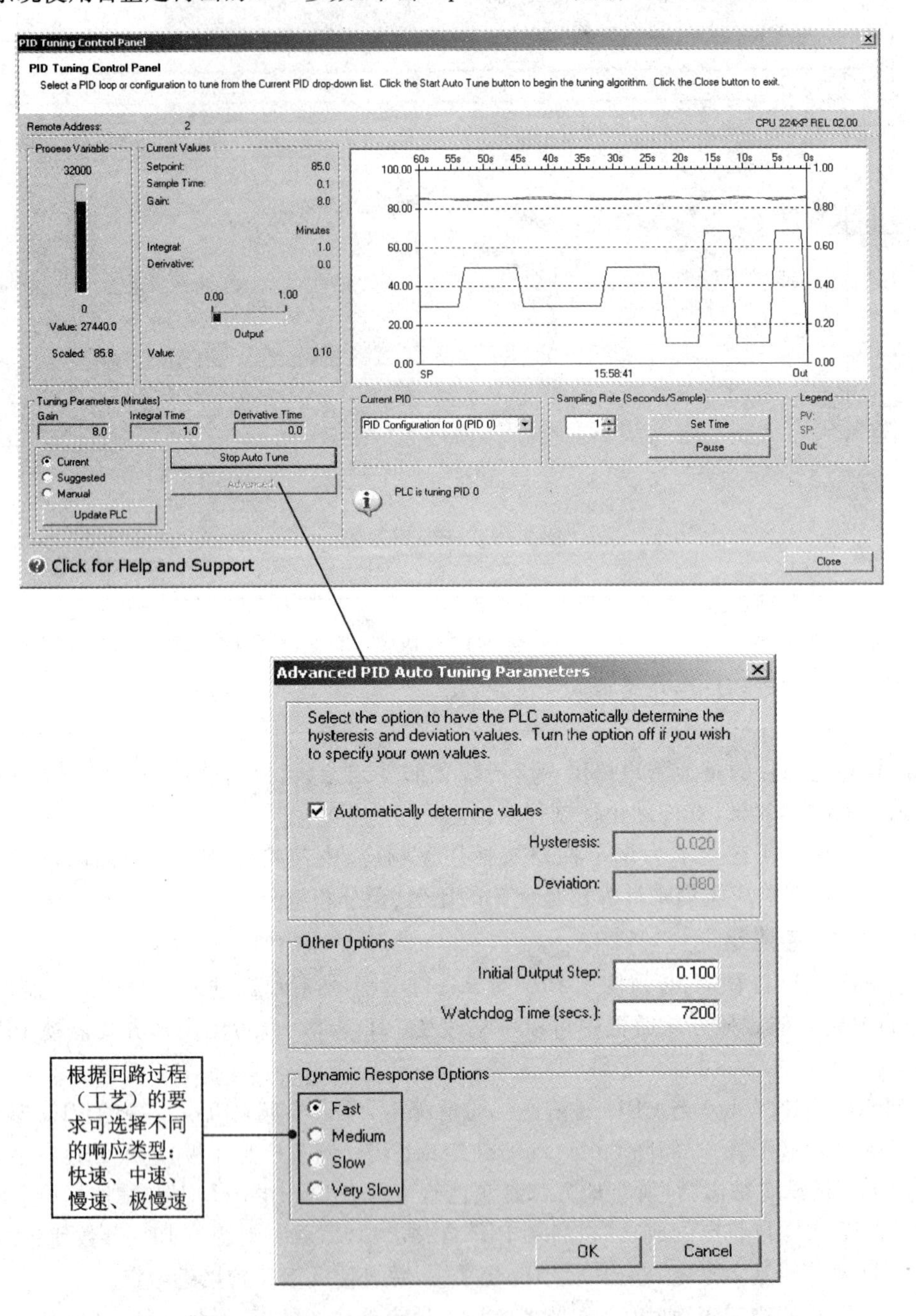

图 3-96 PID 调试和自整定面板

3.10　配方功能

配方功能通常是 HMI(人机操作界面)设备或软件完成的功能，而 S7 - 200 CPU 和 STEP 7 -Micro/WIN软件已经拥有了配方功能，这大大增强了 S7 - 200 的性能，充分满足了用户对多种工艺控制的需求。

配方功能由 Micro/WIN 软件中的配方(Recipe)向导配置完成，用户在下装程序时会将含有产品数据或设备参数的配方下装到 S7 - 200 的存储卡中，这就意味着要使用配方功能必须使用 S7 - 200 PLC 的 64K 或 256K 可选存储卡。CPU 中只储存一个数据集，因而可以更好地使用内存，根据需要从存储卡中可以向 CPU 中在线更新和修改配方的值。

配方向导会引导用户完成配方的定义及配置，并自动生成配方读写指令，用户可以使用这些指令根据工艺需要在多个配方之间切换，以实现设备参数化、分批处理、成分含量变化等任务。用户若要修改配方的结构或添加新的配方需要回到配方向导中完成。

用户最多可以创建 4 个配方，每个配方所定义的数据域和数据集的数量几乎没有限制(65 535 个)。每一个配方所包含的所有数据集的数据域是相同的，而每个参数的值可以不同。

下面举例说明配方的用途。某工厂要生产三种盒子，它们具有相同的数据域：长、宽、高，但三种盒子的长、宽、高各不相同，因此可以把它们定义在一个配方中的不同的数据集。盒子的数据如表 3 - 23 所列。

表 3 - 23　盒子的数据

	盒子 3	盒子 2	盒子 1
长	10	30	20
宽	20	30	20
高	30	30	20

要实现以上生产线的配方功能首先在 Micro/WIN 软件中通过 Tools(工具)>Recipe Wizard(配方向导)进入配方向导，其中对数据参数的定义如下所述。

(1) 定义数据域(长、宽、高)(如图 3 - 97 所示)

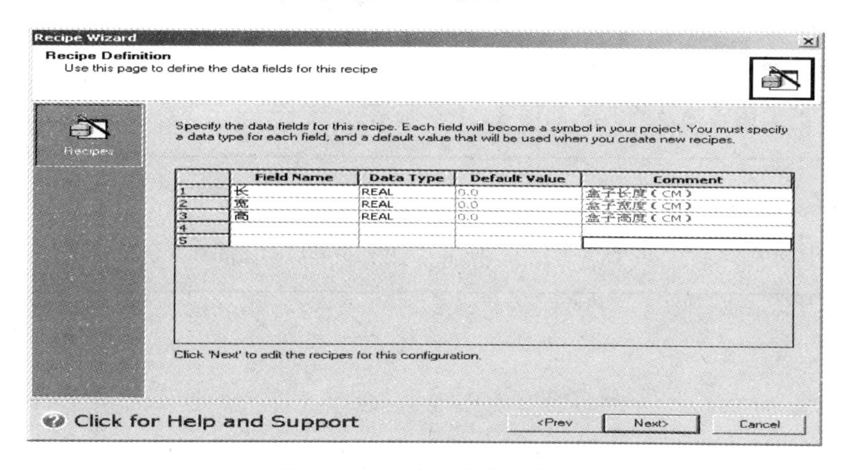

图 3 - 97　定义配方数据结构

(2) 定义数据集(盒子 1、盒子 2、盒子 3)(如图 3-98 所示)

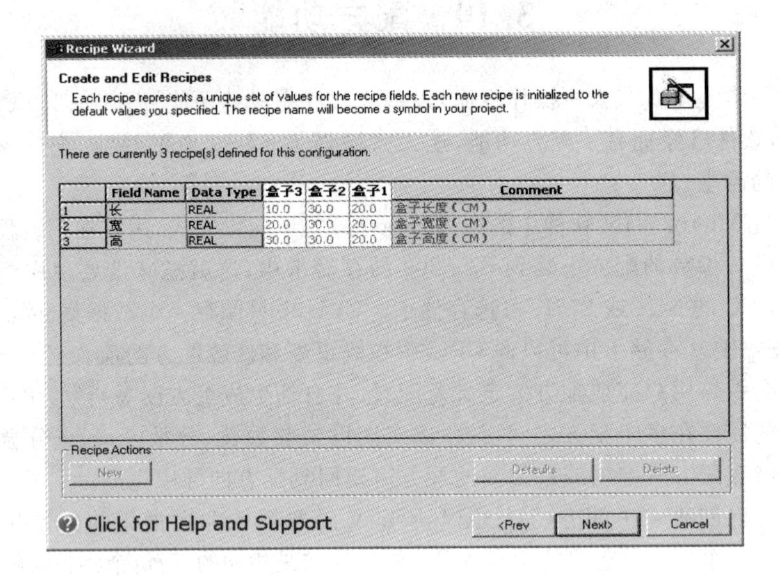

图 3-98 定义配方数据集

在完成向导的配置后,系统会自动生成配方符号表,如图 3-99 所示。用户可以在符号表中找到所使用相关参数的地址,也可以使用这些符号来访问 V 存储区中的配方值。

Symbol Table

	Symbol	Address	Comment
1	盒子1	2	
2	盒子2	1	
3	盒子3	0	
4	高	VD8	盒子高度(CM)
5	宽	VD4	盒子宽度(CM)
6	长	VD0	盒子长度(CM)

数据集地址号

参数地址

图 3-99 配方符号表

配方向导除了生成符号表,还会生成相应的配方读写子程序,用户可调用参数读写子程序完成生产数据的调用转换及修改。如图 3-100 所示。

⚠ EEPROM 存储卡的写操作限制的典型值是 100 万次,超出会使 EEPROM 失效。所以绝对不能在每个程序周期中都执行 RCPx_WRITE 指令。

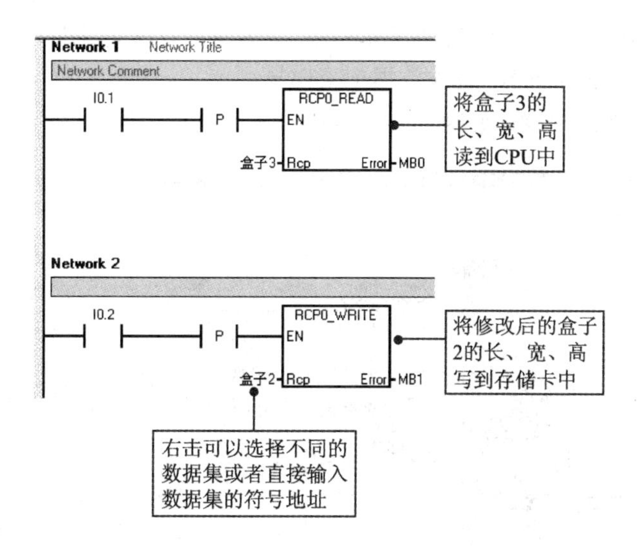

图 3－100　调用配方相关子程序

3.11　数据记录功能

1. 数据记录

S7－200 Rel. 2.00 版以上的 CPU 和 Micro/WIN V4.0 以上的软件已经支持数据记录(归档)功能。

数据记录通常是指按照日期时间排序的一组数据，每条记录都是某些过程事件的一套过程数据。这些记录可以包含时间及日期标签。用户可以通过程序控制永久保存过程数据记录。

S7－200 CPU 通过 Micro/WIN 软件中的数据记录向导来完成配置，所有数据记录保存在存储卡中。要使用数据记录功能，必须在 PLC 中插入一块 64K 或 256K 的存储卡。使用 S7－200 资源管理器连接 CPU 可以将数据记录的内容上载到计算机中，也可在计算机中设置成定时自动上载。数据记录存储在存储卡中，可以节约 S7－200 的 V 存储区，因为这些数据以前需要存储在 V 存储区，占用了很大的数据区空间。

使用数据记录向导可以最多生成 4 个独立的数据记录，同一数据记录的数据结构相同。存储卡中存储的数据记录几乎没有限制(65 535 条)，但数据域的大小有限制。数据记录是一个环形队列，当存储卡中记录满时，一条新的记录将代替第一条记录。由 CPU 可以通过指令将记录数据写到存储卡中，但写到存储卡中的内容，不能读回 CPU。

S7－200 的数据记录还有下列一些可选功能。

- 时间标签：用户程序控制写入一条数据记录时，CPU 自动将时间标签加入记录。
- 日期标签：用户程序控制写入一条数据记录时，CPU 自动将日期标签加入记录。
- 清除归档数据：每次记录从存储卡中上载到 PC 机后，存储卡中的数据记录自动被清除。

下面举例说明数据记录的应用。

某厂要对生产出的每批产品进行数据记录，其中要记录每批产品的出厂时间、批次、产品型号和数量。

首先通过单击 Micro/WIN 导航栏 Tools(工具)中的“数据记录”图标或 Tools(工具)> Data Log Wizard(数据记录向导)进入数据记录向导。

(1) 定义数据记录结构(如图 3－101 所示)

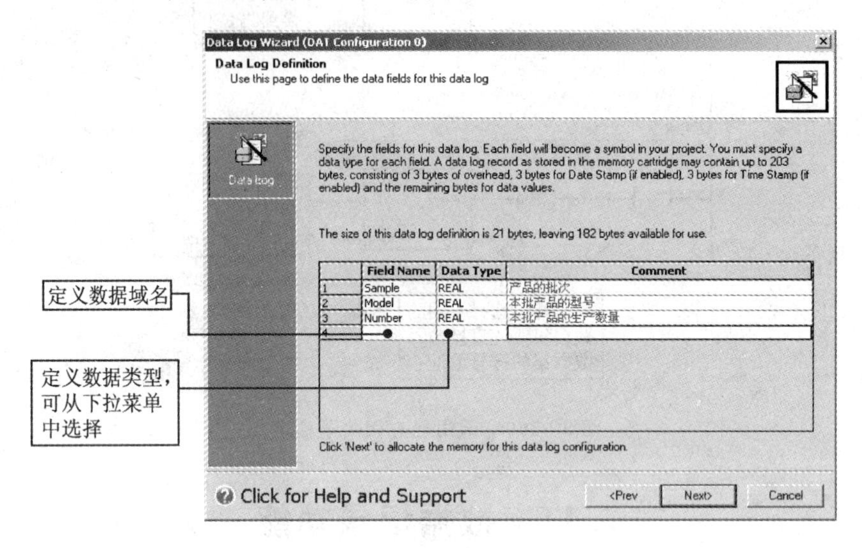

图 3－101　定义数据记录的结构

(2) 调用数据记录子程序

数据记录向导完成后会在用户的项目中生成一个 DATx_WRITE 子程序，调用这一子程序可以将数据域中的当前值写到存储卡中。如图 3－102 所示。

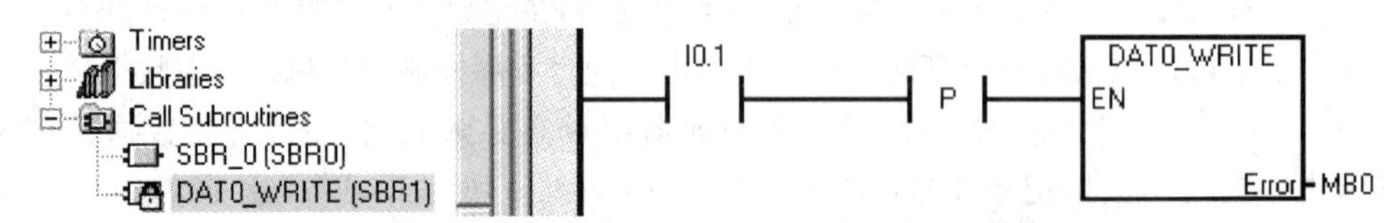

图 3－102　调用数据记录写入子程序

⚠ EEPROM 存储卡的写操作限制的典型值是 100 万次，超出会使 EEPROM 失效。所以绝对不能在每个程序周期中都执行 DATx_WRITE 指令。

向导还会自动生成数据记录的符号表，表中创建了所有数据域的符号名及参数地址，用户可以用这些符号名或地址直接访问 V 区的这些参数(如图 3－103 所示)。

Symbol Table

			Symbol	Address	Comment
1			Number	VD8	本批产品的生产数量
2			Model	VD4	本批产品的型号
3			Sample	VD0	产品的批次

图 3－103　数据记录符号表

在完成数据记录配置后，需要将程序下载到 S7－200 CPU 中，下载时要保证数据记录配置被选中。

⚠ 当下载含有数据记录配置的项目时，当前存储在存储卡中的所有数据记录都会丢失。

在将数据记录上载到 PC 机后，可以用 Excel 打开该文件，便可看到每批产品的批次、型号和数量的记录数据及其出厂时间（如图 3－104 所示）。其中每一条记录都是由 I0.1 的上升延触发写入的，用户可根据自己的需要用不同的条件来触发记录的写入。

(3) - DAT Configuration 0 - 2004-12-27 11-14.csv

	A	B	C	D	E	F
1	DATE	TIME	Sample	Model	Number	
2	2004-12-12	23:27:06	12	19.2	1500	
3	2004-12-12	23:26:32	11	19.1	800	
4	2004-12-12	23:26:08	10	19	600	
5	2004-12-12	23:25:32	9	16.3	500	
6	2004-12-12	23:24:45	8	18.3	600	
7	2004-12-12	23:24:02	6	18.2	900	
8	2004-12-12	23:22:16	4	18.1	800	
9	2004-12-12	23:21:29	3	16.2	1000	
10	2004-12-12	23:11:02	2	16.1	500	
11						

图 3－104　用 Excel 查看数据记录

2. S7－200 资源管理器

S7－200 资源管理器是 Windows 资源管理器的应用扩展，支持标准的 Windows 浏览及其使用特性。可以用来读取（上载）存储卡中的数据记录，每次读取都会生成一个包含数据记录的用逗号分隔数值（CSV）的文件，并将其存储在 PC 机的数据记录（Data Log）目录下。用户可单击该文件，系统将自动用 Excel 等与 CSV 文件关联的应用程序打开。

S7－200 资源管理器是 STEP7－Micro/WIN 软件的一部分，随 Micro/WIN 安装时一同安装在 PC 机上。用户也可单独安装 S7－200 资源管理器，以便于执行单纯的数据记录维护、管理任务。S7－200 资源管理器安装软件包可以从西门子网站上下载。

如果已经安装了 S7－200 资源管理器，在 Windows 的资源管理器中就可以找到 My S7－200 Network 的文件夹（如图 3－105 所示），在这个文件夹下可以看到所有网上的 S7－200 设备。

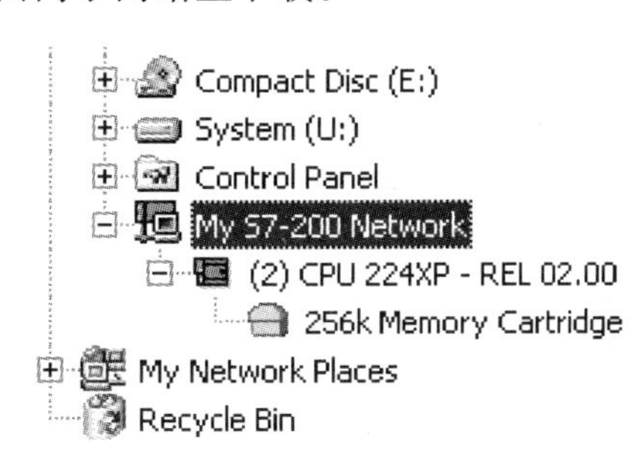

图 3－105　S7－200 资源管理器文件夹

若需要上载数据记录，可以直接打开 Windows 的资源管理器，在 My S7－200 Network 文件夹中，选择需要上载数据记录的 S7－200 CPU 的存储卡，并用鼠标右击上载的数据记录文件，其名字为 DAT Configuration x(DATx),然后在右键菜单中选择 Upload(上载)即可。也可利用 Windows 的计划任务工具(Scheduling Task)将数据记录设定为在某一时刻自动上载到 PC 机。

S7 - 200 资源管理器和 S7 - 200 CPU 的通信接口与 Micro/WIN 相同。可以支持 PPI/MPI/PROFIBUS - DP,也可以支持 Modem 或以太网通信。在 S7 - 200 资源管理器中,也可以通过 Set PG/PC Interface 来定义或改变它的通信方式。

S7 - 200 资源管理器除了可以读取数据记录,还可以自由访问 S7 - 200 的存储卡里的其他文件,这些用户文件的类型包括:Word 文档、位图文档,JPEG 文件或 STEP7 - Micro/WIN 项目。用户可以使用拖拽、复制、粘贴及剪切等功能,其操作与 Windows 资源管理器的操作相同。

第4章 HMI(人机操作界面)

4.1 HMI(人机操作界面)

人机控制操作界面包括指示灯、显示仪表、主令按钮、开关和电位器等。操作人员通过这些设备把操作指令传输到自动控制器中，控制器也通过它们显示当前的控制数据和状态。这是一个广义的人机交互界面。

随着技术的进步，新的模块化的、集成的人机操作界面产品被开发出来。这些 HMI 产品一般具有灵活的可由用户（开发人员）自定义的信号显示功能，用图形和文本方式显示当前的控制状态；现代 HMI 产品还提供了固定或可定义的按键，或者触摸屏输入功能。HMI 产品在现代控制系统的人机交互中作用越来越重要。

4.1.1 HMI 设备

1. HMI 设备功能简介

HMI 设备的作用是提供自动化设备操作人员与自控系统（PLC 系统）之间的交互界面接口。使用 HMI 设备，可以：

- 在 HMI 上显示当前的控制状态、过程变量，包括数字量（开关量）和数值等数据。
- 显示报警信息。
- 通过硬件或可视化图形按键输入数字量、数值等控制参数。
- 使用 HMI 的内置功能对 PLC 内部进行简单的监控、设置等。

HMI 设备作为一个网络通信主站与 S7-200 CPU 相连，因此也有通信协议、站地址及通信速率等属性。通过串行通信在两者之间建立数据对应关系，也就是 CPU 内部存储区与 HMI 输入/输出元素间的对应关系。比如 HMI 上的按键对应于 CPU 内部 Mx.x 的数字量“位”，按下按键时 Mx.x 置位（为“1”），释放按键时 Mx.x 复位（为“0”）；或者 HMI 上某个一个字（Word）长的数值输入（或者输出）域，对应于 CPU 内部 V 存储区 VWx。如图 4-1 所示。

只有建立了这种对应关系，操作人员才可以与 PLC 内部的用户程序建立交互联系。这种联系，以及在 HMI 上究竟如何安排、定义各种元素，都需要在软件中配置，俗称“组态”。各种不同的 HMI 有各自专用的配置软件。

2. Micro 系列 HMI

西门子为 S7-200 专门开发了几款 HMI 产品，在保持低廉价格的同时，能够获得较高的性能。它们中有：

- TD 200/TD 200C：两行文本显示器，支持最多 8×8=64 个用户菜单和 80 条报警信息。支持包括中文在内的多种语言。其中 TD 200C 还能自由定义按键的种类、大小和位置，在线多语言切换，并且可以由用户自己设计面板的图案。

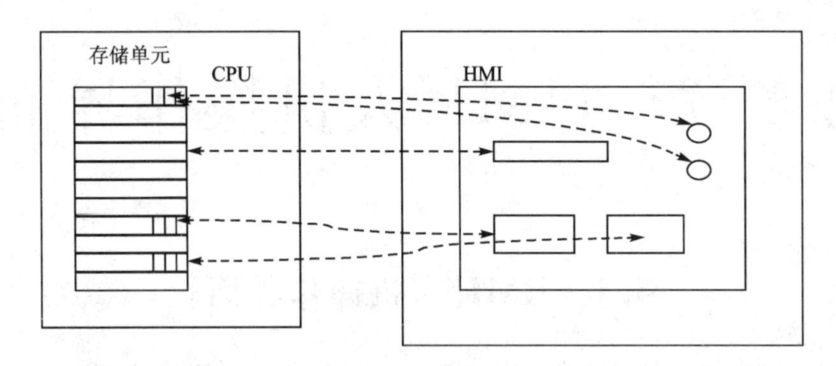

图 4－1 S7－200 CPU 存储区和 HMI 元素的对应

- TD 400C:4 行文本显示器,蓝色背景大屏幕;支持最多 8×8＝64 个用户菜单和 80 条报警信息;支持中文;有 15 个可以自定义功能的有触感的薄膜按键;用户可以自定义面板图形。
- TP 177 micro:5.7 英寸 LCD 单色触摸显示屏,带一个 RS－485 口,可通过 MPI 电缆和 PROFIBUS 电缆连接 S7－200 CPU 或 EM 277 模块通信口。
- K-TP 178micro:5.7 英寸 LCD 单色触摸显示屏,带一个 RS－485 口,可通过 MPI 电缆和 PROFIBUS 电缆连接 S7－200 CPU 或 EM 277 模块通信口。除了内存较大等特点外,面板上还有 6 个可自定义功能的薄膜按键。

上述 Micro 系列 HMI 都是西门子为 S7－200 专门开发的产品,对 S7－200 的网络通信进行了优化。

K-TP 178micro 和 TD 400C 都是西门子专门为 S7－200 开发的 HMI 产品,在西门子中国工厂制造,具有很高的性能-价格比。它们和 S7－200 CN 产品相得益彰,堪称绝配。如图 4－2 所示。

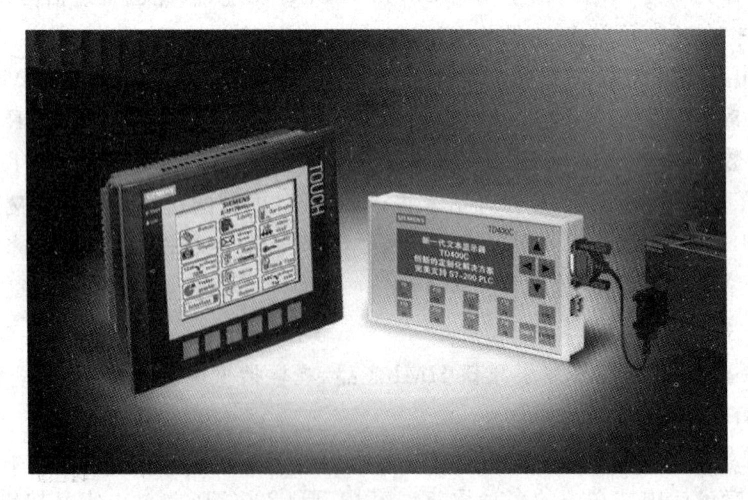

图 4－2 K-TP 178micro 和 TD 400C

3. 其他 HMI 产品

除了 S7－200 专用的产品外，西门子还提供了许多 SIMATIC 系列 HMI 设备，如 TP 170A/B、TP 177A 和 TP/OP 270 系列，等等，都可以与 S7－200 连接通信。

4. HMI 组态软件

HMI 设备上的操作、显示元素与 PLC 内存的对应关系需要进行配置才能建立；HMI 设备上的显示画面等也需要布置及制作。HMI 组态软件就是用来完成上述工作。

不同的 HMI 产品使用的组态软件不同，但一个系列的产品往往使用同一个软件。对于 S7－200 适用的 HMI 产品来说，它们需要的组态软件有：

- TD 系列：TD 系列文本显示器使用文本显示向导组态和编程。文本显示向导集成在 S7－200 的编程软件 STEP 7－Micro/WIN 中，只要安装了 Micro/WIN 就有。
- OP 73 Micro/K-TP 178micro 等：可以用 WinCC Flexible Micro 以上的版本组态。

4.1.2　HMI 软件

在以 PC 技术为基础的计算机上，也可以运行 HMI 软件，直接与控制器通信并与人交互。如 ProTool Pro RT(运行版)、WinCC Flexible 等。

1. 直接通信 HMI 软件

所谓直接通信就是 HMI 软件能够支持 PLC 的通信协议。能够直接连接的 HMI 软件都通过专用的驱动接口与特定的 PLC 通信。因此往往是同一厂家的产品之间具有更好的兼容性。

对于世界性的通信标准来说，由于各主要厂家都提供符合标准的产品，其通用性也能得到保证。例如，S7－200 可以通过 EM277 通信模块与支持 PROFIBUS－DP 通信标准的 HMI 计算机(包括软件和硬件接口)通信。

2. OPC 通信

OPC 是基于微软公司 Windows 操作系统的 OLE 技术，用于连接不同厂家的 PLC 硬件和 HMI 软件产品。西门子公司专为 S7－200 开发了 OPC Server(服务器)软件，即 PC Access。

OPC(OLE for Process Control)是嵌入式过程控制标准。不同的供应商的硬件存在不同的标准和协议，OPC 作为一种工业标准，提供了工业环境中信息交换的统一标准软件接口，该接口位于应用程序的下方。因为 OPC 的统一性和开放性，使得用户程序可以访问不同供应商的硬件。

OPC 通信接口的应用是基于客户端——服务器端的应用模式。各厂家只要为它们的产品提供一个标准的 OPC Server，便解决了通信连接问题，其他厂家可以使用不同的 OPC 客户端来访问标准的 OPC Server，从而可以轻松地实现对过程数据的监控。

运行在计算机上的 PC Access 软件与 S7－200 通信，作为服务器；支持 OPC 标准的 HMI 软件，作为 OPC Client(客户端)与 PC Access 通信，从而可以访问 S7－200 的数据。其典型应用如图 4－3 所示。

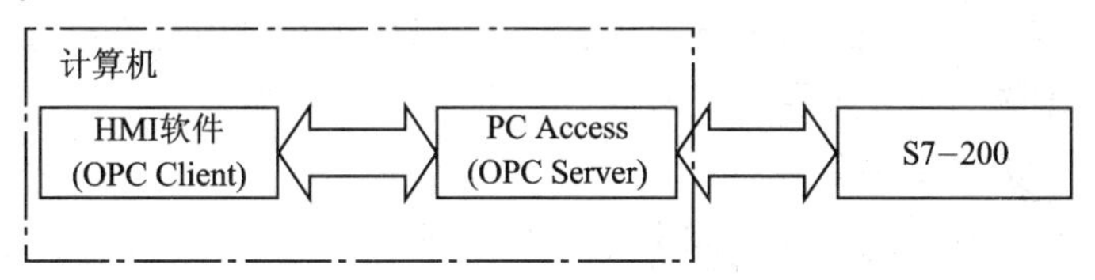

图 4－3　PC Access 的典型应用

4.2 TD 400C 文本显示器

4.2.1 TD 400C 概述

1. 简　介

TD 是 Text Display(文本显示)的英文缩写。TD 400C 是西门子专为 S7 - 200 设计生产的文本显示操作员界面设备,具有极高的性价比。

TD 400C 随机附赠通信电缆(2.5 m),无需单独购买通信和电源电缆。TD 的电源可以通过通信电缆从 S7 - 200 CPU 通信口取得,也可由单独电源供电。TD 400C 无需 HMI 专用组态软件,使用 STEP 7 - Micro/WIN V4.0 SP4 以上版本的中文界面 TD 向导组态即可。TD 400C 的所有配置信息都下载保存在 S7 - 200 CPU 的数据块中,用户无需重新组态,即可轻松替换 TD 400C。

TD 400C 最多支持 4 行文本显示,可以设置为工作在菜单模式或报警模式下,或者同时使用两种模式。

在菜单模式下,TD 400C 支持层级式菜单结构,最多可配置 8 个菜单,每个菜单下最多可以组态 8 个文本显示屏,所以 TD 400C 最多可以配置 64 个文本显示屏。用户可以使用面板上的箭头按键在各菜单及显示屏之间自由切换。

在报警模式下,TD 400C 可以显示多达 80 条报警信息,报警信息的显示与否由 TD 400C 的组态及 CPU 中报警信息使能位的逻辑状态决定。

无论是菜单屏还是报警信息,都可以嵌入 S7 - 200 数据变量。嵌入数据的地址在配置时直接指定,不会随信息文本的修改而改变。数据可以是单纯显示,也可以由操作人员设置修改。

TD 400C 中的 C 代表它是可以自定义(Customize)的。TD 400C 面板上有 15 个位置固定的按键,按键的功能可以由用户自定义;用户还可以自定义面板的背景颜色、图标和文字等。TD 400C 的自定义配置需要 STEP 7 - Micro/WIN 中集成的键盘设计程序(Keypad Designer)辅助完成。如果不需要使用 TD 400C 的自定义键盘功能,可以使用 TD 400C 默认的一套标准键盘布局。

TD 400C 出厂时并没有粘贴面板,用户可以粘贴自己设计制作的自定义面板,或者使用西门子附送的标准面板。一个自定义的面板图形如图 4 - 4 所示。

2. 性能特点

(1) 常规功能

TD 400C 使操作人员能够与应用程序进行交互,它具有以下功能:

- 查看层级用户菜单屏幕,或者显示报警信息,以便于和应用程序或过程进行交互。
- 允许修改、编辑菜单或报警中嵌入的 S7 - 200 CPU 数据。
- 允许强制/取消强制 I/O 点。
- 允许为具有实时时钟的 CPU 设置时间和日期。
- 查看 CPU 状态,改变 S7 - 200 CPU 的操作模式(运行或停止)。

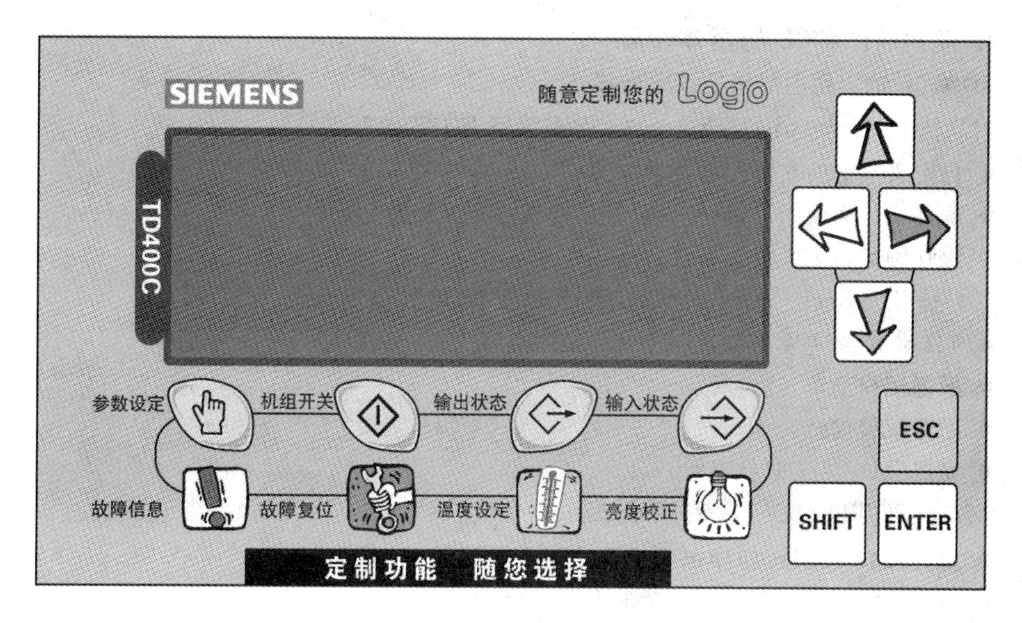

图 4-4 TD 400C 自定义面板举例

- 可以将 S7-200 CPU 中的用户程序装载到存储卡中。
- 可以用系统菜单功能对 S7-200 CPU 存储区中的数据进行访问和编辑。
- 具有密码保护功能以防止未授权的操作。

(2) 性能特点

- 大显示面积,可显示 4 行×12(小字体)或 2 行×8(大字体)中文字符。
- 亮度高达 350 cd/m^2,显示清晰 。
- 时尚蓝色背光 ,背光开启时间可调。
- 192×64 分辨率,展现完美细节。
- 可自定义面板的背景颜色、图标和文字。
- 15 个可自由定义功能(包括系统功能)的按键,操作有触感,有声音、图标显示反馈,寿命大于一百万次。
- 面板具有 3M 高强度粘胶,可方便地粘贴面板胶膜。粘上胶膜的前面板完全通过欧洲权威实验室 IP65 防护等级测试。
- 改进的电源电路设计,具有反接保护、短路保护、浪涌保护和电子自恢复保险丝。
- 更可靠的通信电路,使用通信口 ESD 保护电路和镀金通信接口元件。
- 德国进口 ABS 工程塑料,确保外壳坚固耐冲击。

3. 组态软件

使用中文界面的 STEP 7-Micro/WIN V4.0 SP4 以上版本中的"文本显示向导"配置 TD 400C。TD 400C 的所有配置信息都通过 Micro/WIN 下载保存在 S7-200 的数据块中。

如果在配置 TD 400C 时不使用 TD 400C 默认的标准键盘布局,用户可以根据自己的具体要求,使用键盘设计程序(Keypad Designer)自定义键盘。TD 400C 的自定义包括两部分,一是重新定义固定键的功能,二是自定义面板图形(包括背景和按钮等元素)。TD Keypad Designer 总是随同 STEP 7-Micro/WIN 一起安装和卸载,没有单独的安装程序。

4. 使用 TD 400C 的基本步骤

TD 400C 的应用主要包括以下步骤。

(1) 使用 Keypad Designer 自定义功能键(可选)

- 自定义按键的布局和功能。
- 辅助设计面板图片,打印以及导出面板自定义图片。
- 保存键盘自定义组态文件。

(2) 使用 Micro/WIN 的文本显示向导配置 TD 400C

- TD 400C 的基本配置。
- 配置用户菜单。
- 配置报警信息。
- 完成 TD 400C 向导配置。

(3) 设置 TD 400C 系统菜单

- 设置参数块地址(向导中所设置的 V 存储区的首地址)。
- 设置 CPU 地址(要与所连接的 CPU 一致)。
- 设置 TD 400C 地址(不能与网络上其他设备地址重复)。
- 设置通信速率(要与所连接的 CPU 一致)。

4.2.2 使用 Keypad Designer 自定义面板

1. 概 述

TD Keypad Designer (键盘设计器)的主要功能是创建设计自定义的键盘布局,以及定义各键的功能。TD Keypad Designer 还可以通过与第三方的图形编辑软件配合,来辅助设计面板和按键的背景颜色、字体和图案。

用户可以根据自己的具体要求,决定是否使用 TD 400C 的自定义功能。TD 400C 的自定义包括两方面的含义:

(1) 自定义 TD 400C 的功能键布局

TD 400C 有一套标准的键盘布局,包括最基本的特殊功能键定义;如果用户需要,则可以用 Keypad Designer 重新分配这些固定键的功能。

(2) 自定义 TD 400C 的面板图形

TD 400C 的可自定义还体现在可以更换操作面板的图形(包括背景和按钮等元素)。TD 400C 出厂时没有粘贴面板,其空白胶粘面用纸保护。用户可以选择使用随包装提供的 TD 400C 标准面板,也可以自己制作自定义面板。自定义面板图形可以使用任何第三方的图形编辑软件,过程中也可能用到 Keypad Designer 的一些功能作为辅助。

TD 400C 的上述两种"自定义"特性是完全互相独立的。用户可以自定义面板图形,但不改变其功能键位置;也可以使用默认的标准面板,但重新定义功能键。

使用 TD Keypad Designer 可以:

- 自定义按键的布局和功能。

- 辅助设计面板图片，打印以及导出面板自定义图片。
- 保存键盘自定义组态文件。

2. 自定义 TD 400C 功能键

第一步：启动 TD Keypad Designer，新建 TD 400C 项目。

通过选择“开始”>SIMATIC>TD Keypad Designer，或者在 STEP 7 - Micro/WIN 中，单击“工具”菜单中的 TD Keypad Designer 菜单项，启动键盘设计器软件。

⚠ 在使用 TD Keypad Designer 为 TD 400C 设计键盘时，软件语言必须设置成中文。

单击 TD Keypad Designer 的“文件”>“新建”菜单，选择 TD 400C 菜单项后出现 TD 400C 键盘模板。如图 4 - 5 所示。

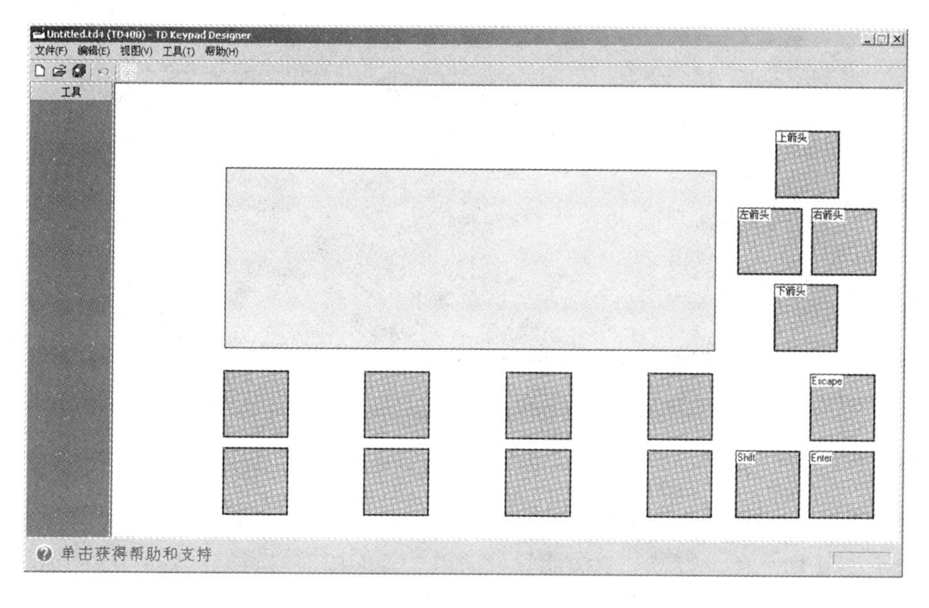

图 4 - 5　TD 400C 键盘模板

第二步：定义按键功能属性。

TD 400 C 的按键位置、大小及数目都是固定的。右侧的键默认设置为系统键，用户也可以根据需要改变其功能。最多可以组态 15 个按键。双击选中的键，为该键选择功能属性，输入按键名称并确认。如图 4 - 6 所示。

TD 400C 所支持的按键功能信息可以在软件对话框中浏览，或者在 TD 用户手册中查找。

第三步：完成功能键定义，保存功能键定义文件。

完成了 TD 400C 的功能键定义后，将功能键的自定义设置保存为一个 .td4 文件。如果不需要设计编辑面板图形，则在配置 TD 400C 时直接在 STEP 7 - Micro/WIN 的文本显示向导里导入此.td4 文件即可。

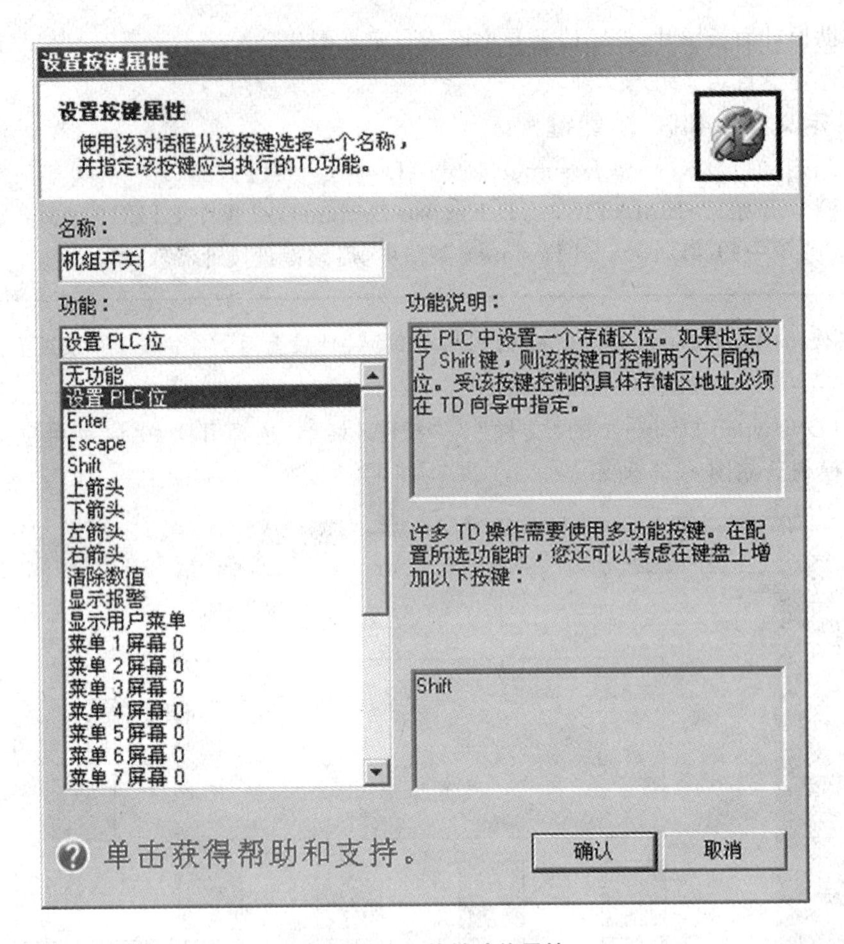

图 4-6　定义按键功能属性

3. 自定义 TD 400C 的面板图形

TD Keypad Designer 的另一个功能是辅助第三方的图形编辑软件(如 Windows 中的“画图”,或者 Photoshop 等)完成 TD 400C 的面板图形设计。

TD Keypad Designer 的图形设计辅助功能有：

- 导出键盘布局,以便第三方图形编辑软件准确定位键的位置。
- 导入设计完成的面板图形,与功能键自定义数据一同保存为 .td4 文件,提高在 Micro/WIN 的文本显示向导中的可视性。
- 打印翻转的面板图片到专用透明面板胶片,导出原图或翻转的图片。

自定义 TD 的功能键必须使用 TD Keypad Designer；自定义 TD 面板图形未必一定要使用 TD Keypad Designer。用户可以根据 TD 面板的精确尺寸,脱离 TD Keypad Designer 独立设计面板图片,也可以找第三方的薄膜按键面板厂商定制自己的面板贴面。

4.2.3　使用文本显示向导配置 TD 400C

STEP 7 - Micro/WIN 中的文本显示向导可以指导用户快速地完成 TD 400C 的组态。只有 Micro/WIN V4.0 SP4(V4.0.4.16)以上的版本在中文界面下才能为 TD 400C 组态。

在 STEP 7 - Micro/WIN 的“工具”浏览条中单击“文本显示向导”图标，或在命令菜单中选择“工具”>“ 文本显示向导”，进入向导组态 TD 400C，非中文界面没有 TD 400C 选项。在使用向导时必须先对项目进行编译。如果已有的程序中存在错误，或者存在没有编完的指令，编译不能通过，则不能继续。

使用文本显示向导配置 TD 400C 主要包括以下几个步骤：

① TD 400C 基本配置。

② 定义用户菜单。

③ 定义报警消息。

④ 完成向导配置

1. TD 400C 基本配置

第一步：选择 TD 400C。如图 4 - 7 所示。

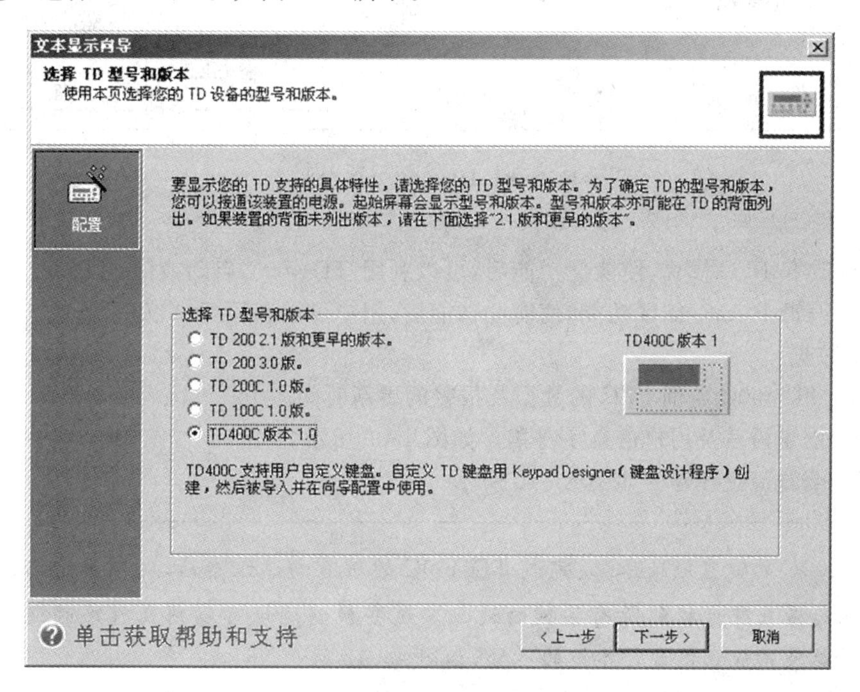

图 4 - 7　选择 TD 400C

第二步：选择及定义 TD 的功能和数据刷新速率。如图 4 - 8 所示。

① 使能密码保护功能，设置的密码为 4 个数字，不能设为字符。用密码功能来防止未经许可的对 TD 400C 系统菜单的操作，避免随意改变地址、通信速率等设置。

② 使能 TD 400C 上对 PLC 中时钟的设置功能。

③ 使能 TD 400C 上对 PLC 中 I/O 点强制功能。

④ 使能“存储卡编程”菜单，可使用此功能将 PLC 中程序复制到外插在 PLC 上的存储

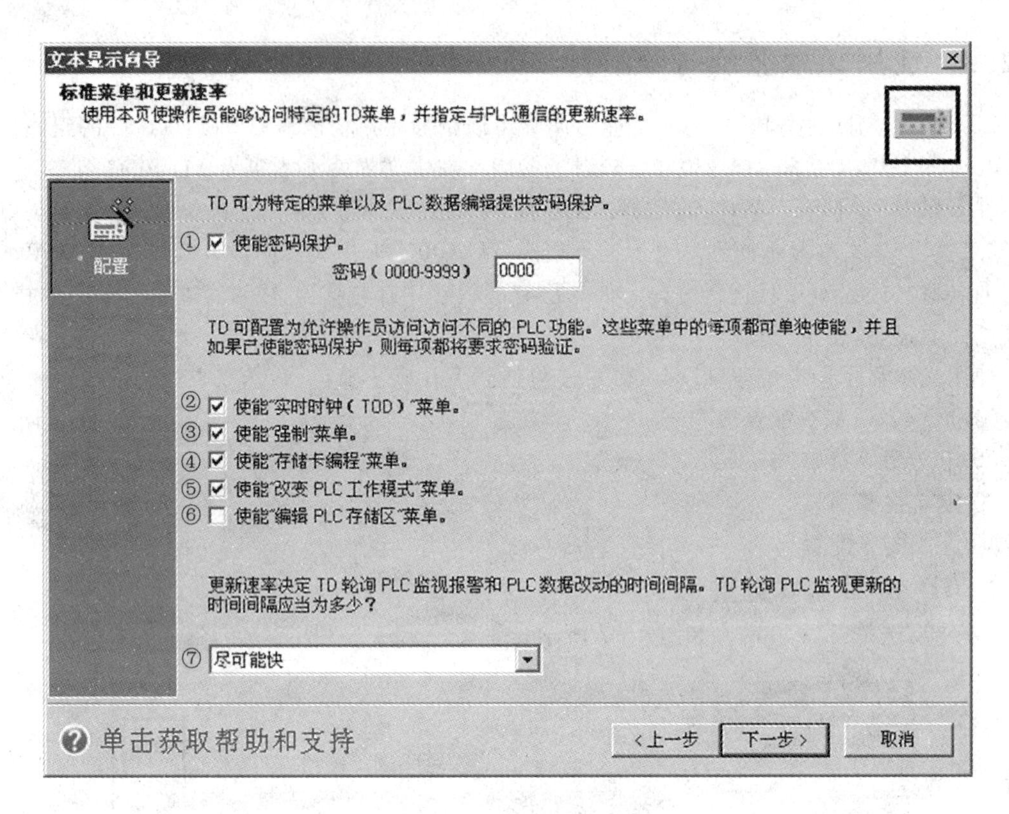

图 4-8 TD 400C 功能定义

卡中。

⑤ 允许改变 PLC 模式，使能此功能后，可以利用 TD 400C 启动或停止 PLC。

⑥ 使能编辑 PLC 存储区功能，使能此功能后，用户可以利用 TD 400C 修改 PLC 的任意 V 存储区的数据。

⑦ 选择 TD 400C 轮询 PLC 的数据及报警的更新时间。

第三步：设定语言及用户信息字符集。如图 4-9 所示。

第四步：配置键盘按键。如图 4-10 所示。

TD 400C 的键盘地址分配：完成 TD 400C 的所有向导组态后，对项目进行编译，然后进入符号表就可找到所有按键的地址。这些按键地址可以用在程序的逻辑控制中。以下是使用默认键盘时各键的地址，如图 4-12 所示。

---

2. 定义用户菜单

TD 400C 的文本显示可以配置成使用层级式用户菜单形式，最多可定义 8 个菜单，每个菜单下最多有 8 个信息显示屏，总共可以定义 64 个信息显示画面。这些画面不需要 S7-200 中的程序逻辑控制调用，只需使用 TD 面板上的上下箭头即可访问不同的菜单画面。

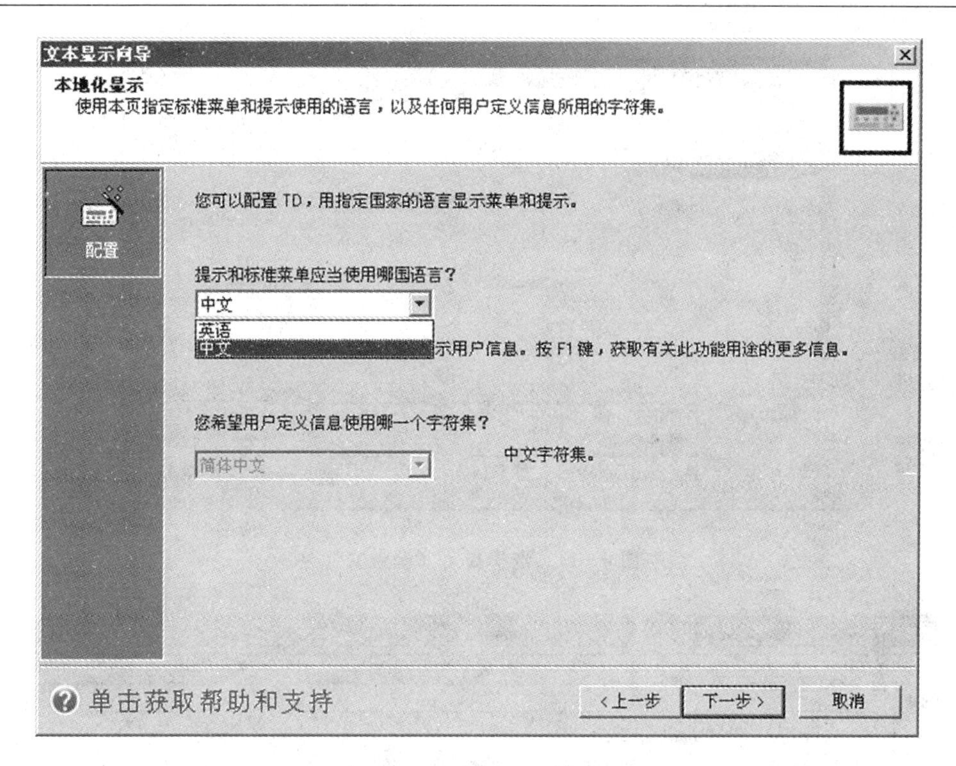

图 4－9　TD 400C 语言选择

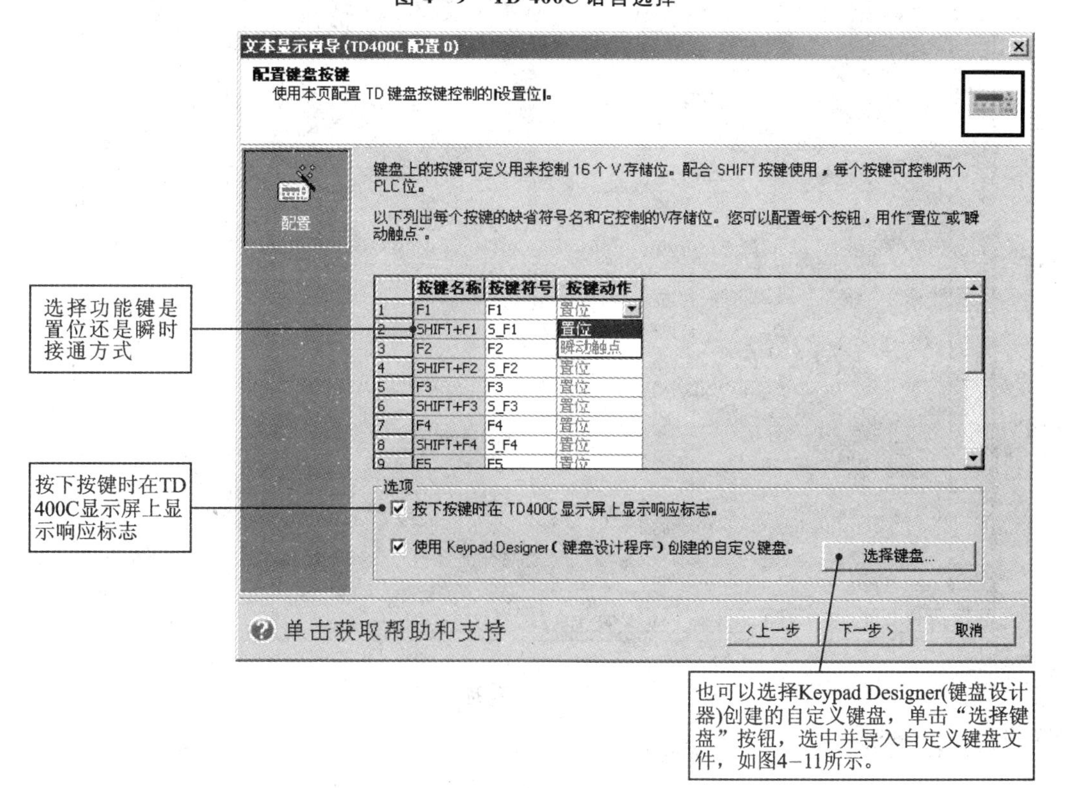

图 4－10　配置键盘按键

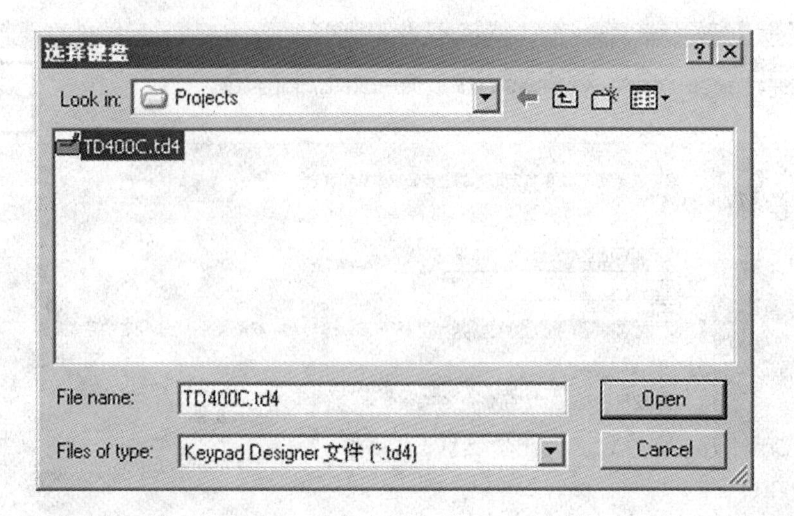

图 4-11 选择自定义键盘文件

符号表

	符号	地址	注释
1	S_F8	V160.3	键盘按键 "SHIFT+F8" 已按下标志（置位）
2	F8	V157.7	键盘按键 "F8" 已按下标志（置位）
3	S_F7	V160.2	键盘按键 "SHIFT+F7" 已按下标志（置位）
4	F7	V157.6	键盘按键 "F7" 已按下标志（置位）
5	S_F6	V160.1	键盘按键 "SHIFT+F6" 已按下标志（置位）
6	F6	V157.5	键盘按键 "F6" 已按下标志（置位）
7	S_F5	V160.0	键盘按键 "SHIFT+F5" 已按下标志（置位）
8	F5	V157.4	键盘按键 "F5" 已按下标志（置位）
9	S_F4	V159.7	键盘按键 "SHIFT+F4" 已按下标志（置位）
10	F4	V157.3	键盘按键 "F4" 已按下标志（置位）
11	S_F3	V159.6	键盘按键 "SHIFT+F3" 已按下标志（置位）
12	F3	V157.2	键盘按键 "F3" 已按下标志（置位）
13	S_F2	V159.5	键盘按键 "SHIFT+F2" 已按下标志（置位）
14	F2	V157.1	键盘按键 "F2" 已按下标志（置位）
15	S_F1	V159.4	键盘按键 "SHIFT+F1" 已按下标志（置位）
16	F1	V157.0	键盘按键 "F1" 已按下标志（置位）
17	TD_CurScreen_100	VB163	TD400C 显示的当前屏幕（其配置起始于 VB100）。如无屏幕显示则设置为 16#FF。
18	TD_Left_Arrow_Key_100	V156.4	'左箭头'键按下时置位
19	TD_Right_Arrow_Key_100	V156.3	'右箭头'键按下时置位
20	TD_Enter_100	V156.2	'ENTER'键按下时置位
21	TD_Down_Arrow_Key_100	V156.1	'下箭头'键按下时置位
22	TD_Up_Arrow_Key_100	V156.0	'上箭头'键按下时置位
23	TD_Reset_100	V145.0	此位置位会使 TD400C 从 VB100 重读其配置信息。
24	Data_0	V165.0	VD1000 的编辑通知
25	Alarm0_0	V146.7	报警使能位 0

用户定义1 POU 符号 TD_SYM_100

图 4-12 按键地址分配

⚠ 如果要使用程序逻辑调用文本显示屏幕，需将显示文本做成报警信息形式，通过程序中的逻辑使能报警位来控制显示。用户可同时使用报警和菜单两种形式。

第一步：TD 400C 基本配置完成后，单击“用户菜单”按钮进入用户菜单定义。如图 4-13 所示。

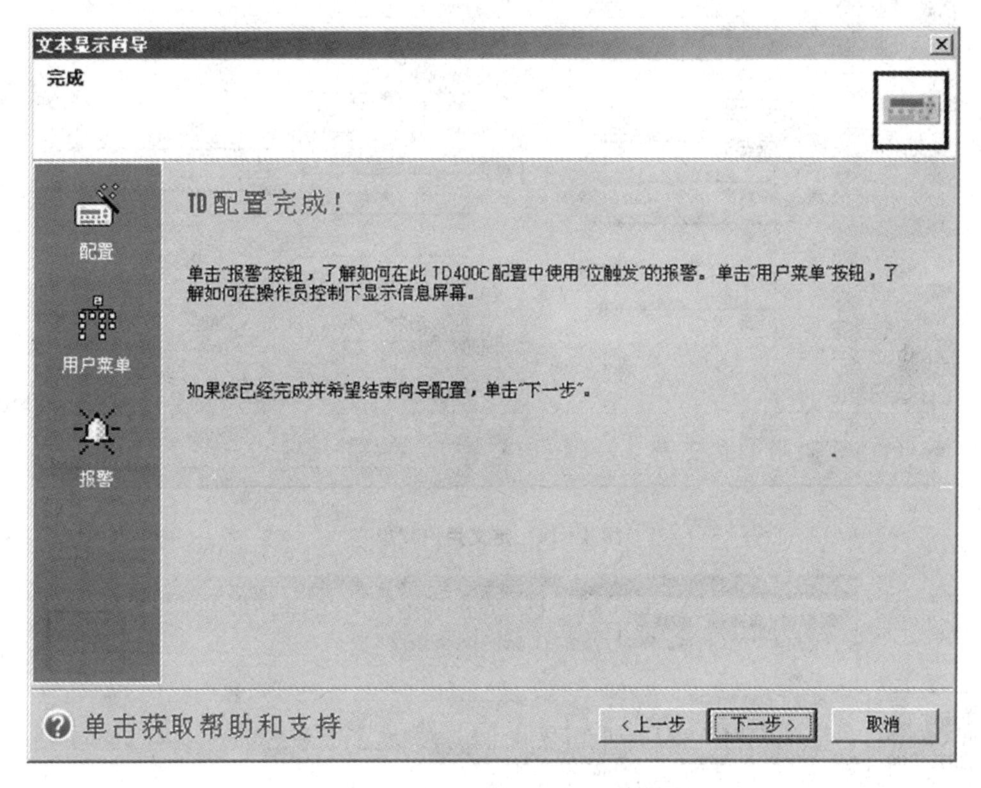

图 4-13　进入用户菜单配置

第二步：定义用户菜单，并添加屏幕。如图 4-14 所示。

第三步：进行画面信息文本编辑及数据嵌入。如图 4-15 所示。

单击图 4-15 中的“字体”按钮可以为显示屏幕选择“大”或“小”两种字体，根据选择的字体不同可以显示不同行数的字体(如图 4-16 所示)：

- 4 行(全部选用小字体)。
- 2 行(全部选用大字体)。
- 3 行(1 行大字体和 2 行小字体)。

第四步：单击“插入 PLC 数据”嵌入并定义 PLC 数据。如图 4-17 所示。

⚠ 如果当 CPU 里的程序为数据赋值时，该数据与 TD 400C 配置嵌入数据的类型不符，或者数值超出范围，或者嵌入数据时预留的位置不够，数据就不能完全显示出来，而显示“eeeeee”错误信息。

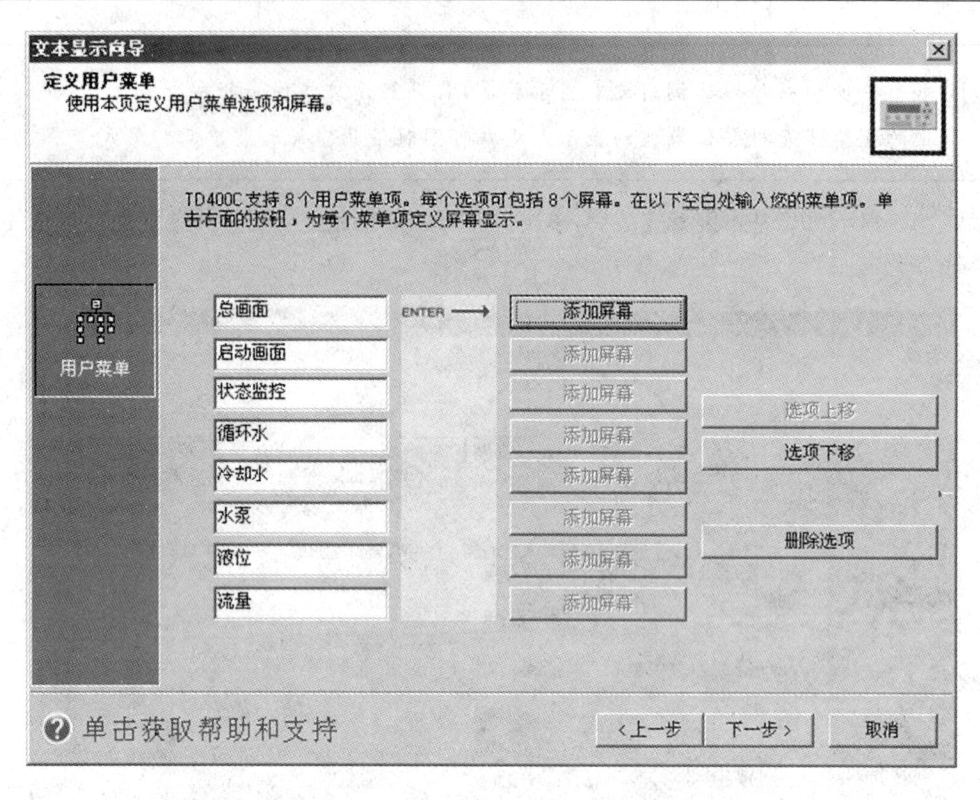

图 4-14　定义用户菜单

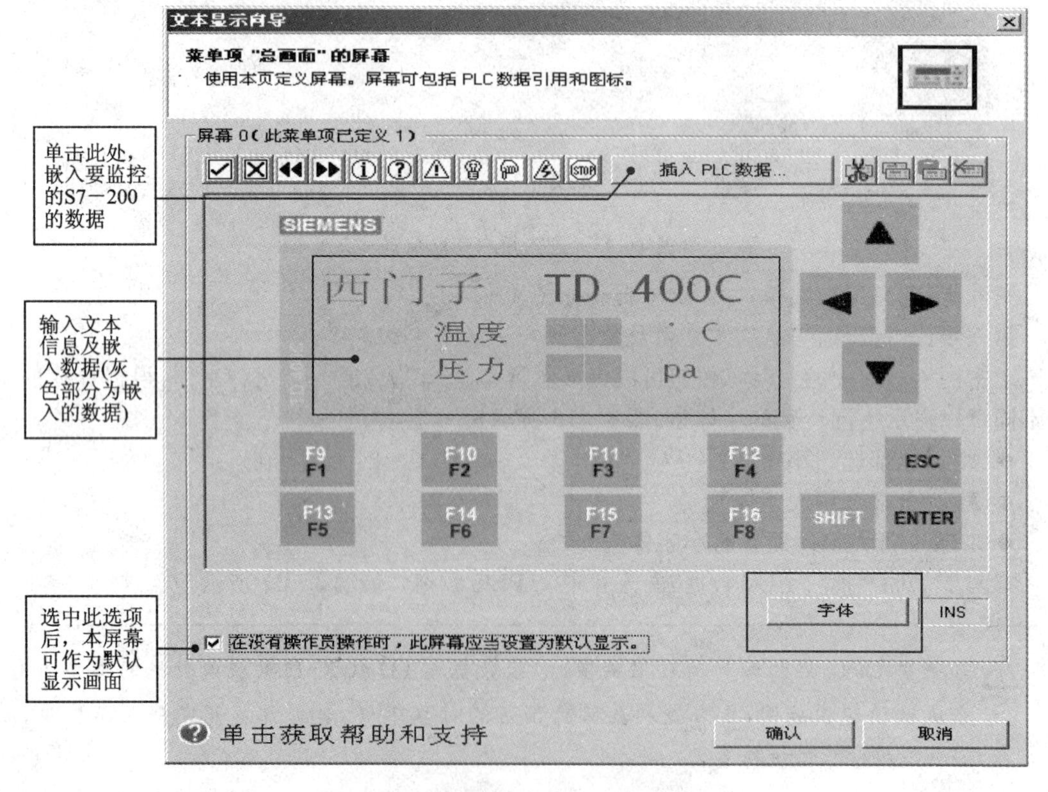

图 4-15　画面信息文本编辑及数据嵌入

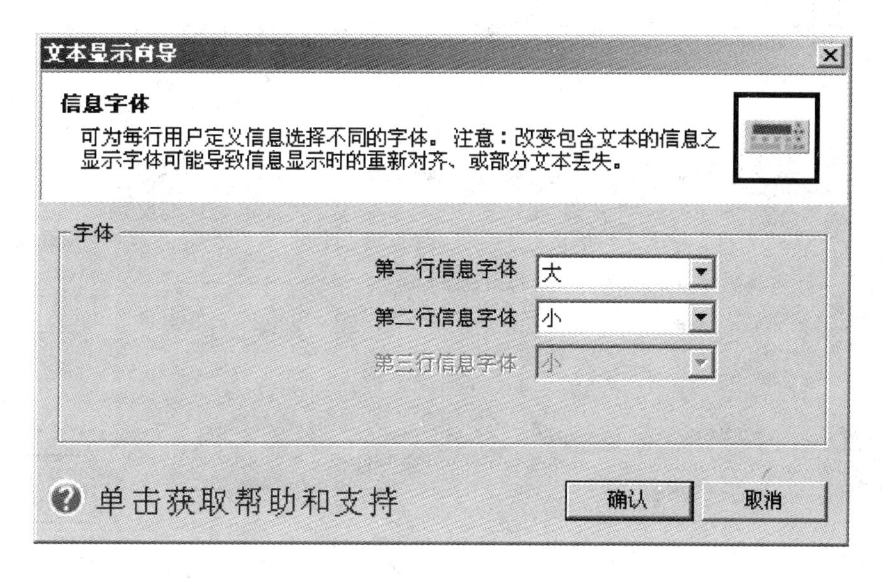

图 4-16　信息字体设置

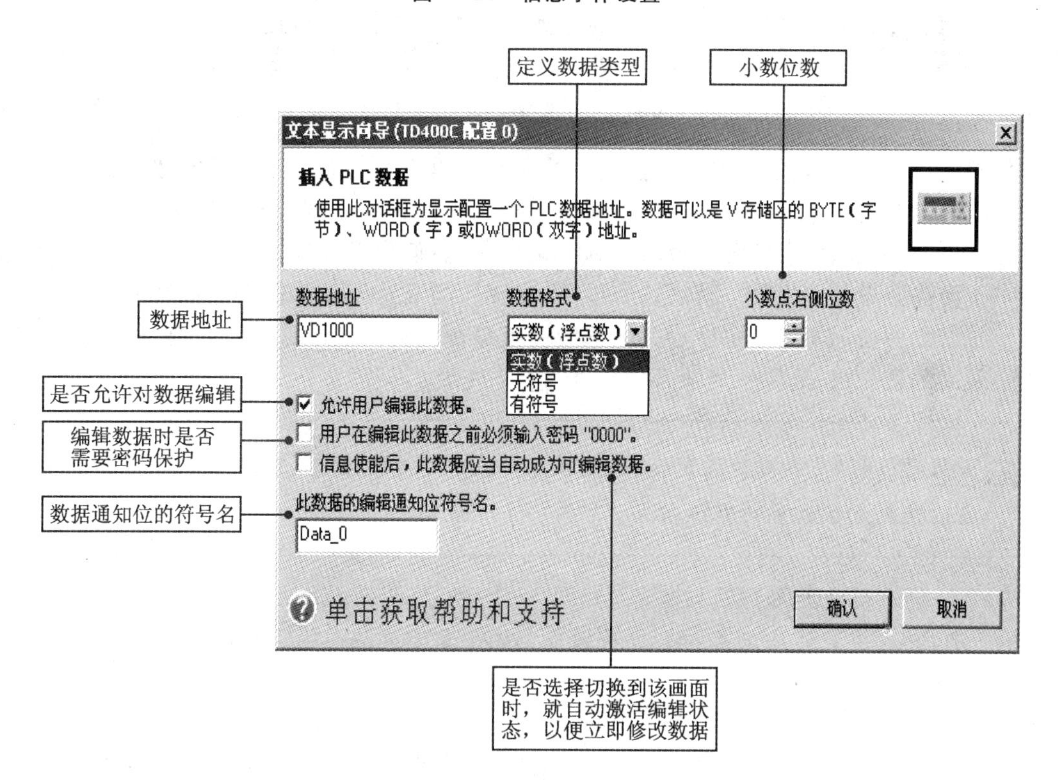

图 4-17　嵌入并定义 PLC 数据

3. 报警信息画面定义

TD 400C 最多支持 80 条报警信息。报警信息画面由用户程序逻辑控制它的显示与否。

第一步：定义报警选项。如图 4-18 所示。

- 用户屏幕：默认显示用户菜单屏幕。当有报警激活时，屏幕上会显示一个闪烁的惊叹号，提示有报警。若要查看报警屏幕需要按 Esc 键切换到“报警画面”。

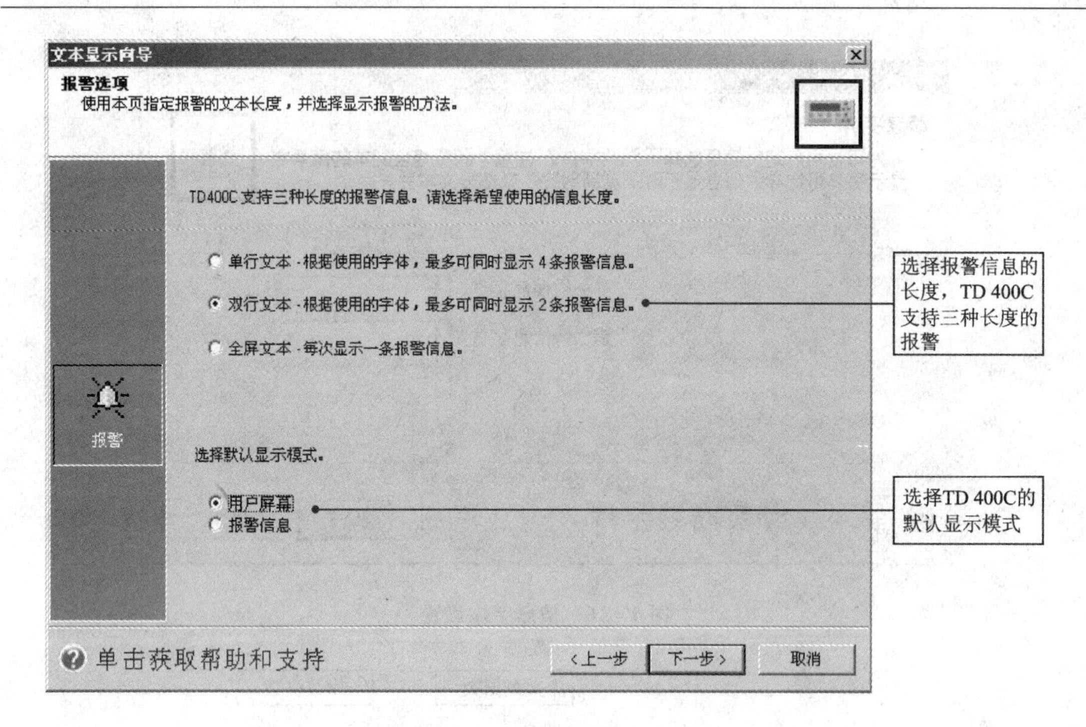

图 4-18　定义报警选项

- 报警信息：默认显示报警信息模式。若要查看用户屏幕需要按 Esc 键切换到"用户菜单"。如果有多个报警画面激活，当前的报警画面右侧会显示上下箭头。上箭头表示有更高优先级的报警画面激活，下箭头表示有更低优先级的报警画面激活，可以用上下箭头翻看其他报警。默认显示报警信息时，画面总是显示优先级最高的报警信息。报警画面按优先级顺序显示。优先级由报警画面的添加顺序决定。第一个画面具有最高的优先级，最后一个画面具有最低的优先级。

⚠ 如果 TD 400C 不在默认显示状态，在用户没有任何操作后，延时一分钟，TD 400C 会自动回到默认设置的显示模式。

第二步：定义报警画面及嵌入数据。如图 4-19 所示。

第三步：嵌入并定义 PLC 数据。此项操作与用户菜单屏幕中的数据嵌入完全相同。

第四步：编程，根据逻辑条件触发报警。文本显示向导会自动生成控制报警信息显示的子程序。如图 4-20 所示。

用户在编程时，用户可以利用这两个子程序控制报警消息的显示。如图 4-21 所示。

① 使用 SM0.0 调用 TD_CTRL_x 子程序。此子程序的主要功能是处理报警信息等的显示，应在所有报警触发程序调用之前调用此子程序。

② 条件激活报警显示子程序，使 TD 400C 显示该报警画面。

③ 选择报警使能位，激活选中的报警。Micro/WIN 默认情况下使用符号寻址，报警控制位的符号地址可以手工输入，也可以右击通过快捷菜单中的"选择符号"选项，选择要激活的报警使能位。还可以直接输入绝对地址(绝对地址在 Micro/WIN 的"符号表"中可以查到)。

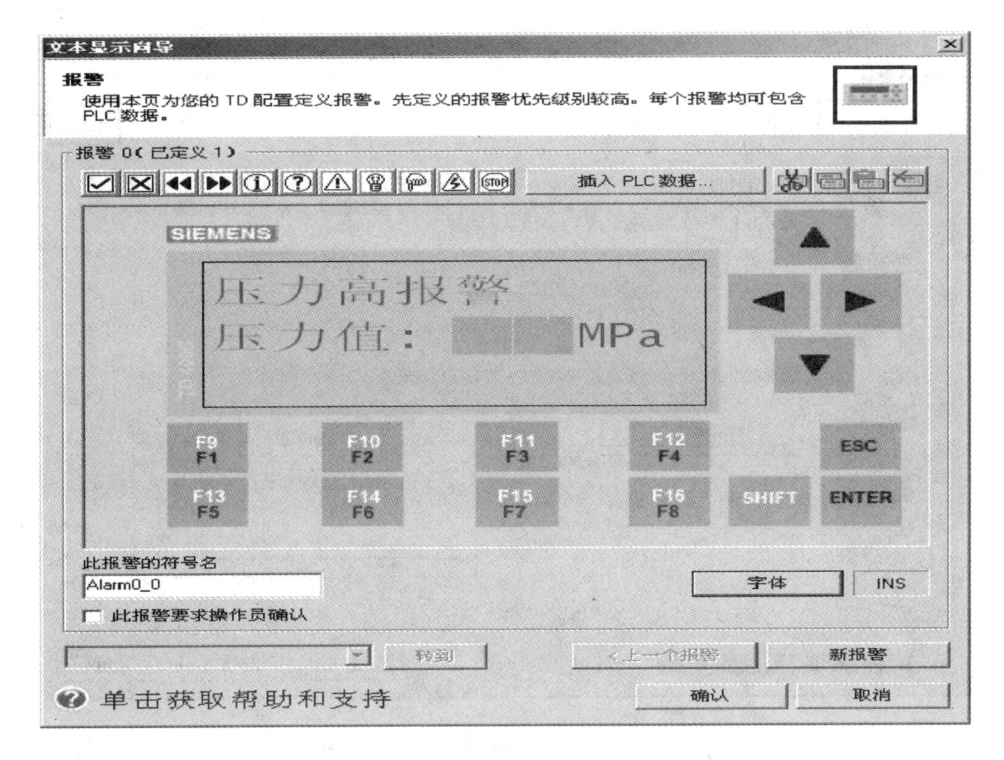

图 4-19　定义报警选项

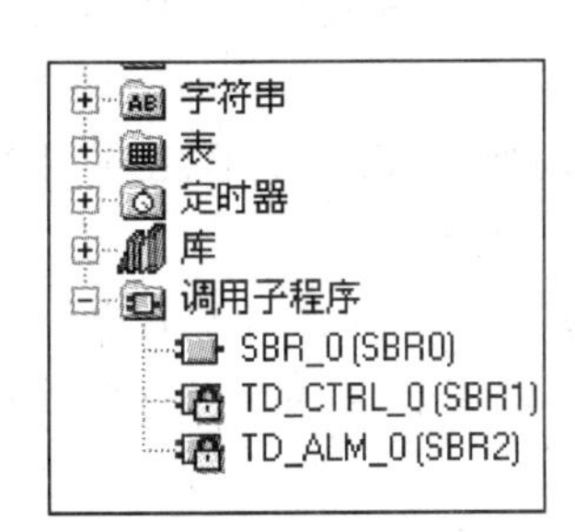

图 4-20　TD 400C 子程序位置

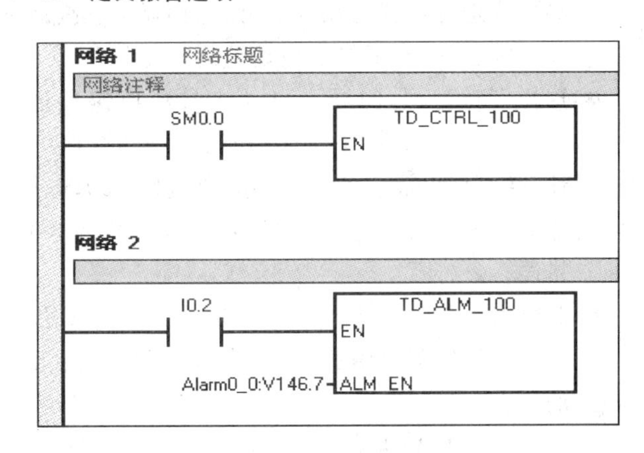

图 4-21　报警信息显示编程

4. 完成向导配置

第一步：分配存储区。如图 4-22 所示。

① 存储区地址范围(存储区的首地址就是参数块地址)

- V 存储区的大小，根据用户的配置不同，所需的存储区大小也不同。
- 用户可以自己分配一个程序中未用过的 V 存储区，也可以单击“建议地址”按钮让向导自动分配一个程序中未用过的 V 存储区地址。
- 为不同的 TD 400C 设置不同的参数块地址，允许你将多个 TD 400C 连接到同一 CPU 上(它们显示和控制的内容可以不同)。如果为连接到同一个 CPU 上的 TD 400C 的

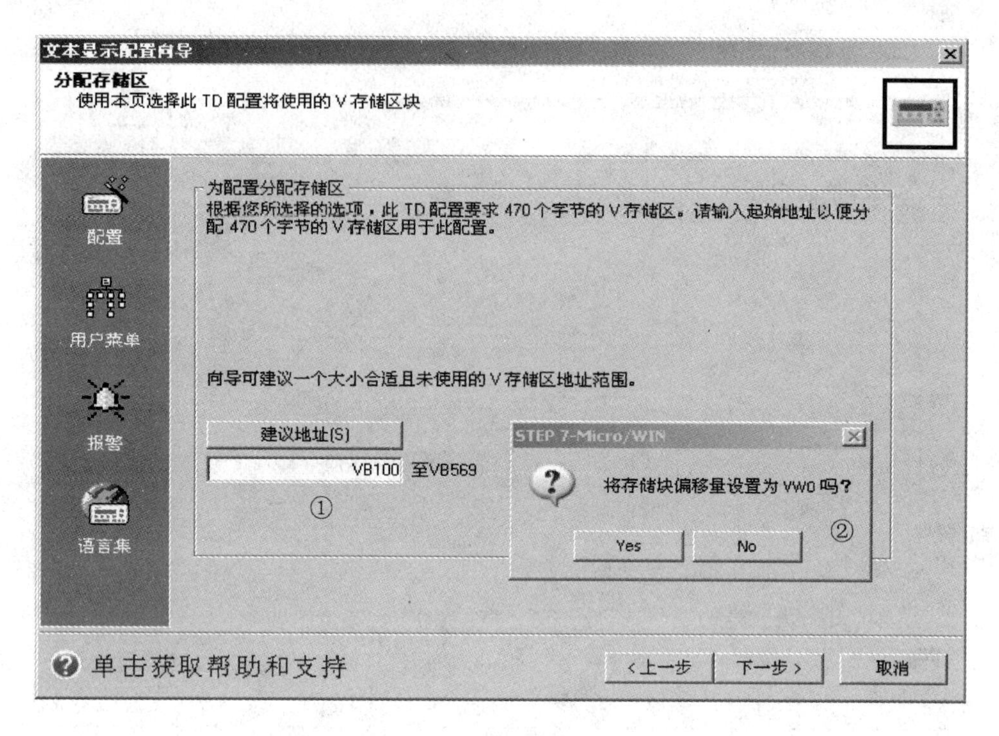

图 4－22　分配存储区

参数块地址设置为相同的，则它们显示和控制的内容相同。

② 存储区首地址(即参数块地址)偏移到 VW0

- 选择 Yes 选项，向导会自动将参数块偏移地址(此处是 100)放到 VW0 中，也就是 VW0 成为了参数块地址的指针。此时 TD 400C 硬件中的设置菜单中的“参数块地址”既可以设成它的实际参数块地址 100，也可以设成默认的 0。一定要保证程序中其他地方不要用到这些数据存储区，包括 VW0，否则会引起无参数块错误、乱码或数据错误。
- 选择 No 选项，参数块地址设定的存储区起始地址为 VB100。在这种情况下，TD 400C 硬件中设置菜单中的“参数块地址”必须设为 100，VW0 中不会保存与 TD 配置有关的信息。

第二步：查看向导生成的项目组件及其他信息。如图 4－23 所示。

4.2.4　TD 400C 显示可变文本(字符串变量)

TD 400C 支持字符串格式的嵌入数据变量显示，下面的例子说明了如何根据信号状态在 TD 400C 上显示设备的“启动”和“停止”。

第一步：创建画面并输入文本，再单击“插入 PLC 数据”嵌入数据。如图 4－24 所示。

第二步：定义字符串数据。如图 4－25 所示。

第三步：在 CPU 中编程使 TD 400C 根据输入信号不同显示不同的字符信息。如图 4－26 所示。

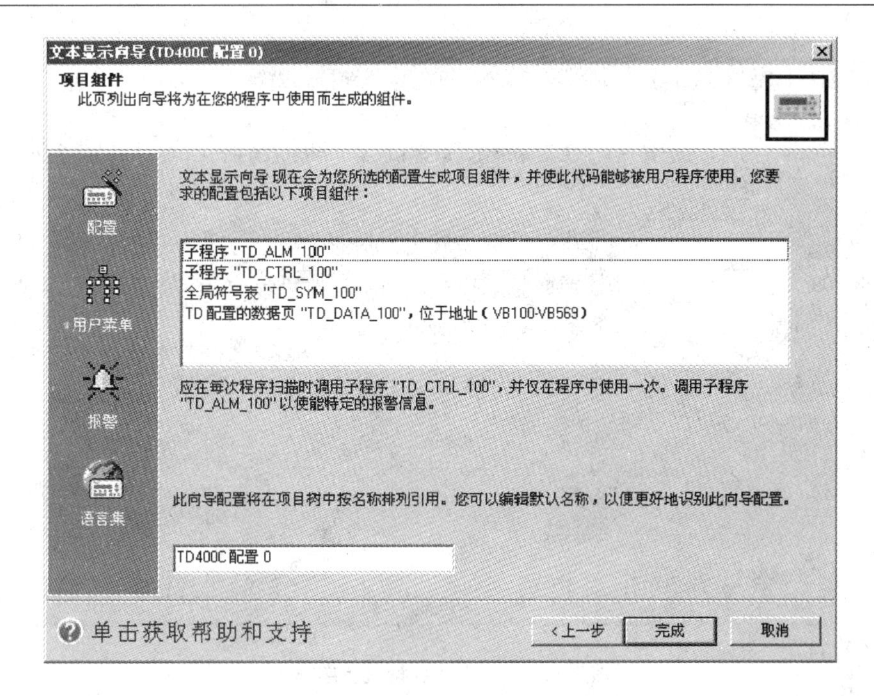

图 4 - 23　向导生成的项目组件

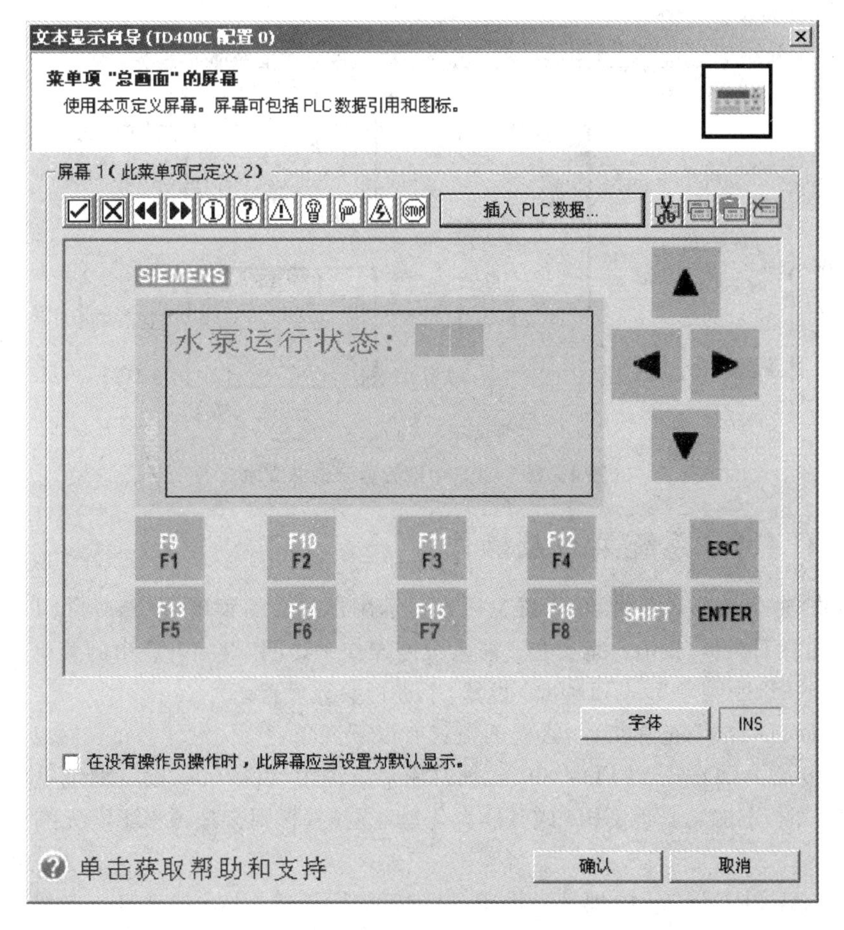

图 4 - 24　输入文本并插入数据变量

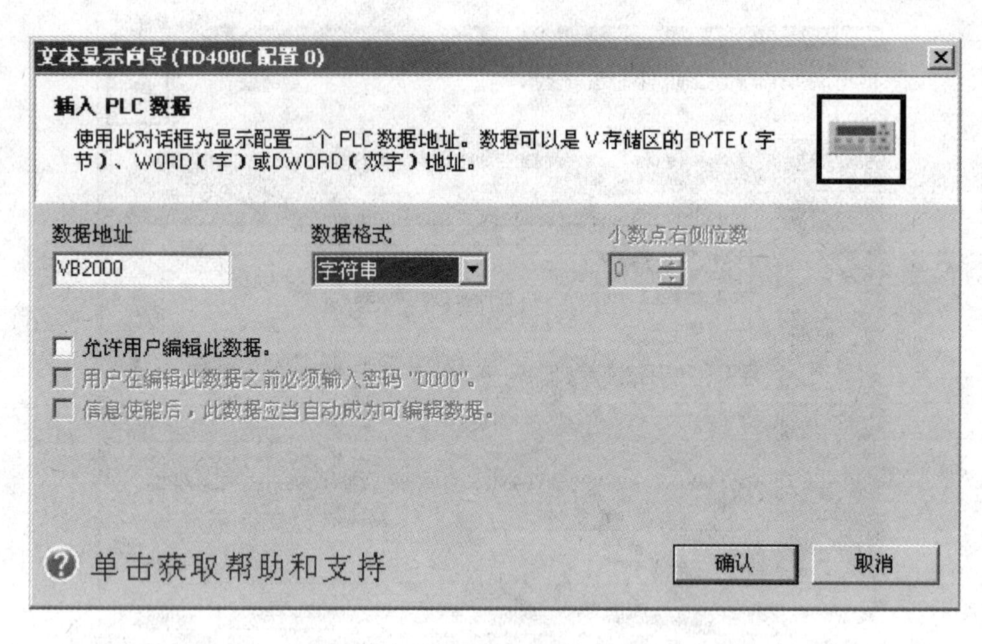

图 4-25　定义数据格式为字符串

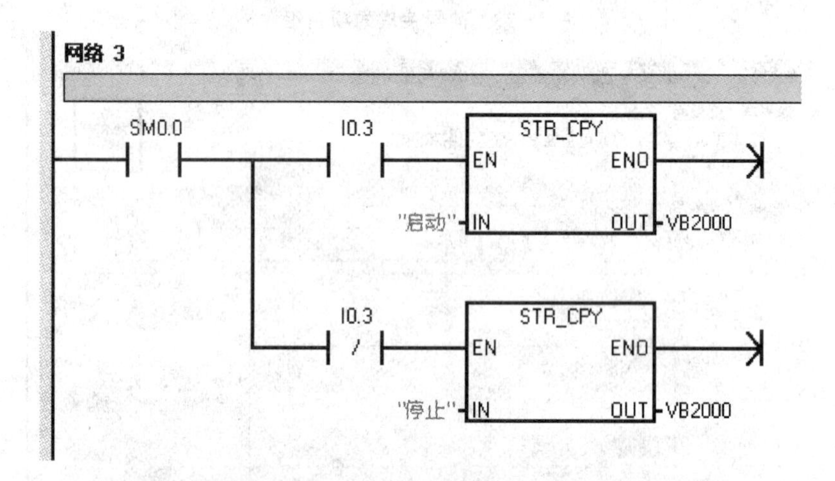

图 4-26　CPU 中编程显示动态文本

4.2.5　TD 400C 系统菜单及操作

TD 400C 连接 S7-200 时，显示屏上可以显示用户定义的菜单、报警消息、TD 400C 功能菜单。实现通过 Esc 键、Enter 键及上下箭头按键操作来访问 TD 400C 中的菜单及功能菜单。在 TD 400C 的“诊断菜单”>“TD400C 设置”中进行参数设置。

为了保证 TD 400C 正常工作，必要的设置有以下四项：

① TD 400C ADDRESS(TD 400C 地址)：用上下键为 TD 400C 设定地址，该地址在网络中必须是唯一的，不能与其他 CPU 或 TD 设备地址重复，否则会造成“CPU 无响应”。默认地址为 1。

② CPU ADDRESS(CPU 地址)：设定 TD 400C 所连接 CPU 的地址。必须与所连 CPU

的地址一致,否则会造成"CPU 无响应"。默认地址为 2。

③ PARM BLOCK ADDRESS(参数块地址):设定参数块起始地址,要与 CPU 向导中设定的参数块起始地址(即为向导分配的 V 存储区首地址)或参数块偏移地址一致。如果这里的地址设置不对,会引起"无参数块错误"或乱码及数据错误。默认设置地址为 VB0。

④ BAUD RATE(波特率):设定通信波特率,必须与 CPU 的波特率一致,否则会通信不上,造成"CPU 无响应"。默认波特率为 9.6K。

4.2.6　TD 400C 供电及网络连接

1. 供　电

TD 400C 有两种供电方式,一种是通过随 TD 400C 设备附带的 TD/CPU 电缆,从 CPU 通信口取电;另一种是通过 PROFIBUS 电缆连接 TD 400C,这时只连接了通信信号线(3 针和 8 针),没有连接电源线(2 针和 7 针),要外接 24 V DC 电源为 TD 400C 供电。

2. 连　接

一个 TD 400C 在同一时刻只能与一个 CPU 通信。CPU 通信口可以连接 3 个 TD 400C,每个 TD 400C 的参数块可以不相同。如果 CPU 上的通信口被占用,或者连接数目不够,可以在 CPU 上附加 EM 277 模块(CPU 221 除外)。EM 277 的连接数是 5 个 TD 400C。这时,TD 400C 上的 CPU 地址应设为 EM 277 的地址。

TD 400C 可通过多种方式与 S7－200 连接。TD 400C 可以使用 TD/CPU 电缆直接连接到 CPU 或 EM 277 的通信口。TD 400C 可以用 TD/CPU 电缆以短截线的形式,连接到网络中的 CPU 通信口上,CPU 的通信口需要使用带编程口的网络连接器(PROFIBUS 网络插头)。TD 400C 也可以像其他网络通信站一样,使用网络连接器,通过 PROFIBUS 电缆接入网络。这时 TD 400C 与其他 CPU(或 TD 400C)等通信站组成了一个总线形网络,需要在 TD 400C 的电源输入端子另外供应 24 V 直流电源。

4.3　K-TP 178micro 触摸显示屏

4.3.1　K-TP 178micro 概述

1. 简　介

K-TP 178micro 触摸显示控制屏是西门子专为 S7－200 系统定制的具有图形显示和触摸操作功能的人机界面设备。K-TP 178micro 和 S7－200 一起,可谓完美组合,相得益彰。

TP 是 Touch Panel(触摸屏)的英文缩写,K 表示除触摸功能外,面板上还有类似 TD 400C 那样的可定义薄膜按键。触摸屏和功能键的组合操作极大地简化了操作和监视过程。K-TP 178micro 上的 LED 会显示操作状态,进行触摸操作时可以发出声音提示,这些都为操作员操作的可靠性提供了保障。

K-TP 178micro 有一个 5.7 英寸 STN 蓝色多灰度液晶显示屏,显示分辨率为 320×240。

K-TP 178micro 还有 6 个可定义的薄膜按键,用于快捷操作。

K-TP 178micro 拥有一个西门子标准的 RS-485 通信端口,使用 PROFIBUS 网络连接器(插头)和 PROFIBUS 电缆可以方便地连接到 S7-200 CPU 通信口,或者 EM 277 通信扩展模块上的通信口。K-TP 178micro 工作时需要为其提供 24 V 直流电源。

K-TP 178micro 需要进行组态设置才能使用。K-TP 178micro 的配置软件为运行于 PG/PC 上的 WinCC flexible 2005 micro 以上的中文版。WinCC flexible 软件为执行各种组态任务提供了方便易用的向导功能。K-TP 178micro 的画面等各种配置信息都要下载保存到其本身的存储器中,断电不会丢失。K-TP 178micro 的下载电缆是用于 S7-200 编程的 PC/PPI 电缆。

2. 性能特点

K-TP 178micro 具有如下主要特性:

- 是 S7-200 的专用触摸屏。
- 操作界面友好,为触摸屏+按键形式。
- 5.7 英寸 STN 蓝色多灰度液晶显示,分辨率为 320×240。
- 快速的系统启动时间和操作响应时间,高可靠性。
- 超大的存储空间。可以配置最多 500 个显示画面,每个画面最多包括 30 个域和变量,共 1 000 个变量;多达 2 000 个报警,每条报警中最多 8 个变量;2 500 个文本对象。支持矢量和位图图像嵌入。
- 触摸声音反馈。
- 5 种在线语言切换,32 种语言支持,使设备能应用于世界各地。
- 强大的密码保护功能,可分 50 个用户组。

详细的产品信息可以参看《K-TP178micro 手册》。

4.3.2 建立 K-TP 178micro 项目

用户需要使用 WinCC flexible 2005 micro 以上的中文版对 K-TP 178micro 进行组态。以下图片及文字说明都基于 WinCC flexible 2005 SP1 版。

⚠ 1. WinCC flexible 是专门用于为西门子生产的各种 HMI 设备进行组态配置,或者直接连接控制器的 HMI 软件。WinCC flexible 有各种规模的版本,只需要 micro 以上的中文版就可以为 K-TP 178micro 进行组态。

2. WinCC flexible 完全独立于 S7-200 的编程软件 STEP 7-Micro/WIN,需要另外在 PG/PC 上安装。

用户可以在 WinCC flexible 中直接创建项目,也可以使用向导创建。

1. 直接新建项目

直接新建项目非常快捷简便,推荐用户使用这种方式创建项目。通过在 Windows 任务栏选择“开始”＞SIMATIC＞WinCC flexible 2005,启动 WinCC flexible。在启动画面上单击“创建一个空项目”。如图 4-27 所示。

选择 Micro Panels＞170＞K-TP 178micro。如图 4-28 所示。

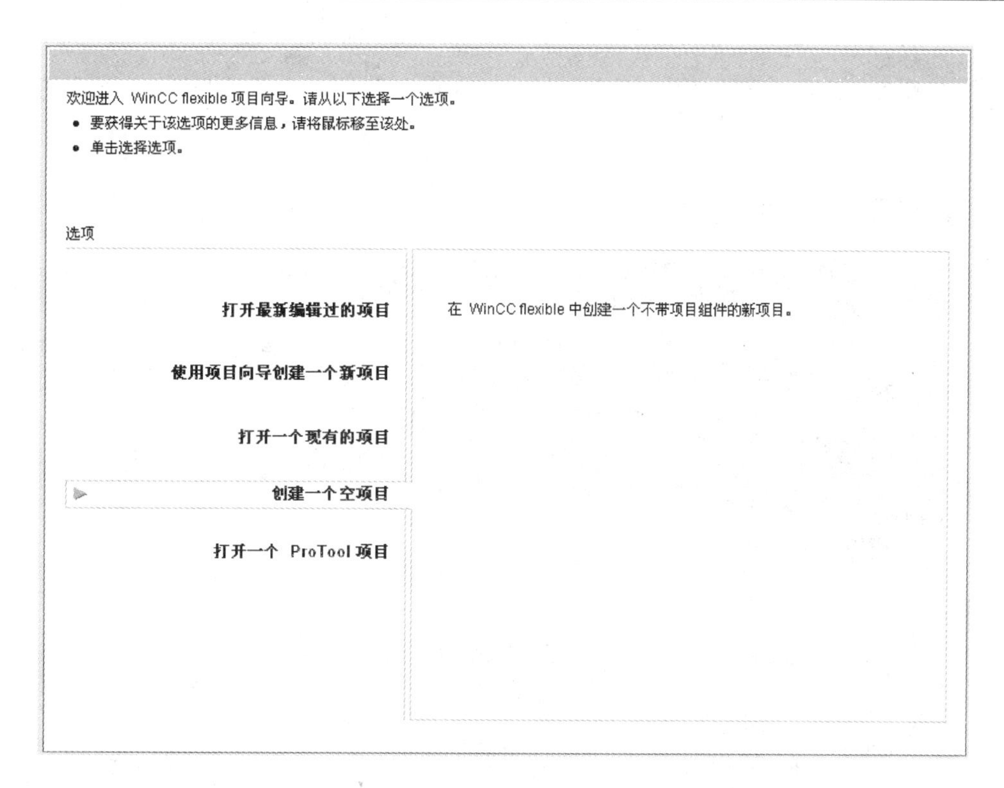

图 4－27　直接创建项目

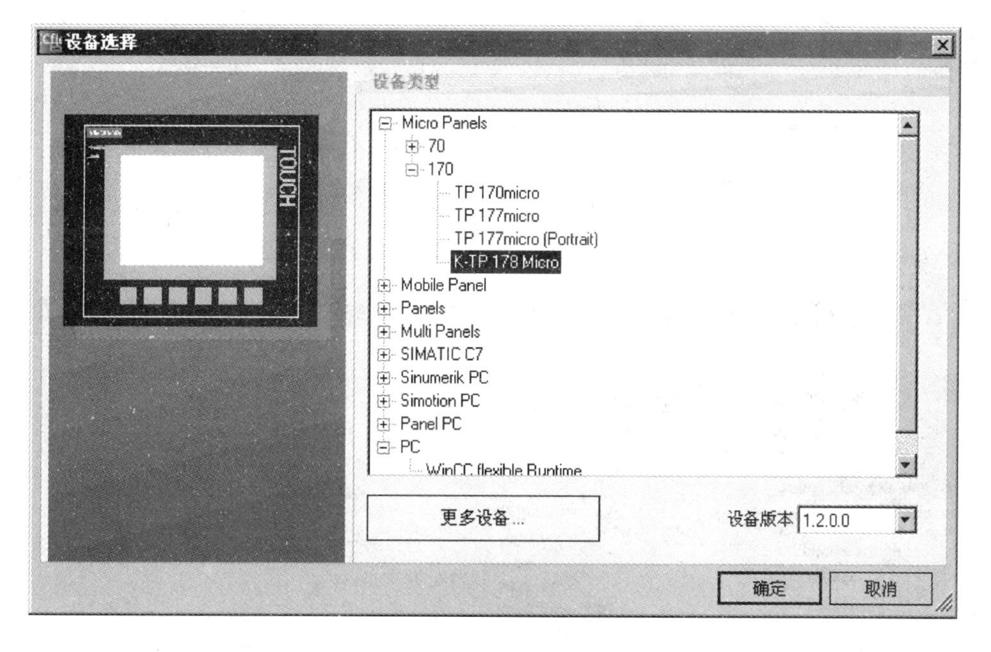

图 4－28　选择 K-TP 178micro

⚠ 如果用户使用的不是 WinCC flexible 2005 中文版，在“设备选择”中可能找不到 K-TP 178micro，需要额外安装补丁。

2. 使用向导创建项目

用户可以使用向导一步一步地创建一个新项目。用户不必完成每一步设置，随时可以单击完成，并进一步在 WinCC flexible 中修改或添加设置。以下进行简单的介绍。

第一步：打开 WinCC flexible，单击“使用项目向导创建一个新项目”，单击“下一步”选项。如图 4－29 所示。

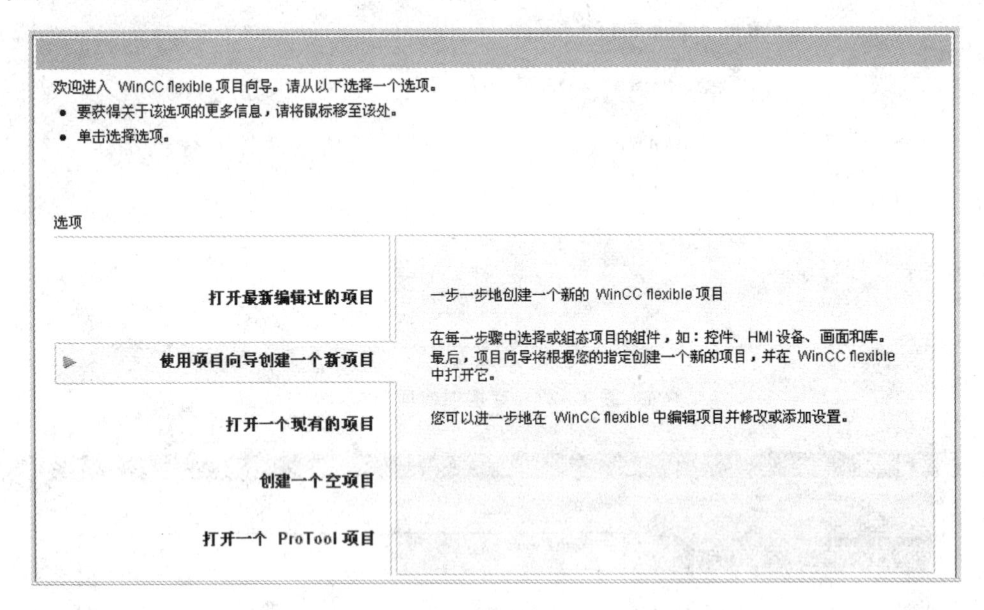

图 4－29 向导开始

第二步：选择“小型设备”。如图 4－30 所示。

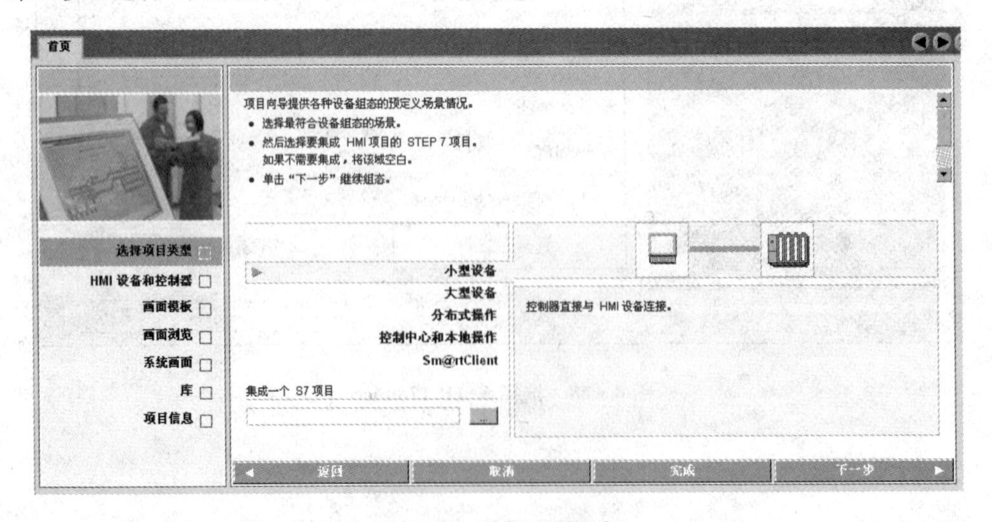

图 4－30 选择小型设备

第三步：单击“...”按钮，选择 HMI 设备。如图 4－31 所示。

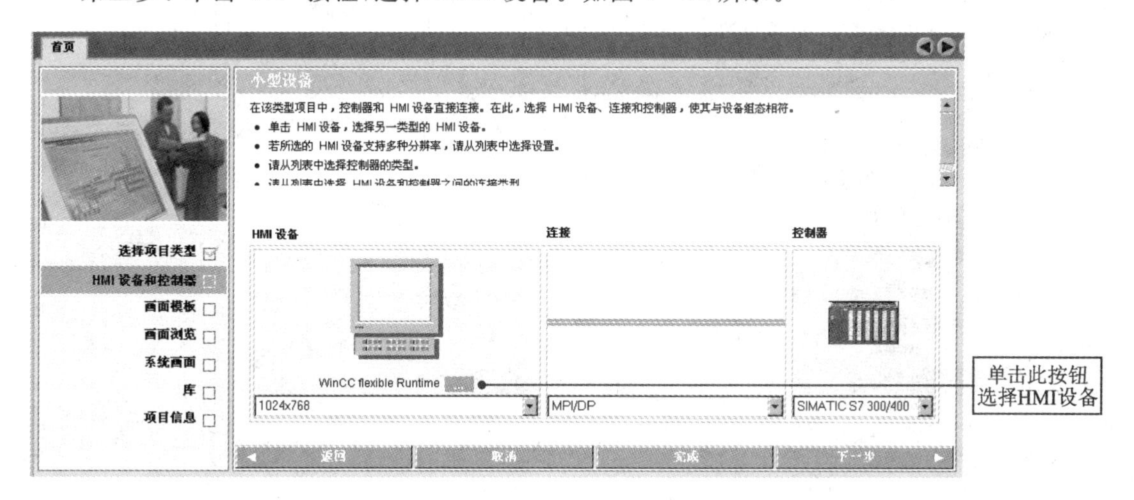

图 4－31　选择 HMI 设备

第四步：选择 Micro Panels＞170＞K-TP 178micro。如图 4－28 所示。

第五步：单击“确定”、“下一步”。WinCC flexible 提供了画面模板功能。如果使用模板，则 HMI 的所有使用模板的用户画面都会包含模板中组态的对象和软键；对模板中对象或软键的更改将应用于 HMI 项目中所有基于此模板的画面。

① 在“画面模板”功能中，用户可以在画面上方添加标题、公司标志以及时间和日期。用户可以单击“...”浏览按钮，指定一个图形文件作为公司标志。向导会在每个屏幕上方自动添加文本域，显示所选内容。用户可以在模板中添加报警行或报警窗口。如图 4－32 所示。

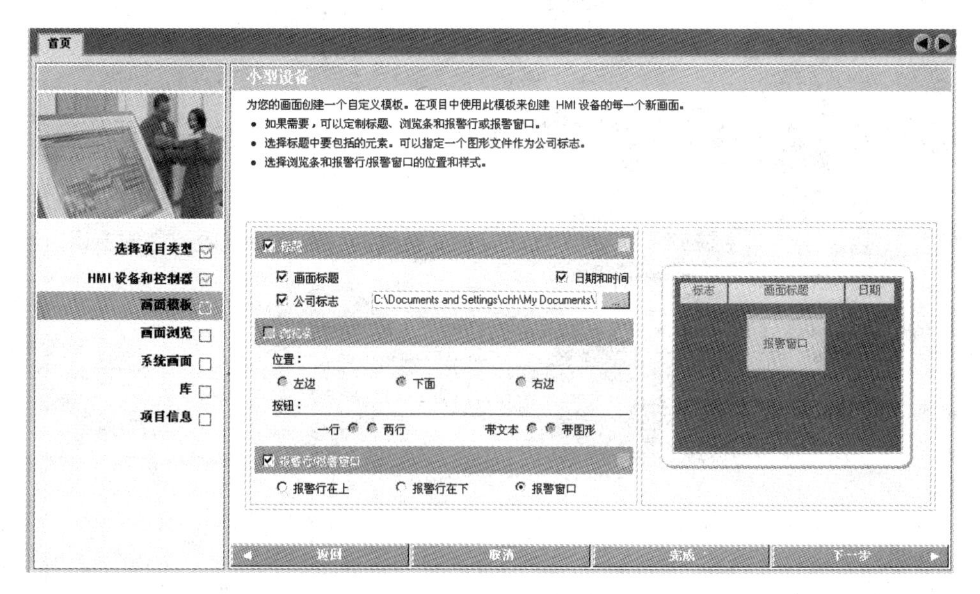

图 4－32　制定模板中的画面元素

② 在“画面浏览”功能中，用户可以添加 0～5 个组成画面，名称为“分部_编号”；同时还可以为每个画面添加 0～6 个详细画面，名称为“细节_编号_编号”。向导会自动在画面的左下方

和右下方添加画面之间的切换按钮。如果用户需要更多用户画面，稍后在编辑项目文件时可以继续添加。如图 4－33 所示。

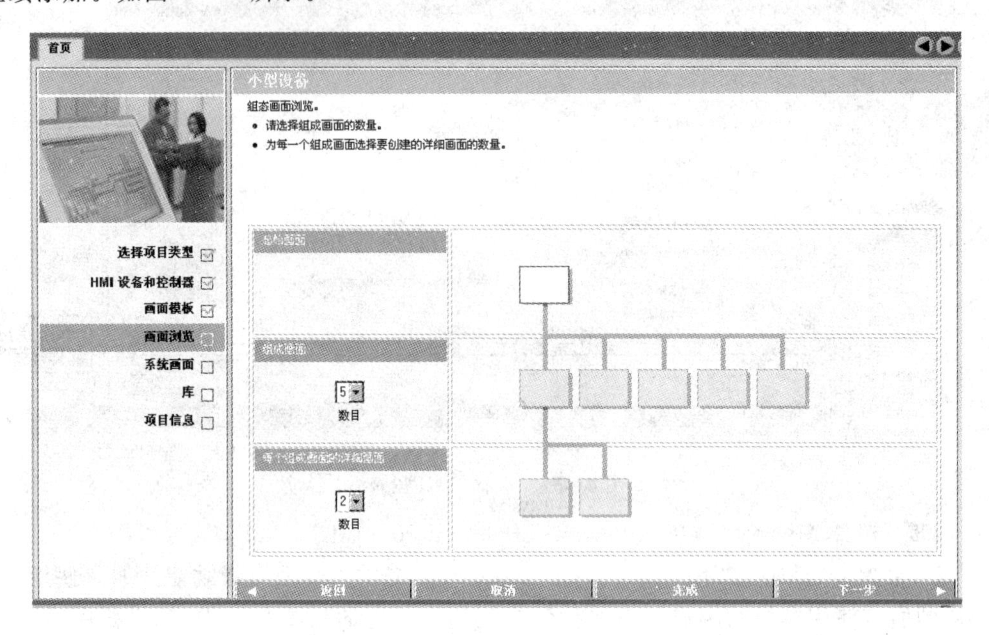

图 4－33　组织画面结构

③ 在“系统画面”功能中，向导可以自动生成一些系统画面以显示不同的系统信息。用户可以根据需要选择显示不同内容的系统画面，也可以选择“所有的系统画面”添加全部类型的系统画面。如图 4－34 所示。

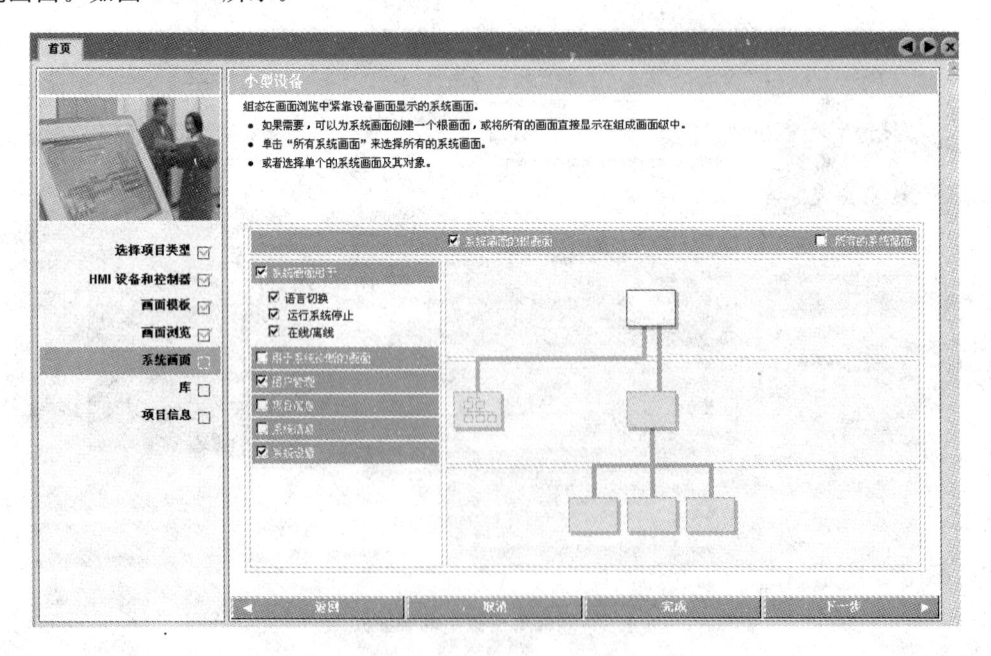

图 4－34　添加系统画面

④ 在"库"页面添加已预定义的库。如图 4－35 所示。可直接单击"下一步"选项。

图 4－35　项目中也可以使用预定义的库

⑤ 最后，在"项目信息"功能中添加项目信息，如名称、作者和注释等。如图 4－36 所示。

图 4－36　制定项目信息

4.3.3　配置通信连接

必须为 K-TP 178micro 配置通信连接设置才能与 S7－200 CPU 正常通信。

① 在 WinCC flexible 的主工作窗口中，在左侧展开树形项目结构，选择"项目">"通信">"连接"，双击"连接"打开"连接设置"对话框。

② 双击名称下方的空白表格,或者右击鼠标选择快捷菜单中的“添加连接”,新建一个连接。如果您是使用向导创建的项目文件,这里会有一个已经建立好的连接。

③ 选中连接,设置连接参数,包括波特率、PLC 地址和通信协议。如果 K-TP 178micro 是和 S7-200 CPU 上的通信口相连,建议用户选择 PPI。如图 4-37 所示。

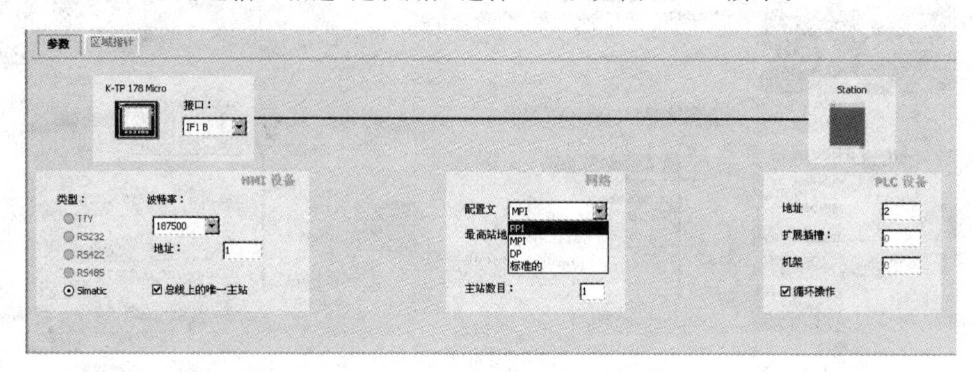

图 4-37　设置通信参数

波特率和 PLC 地址必须与 S7-200 CPU 系统块中的设置一致。如图 4-38 所示。

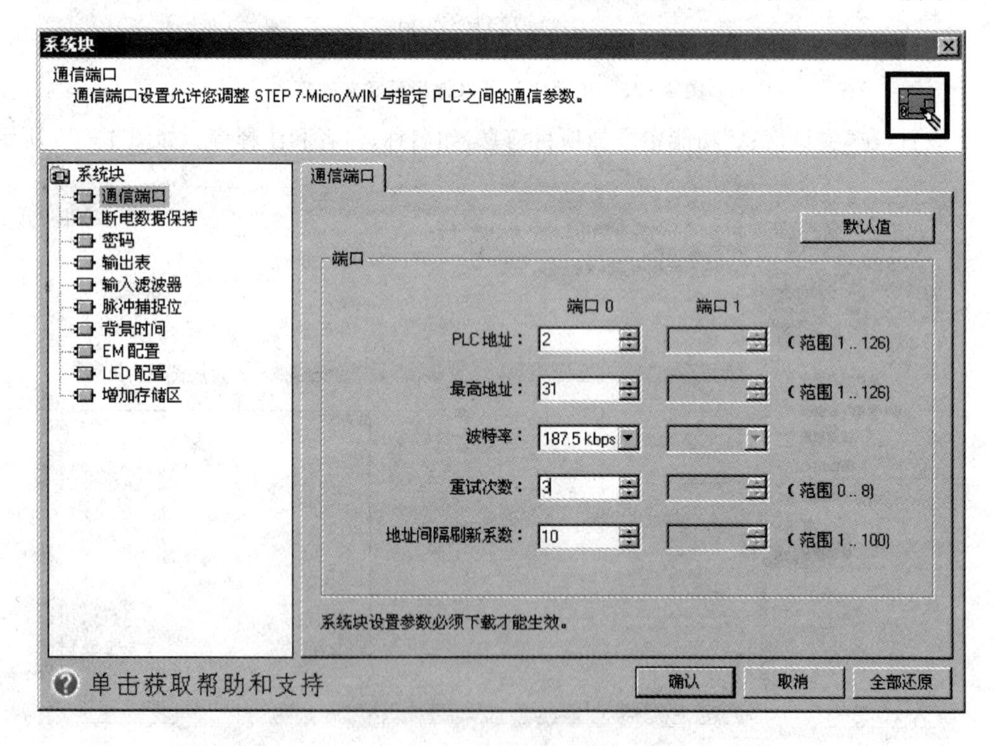

图 4-38　S7-200 CPU 通信口参数设置

4.3.4　建立变量

具体操作步骤如下所述。

① 双击 WinCC flexible 左侧树形项目结构中的“项目”>“通信”>“变量”,打开“变量设置”页面。

② 单击“变量”下方的空白区域,新建一个变量。

③ 选择已经建立的 S7 - 200 连接,选择数据类型,输入 S7 - 200 变量地址。输入地址后单击绿色对勾确认。如图 4 - 39 所示。

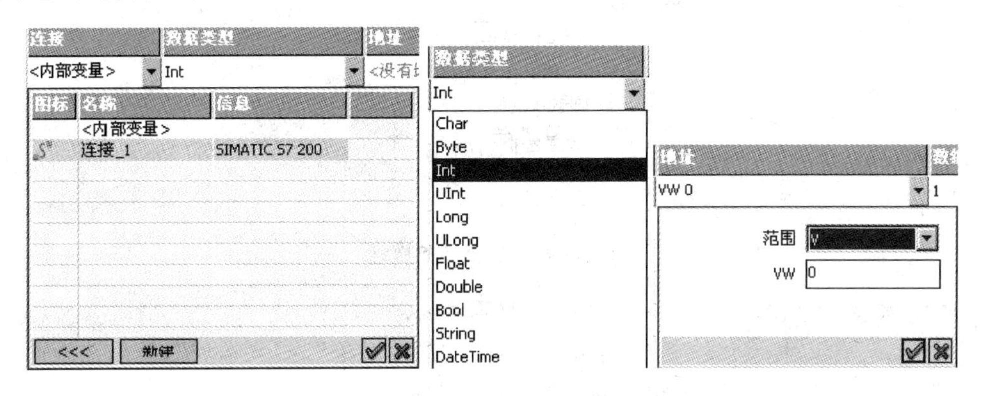

图 4 - 39　定义变量

用户也可以在属性视图中修改更多参数设置。如图 4 - 40 所示。

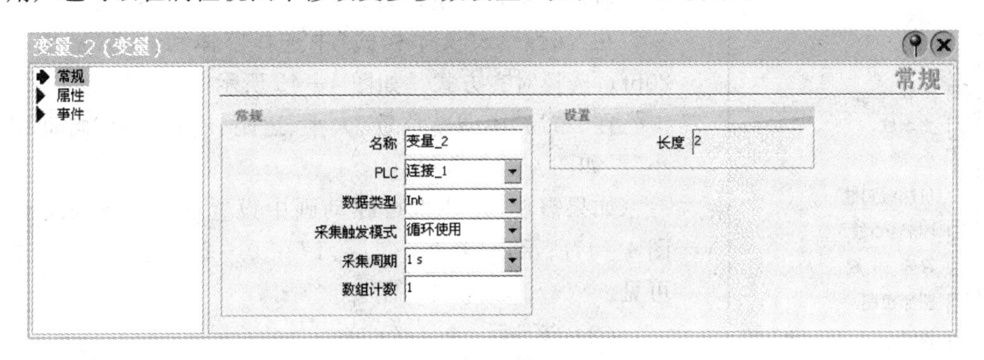

图 4 - 40　修改参数属性

4.3.5　制作画面

1. 添加画面

画面是项目的主要元素。通过它们可以操作和监视系统。具体操作步骤如下所述。

打开 WinCC flexible 树形项目结构,选择“项目”>“画面”>“新建画面”建立一个新画面,或选择画面名称打开一个已经建立的画面。如图 4 - 41 所示。用户可在画面属性中修改画面名称、编号以及是否使用模板等。如图 4 - 42 所示。

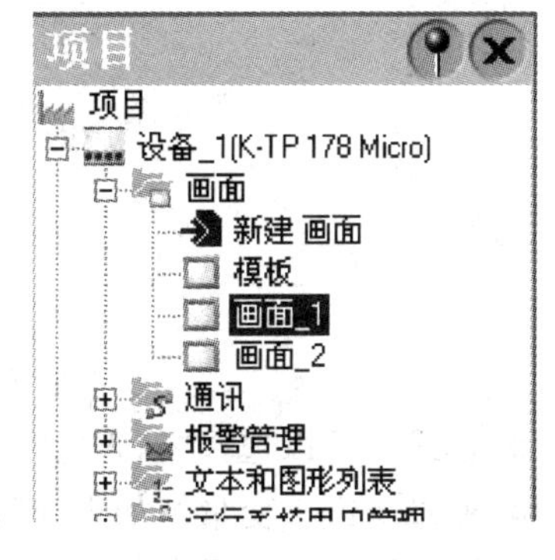

图 4 - 41　选择打开画面

2. 添加对象

通过工具视图,用户可以添加一些对象。例如简单对象,包含线、椭圆、文本域、按钮和 I/O 域等。如图 4 - 43所示。

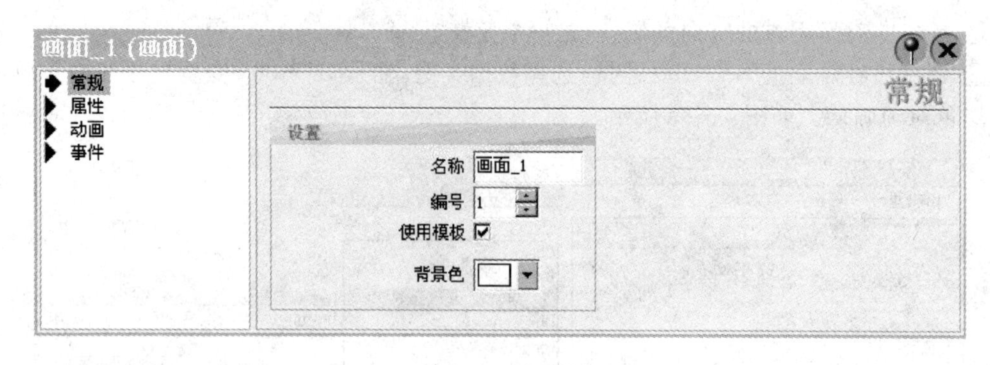

图 4-42　定义画面属性

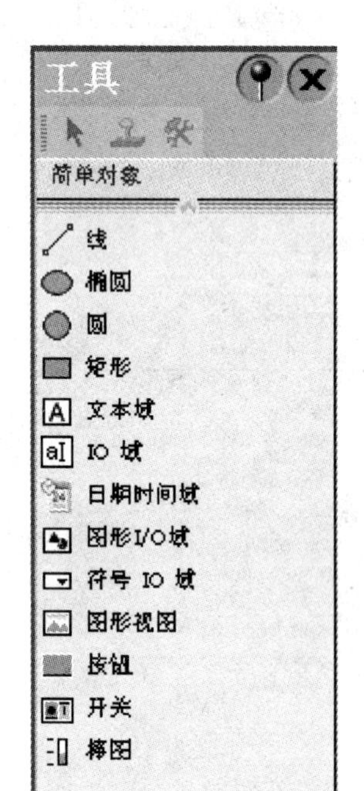

图 4-43　简单对象元素

(1) 添加文本域

单击"工具">"简单对象">"文本域",然后在画面空白处拖拽出一个对象。

选中此文本域,在属性视图中做进一步编辑。在常规中,输入显示文本,如"电机转速:"。如图 4-44 所示。

在"属性">"文本格式"中选择字体和大小(例如:宋体,20pt),选择对齐方式。如图 4-45 所示。

在"布局"中调整位置、大小、边距,或者选择"自动调整大小"。如图 4-46 所示。

如果需要,用户也可在动画中设置文本域的可见性。如图 4-47所示,只有当"变量_1"在 0～200 之间时,此文本域可见。

(2) 添加一个 I/O 域

单击"工具">"简单对象">"I/O 域",然后在画面空白处拖拽出一个对象。

选中此 I/O 域,在属性视图中做进一步编辑。如图 4-48 所示,在常规选项中:

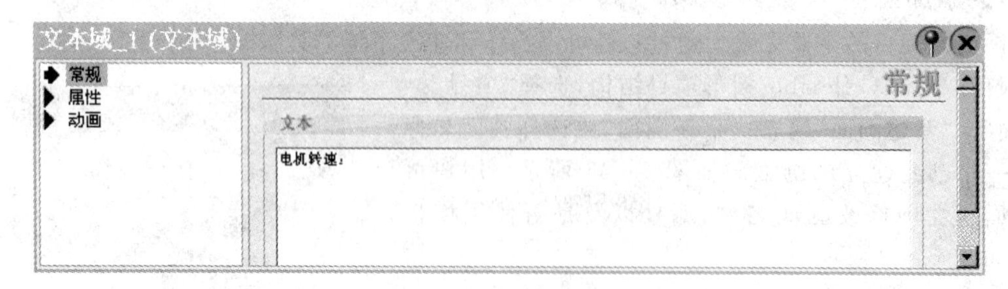

图 4-44　文本常规属性

- 模式　可以选择"输入"、"输出"或"输入/输出"。
- 变量　嵌入变量。如果变量没有预先建立,用户可以单击"新建"建立。
- 格式样式　选择变量的显示格式,包括数据长度和小数点等。上述设置的 I/O 域必须足够大以便完整显示变量内容。

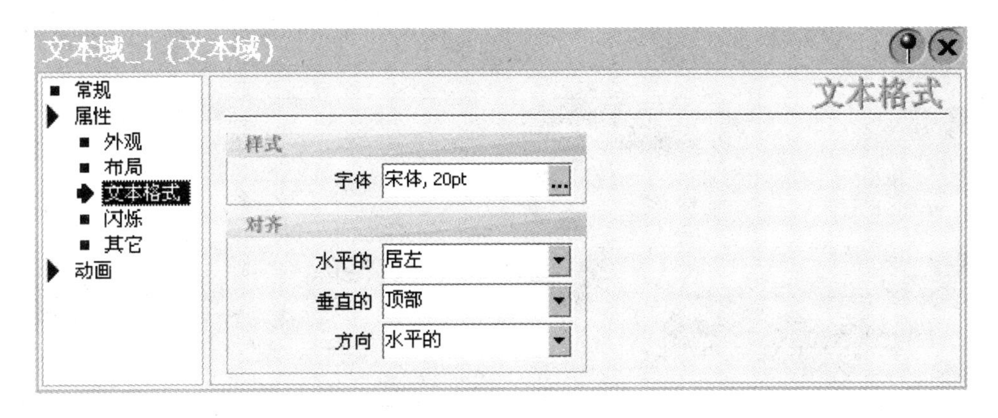

图 4-45　设置文本格式

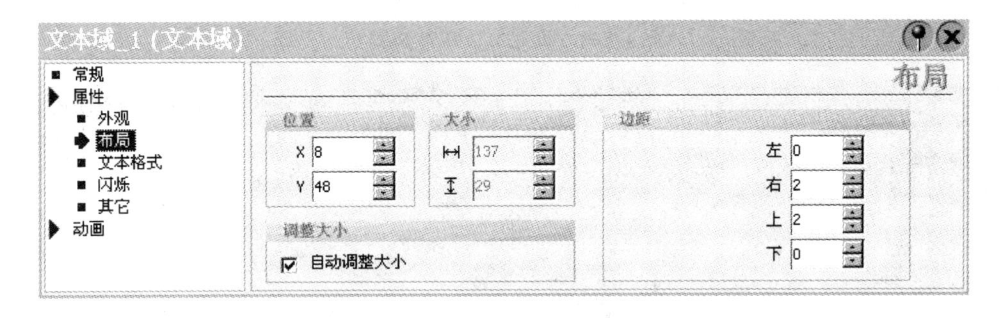

图 4-46　设置文本布局

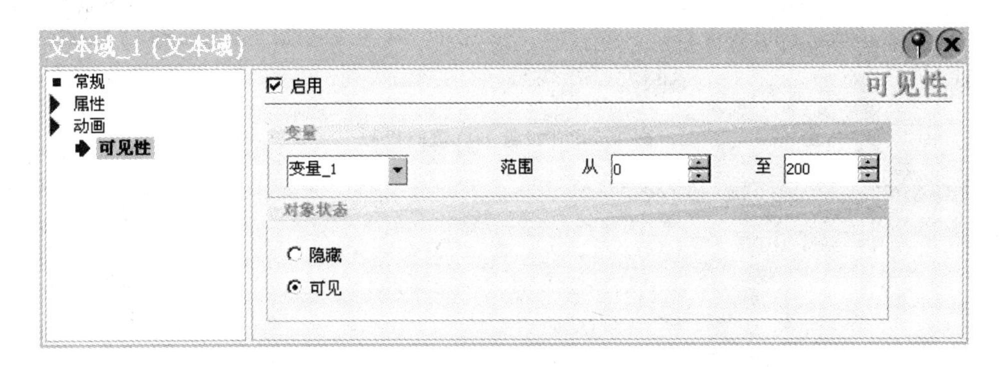

图 4-47　设置可见性

在“属性”中，用户可以设置文字及背景的格式。

在“安全”中，可以添加用户权限，可选管理(权限 0)、操作(权限 1)、监视(权限 2)三个权限等级，权限 0 级别最高。如图 4-49 所示。

用户可以双击 WinCC flexible 项目树中的“项目”>“运行系统管理”，编辑有关安全的组和用户设置。

在“事件”中，用户可以为“激活”和“取消激活”状态添加系统函数。在这里举例为“激活”状态添加一个 InvertBit 函数，此函数的功能是在 I/O 域激活时反转 BOOL 型变量的值：如果变量值为“1”(真)，则将它置为“0”(假)；如果变量值为“0”(假)，则将它置为“1”(真)。单击下三角按钮，选择“编辑位”>InvertBit。如图 4-50 所示。

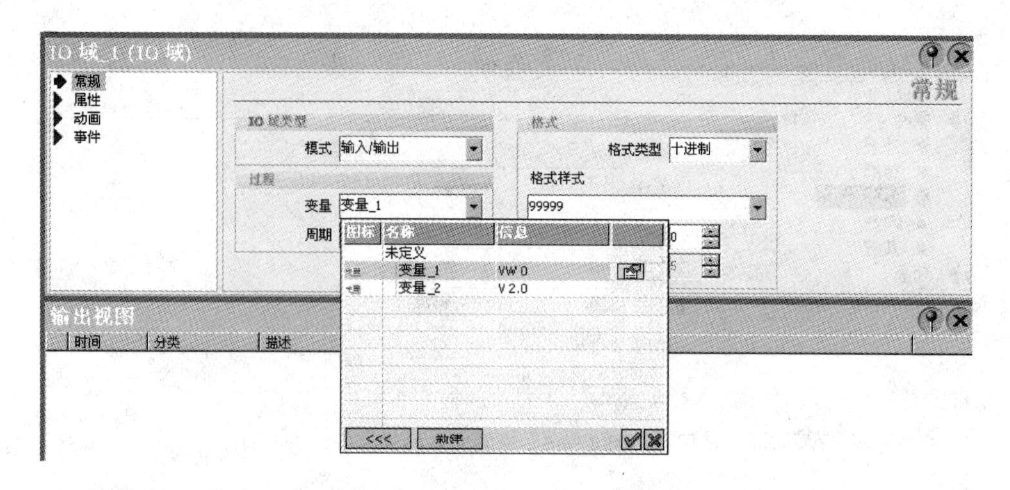

图 4－48 设置 I/O 域常规属性

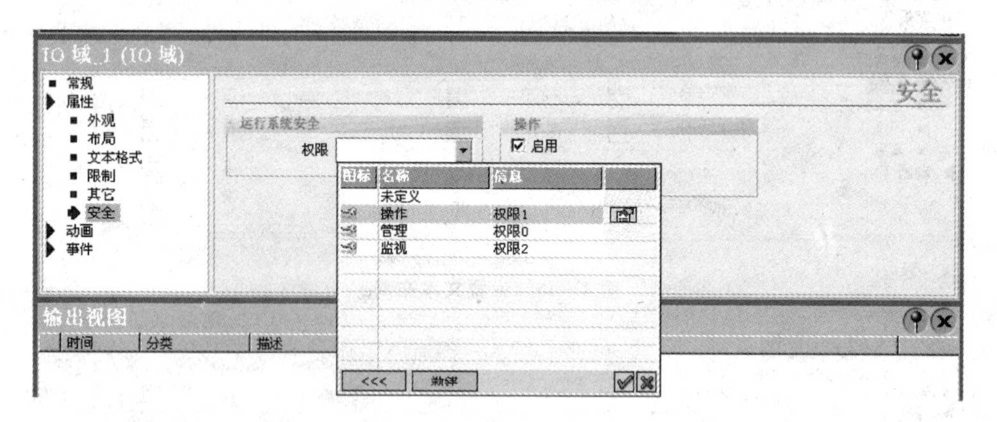

图 4－49 设置 I/O 访问权限

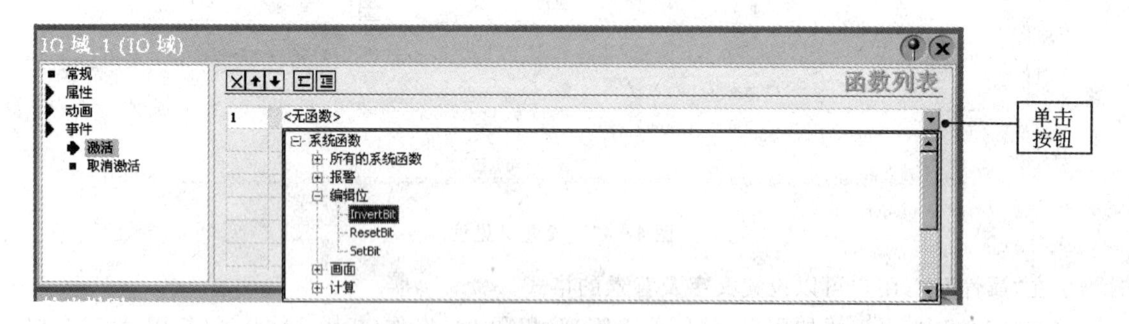

图 4－50 为事件添加系统函数

单击“变量(InOut)”后面橘黄色区域右侧的向下箭头，选择添加一个 BOOL 型变量。此变量即为系统函数的作用对象。如果用户没有预先建立需要的变量，可以单击“新建”选项建立。如图 4－51 所示。

(3) 添加图形 I/O 域

图形 I/O 域可以根据 CPU 内的变量状态有选择地显示用户定义的图形，此功能十分有用，如可用于用户自定义各种指示灯等。

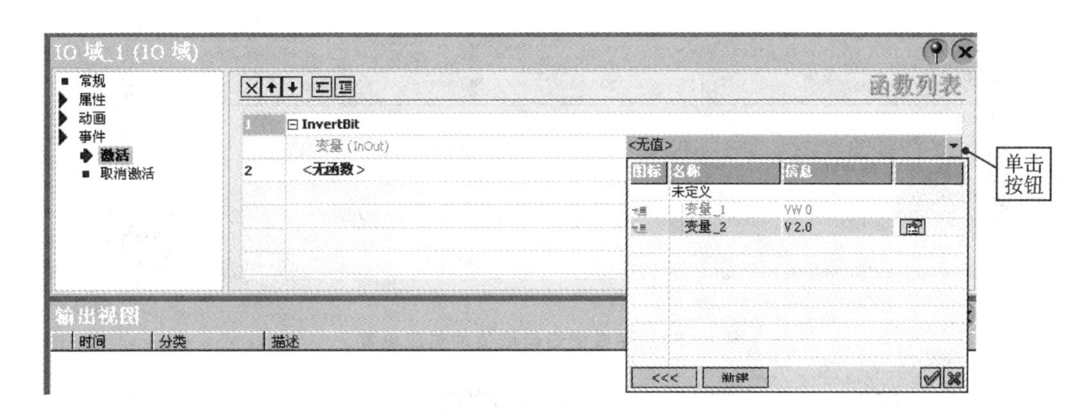

图 4-51　插入变量

例如，现有 2 张图片，一张实心圆，一张空心圆。当布尔变量“变量_2”的值为“1”时，在屏幕上显示实心圆；当值为“0”时显示空心圆。具体操作步骤是：

① 用户要将这两张图片添加到图形列表中，双击 WinCC flexible 项目树中的“项目”>“文本和图形列表”>“图形列表”，再双击“名称”下方第一行空白，新建一个图形列表。用户可以更改名称。我们把相应的“选择”列设置为“位(0,1)”。如图 4-52 所示。

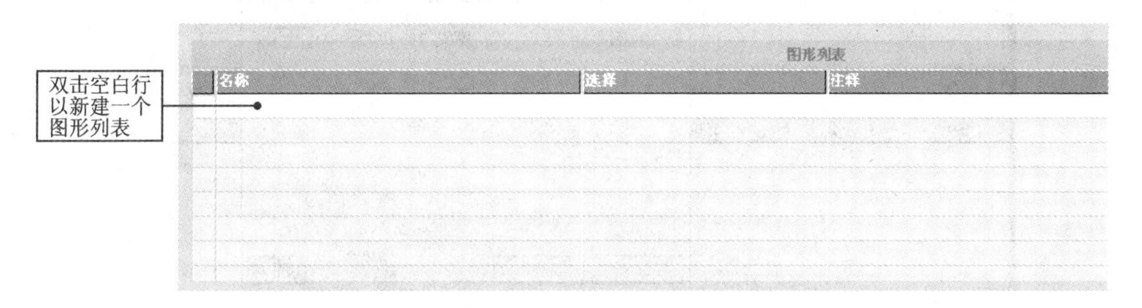

图 4-52　新建图形列表

② 双击“列表条目”下方第一行空白，单击“从文件创立图形列表”按钮，浏览找到要添加的图片，选中并添加。重复此操作，将两张图片都添加到图形列表中。如图 4-53 所示。

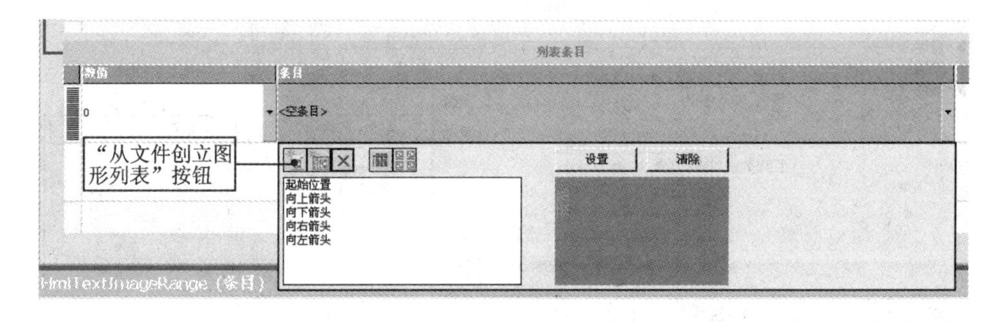

图 4-53　浏览导入图片

③ 调整数值，使数值“0”对应空心圆，数值“1”对应实心圆。如图 4-54 所示。

④ 打开画面编辑视图，单击“工具”>“简单对象”>“图形 I/O 域”，拖拽添加一个对象到屏幕。选中对象，在属性视图的常规页面中选择上述步骤建立的图形列表。如图 4-55 所示。

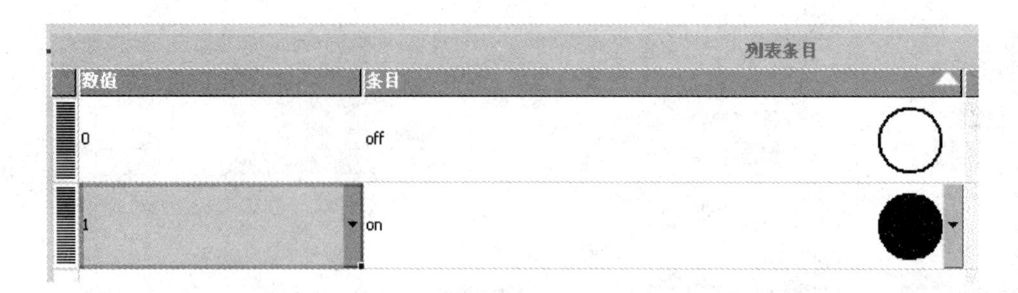

图 4-54 完成图形与取值的对应设置

图 4-55 为图形 I/O 域选择已定义的图形列表

⑤ 选择一个 BOOL 变量。如图 4-56 所示。

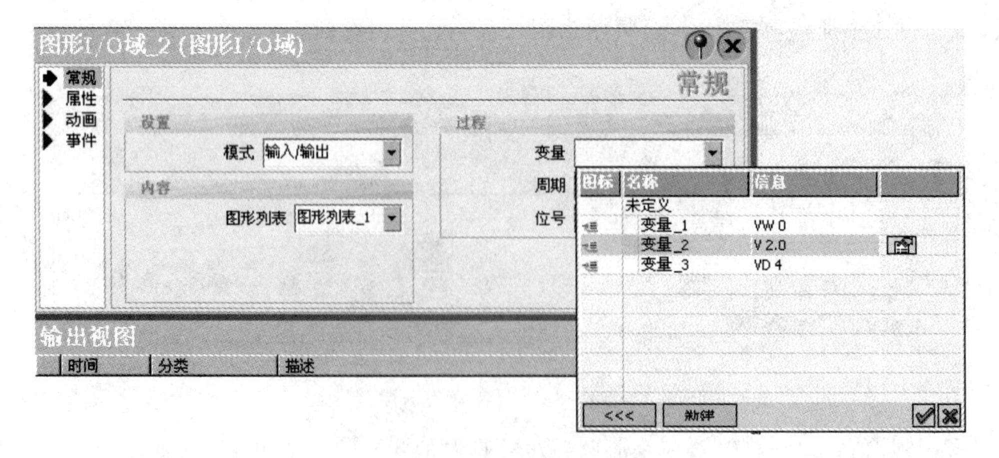

图 4-56 选择触发图形列表的变量

(4) 添加按钮

单击“工具”>“简单对象”>“按钮”，然后在画面空白处拖拽出一个对象。选中此按钮，在属性视图中做进一步编辑。在常规中，可选择按钮模式为文本、图形以及不可见。文本模式就是在按钮位置上显示文字和字符，如图 4-57 所示。

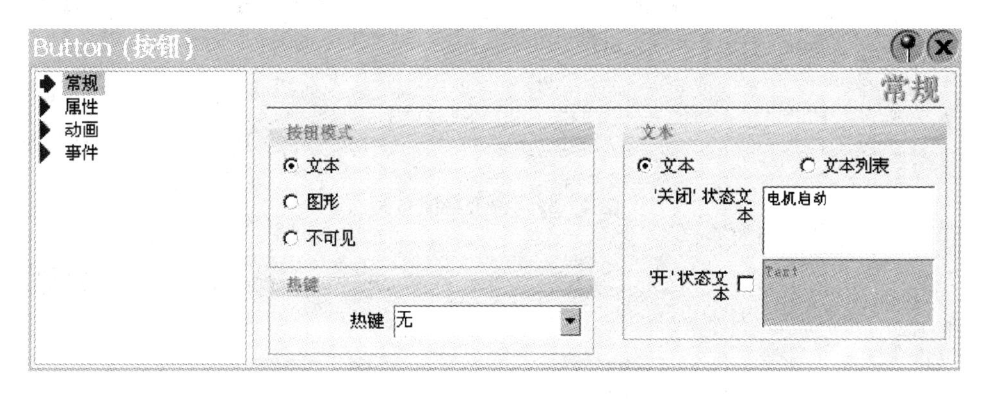

图 4-57　定义按钮对象属性

用户也可以选择“文本列表”，这就需要提前建立一个文本列表。文本列表的建立方法同图形列表类似，可以参考上节“添加图形 I/O 域”。用户也可以使用图形或图形列表作为显示内容，如果选择图形列表，操作方法与配置图形 I/O 域类似，这里不再赘述。如果用户选择不可见，则该按钮不被 K-TP 178micro 显示。

“属性”、“动画”、“事件”中的设置与其他对象类似，用户可参考相关内容。

(5) 添加棒图

单击“工具”>“简单对象”>“棒图”，然后在画面空白处拖拽出一个对象。选中此棒图，在属性视图中做进一步编辑。在“常规”页面中，输入刻度的最大值、最小值，添加对应的变量。如图 4-58 所示。

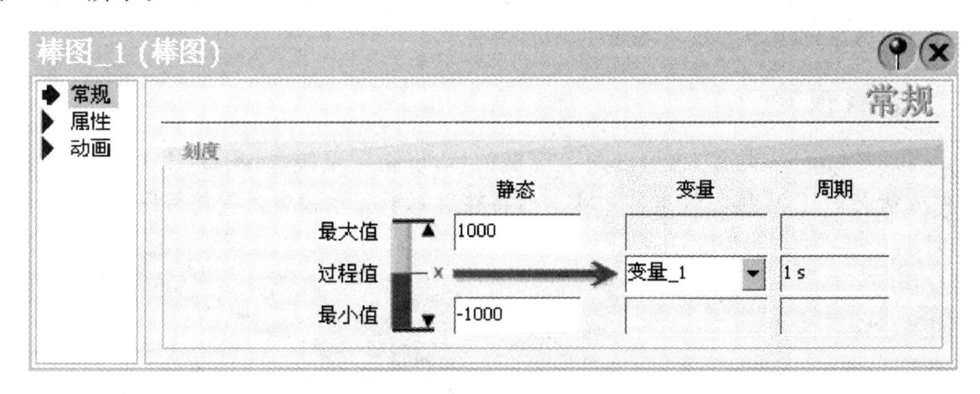

图 4-58　定义棒图的常规属性

用户可以在“属性”>“布局”中修改棒图的位置、大小、刻度位置和方向。如图 4-59 所示。

在“属性”>“刻度”中，用户可以进一步编辑刻度。如图 4-60 所示。其余设置与其他对象类似，这里不再赘述。

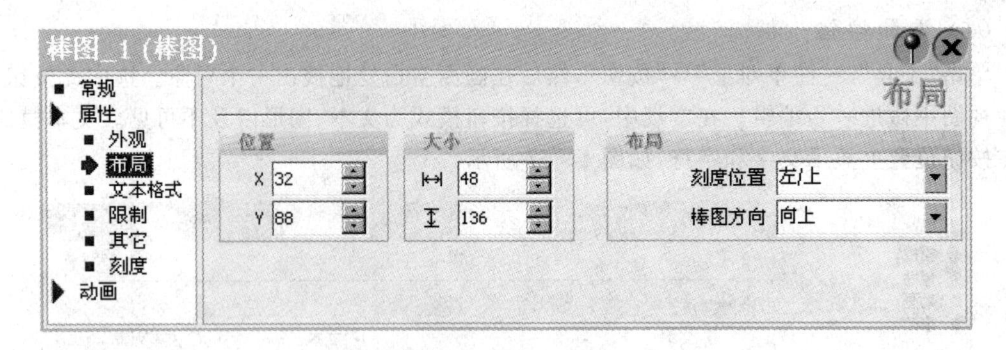

图 4－59　设置棒图布局

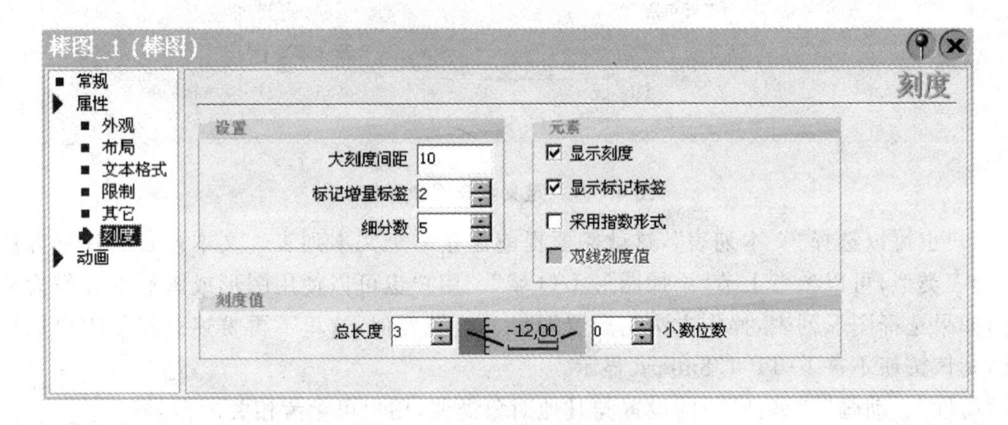

图 4－60　设置棒图刻度属性

3. 画面模板

WinCC flexible 可在项目中为 HMI 设备提供一个模板。在模板中组态的对象和软键会在所有使用模版的画面中出现；对模板中对象或软键设置的更改将应用于画面中所有基于此模板的对象。模板的组态方法与画面相同。

4.3.6　配置报警

在 K-TP 178micro 设备上，可以配置报警信息，以指示系统、过程或 HMI 设备本身所发生的事件或状态。HMI 接收到事件和状态后将在屏幕上显示报告。报警可以包含以下信息：

- 日期。
- 时间。
- 报警文本。
- 故障位置。
- 状态。
- 报警类别。
- 报警编号。
- 确认组。

1. 显示报警

报警将在 K-TP 178micro 的报警视图或报警窗口中显示。报警视图是嵌在画面中专门用于显示报警的区域。报警窗口独立于过程画面，通过组态，可以将其设置成一接收到新的、未确认的报警就自动显示报警窗口的形式。

用户首先在“工具”视图中单击“增强对象”，再单击“报警视图”或“报警窗口”，在模板或画面中拖拽出一个对象。如图 4－61 所示。

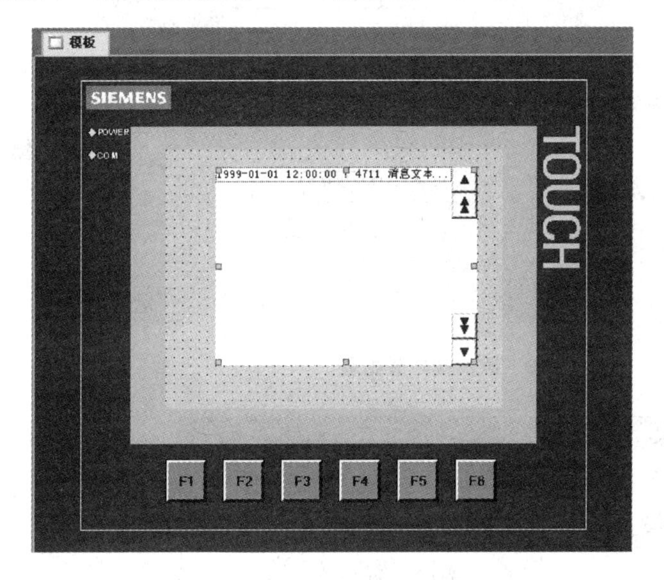

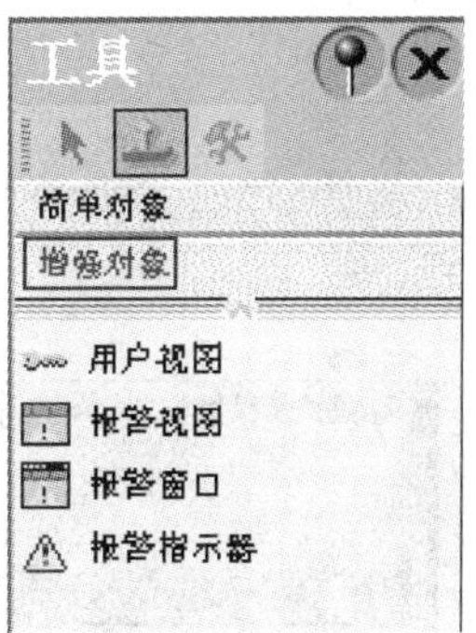

图 4－61　选择报警对象

用户可以在属性视图中做进一步编辑。

(1) 模拟量报警

模拟量报警是指如果某一个模拟量“触发变量”超出了“限制值”，K-TP 178micro 就触发报警。

双击 WinCC flexible 项目树中的“项目”>“报警管理”>“模拟量报警”。如图 4－62 所示。

在模拟量配置页面中双击第一行空白处，或者右击鼠标在快捷菜单中选择“添加模拟量报警”。如图 4－63 所示。

首先添加文本，作为对报警事件的描述，例如：压力值超出范围。用户也可以在文本中插入变量域，选中文本内容，再右击鼠标在快捷菜单中选择“插入变量域”，或者直接单击向下箭头，选择插入变量。如图 4－64 所示。

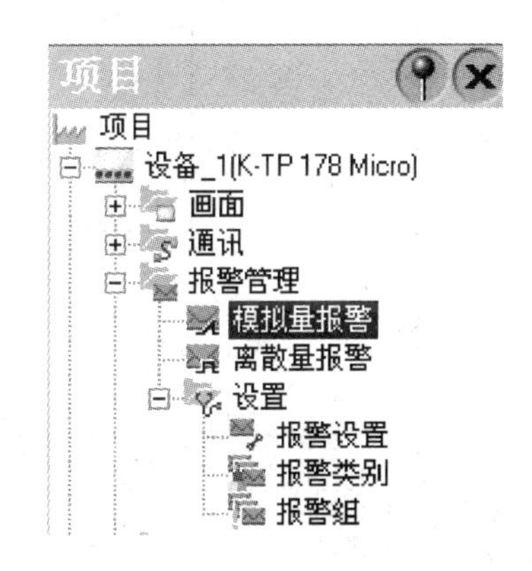

图 4－62　选择模拟量报警

其次，用户依次单击向下箭头，设定“类别”和“触发变量”等。可以使用常数或者变量作为限制值。“上升沿时”触发模式指当触发变量数值变化到超出限制值时触发报警。“下降沿时”触发模式指当触发变量数值变化到低于限制值时触发报警。

(2) 离散量报警

离散量报警指如果置位了 PLC 中特定的位，HMI 设备就触发报警。

双击 WinCC flexible 项目树中的“项目”>“报警管理”>“离散量报警”，添加离散量报警条目。如图 4－65 所示。

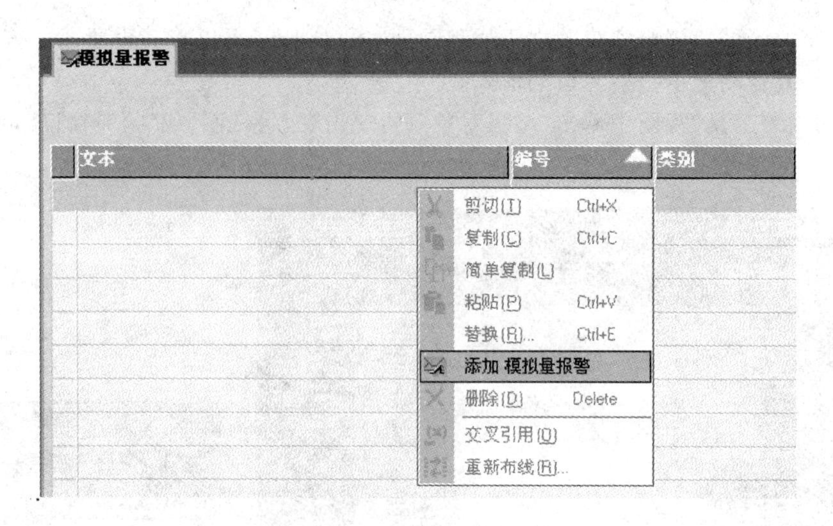

图 4 - 63　添加模拟量报警

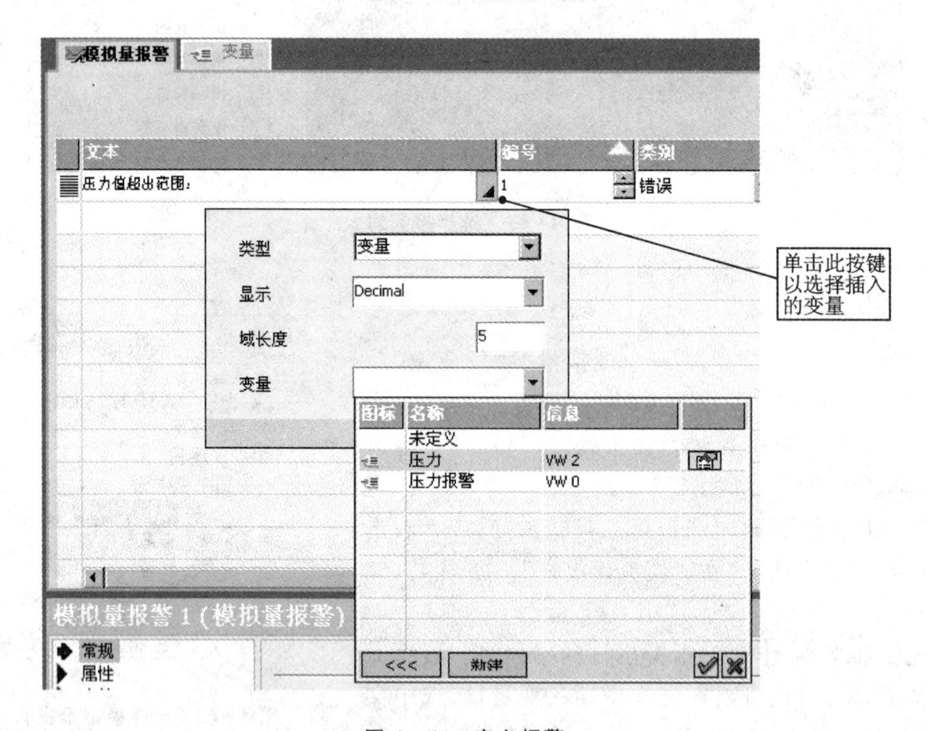

图 4 - 64　定义报警

在报警"类别"中可选"报告"和"错误"等。如果用户已经新建了报警类别,在这里也可选择。继续设置"触发变量"和"位号"。触发变量的长度必须为字,变量位号与地址的对应关系如图 4 - 66 所示,以 VW100 为例。

用户可以在"常规"窗口中做进一步设置,例如在"属性"中添加确认 PLC 变量等。如图 4 - 67所示。用户仍然只能添加字长度的变量,位号与 PLC 变量的地址对应关系同触发变量。

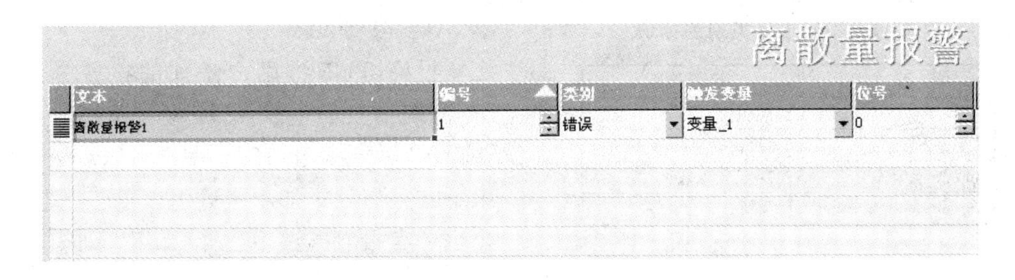

图 4-65 已添加的离散量报警

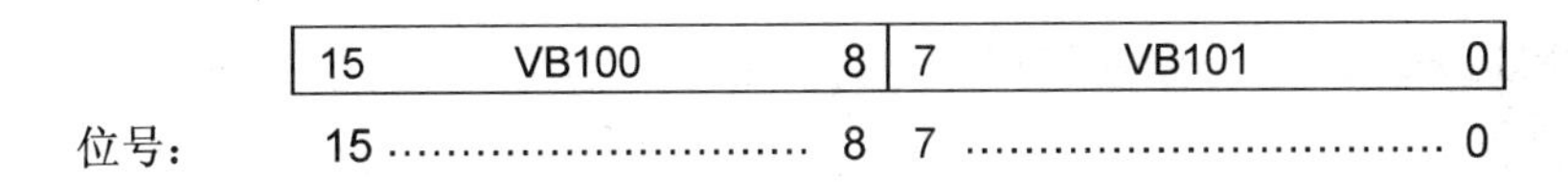

图 4-66 字变量中的位号对应关系

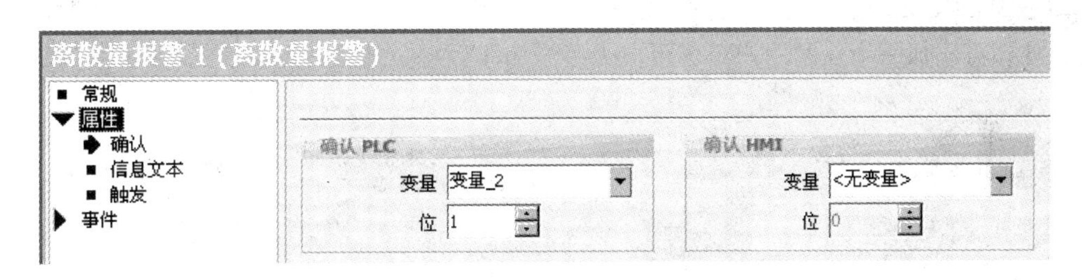

图 4-67 离散量报警的确认属性

2. 报警类别

K-TP 178micro 支持的报警可分为以下几类：

- 错误 该类报警必须始终进行确认。它通常用于显示设备的关键信息，例如“电机温度过高”。
- 警告 警告报警通常显示设备状态，例如“电机已启动”。
- 系统 系统报警指示 HMI 设备本身的状态或事件。
- 自定义报警类别 该报警类别的属性必须在组态中定义。

单击 WinCC flexible 项目树中的“项目”>“报警管理”>“设置”>“报警组”打开“报警类别”对话框，双击白色空白处即可添加一个新报警组。用户可以自定义“名称”、“显示名称”(即报警到来时显示的符号)和不同状态的背景颜色。如图 4-68 所示。

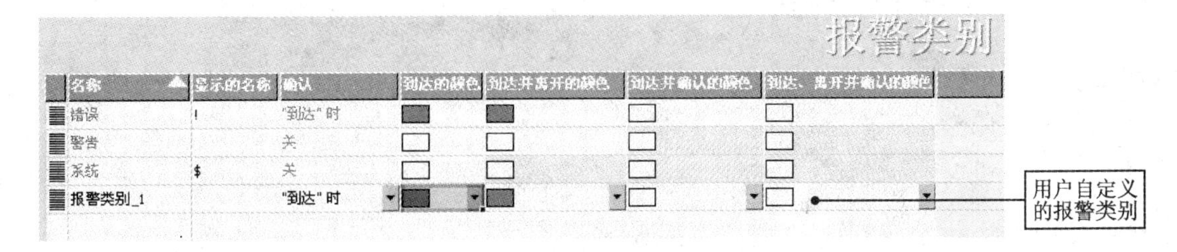

图 4-68 用户自定义报警类别

可对各种不同的报警类别进行标识，以便在报警视图中对其进行区分。如表 4-1 所列。

表 4－1　不同报警类别的标识

符号	报警类别
!	错误
(空格)	警告
(取决于组态)	自定义报警
$	系统

3. 报警组

报警组，即将用户添加的报警分组。通常，系统会自动生成 16 个报警组，名称为“确认组 1”～“确认组 16”。用户可以双击最后一组下方空白处添加新报警组。组态报警时，用户也可在报警属性中选择“无组”不进行分组。

4.3.7　配置用户管理

在 K-TP 178micro 中可以配置用户组，给不同组别的用户赋予不同的操作权限，可避免未经授权的操作。

1. 创建用户组

单击 WinCC flexible 项目树中的“项目”>“用户系统管理”>“组”，打开“组”对话框，双击白色空白处即可添加一个新的用户组。可以为组添加注释，在右侧选择组权限。如图 4－69 所示。

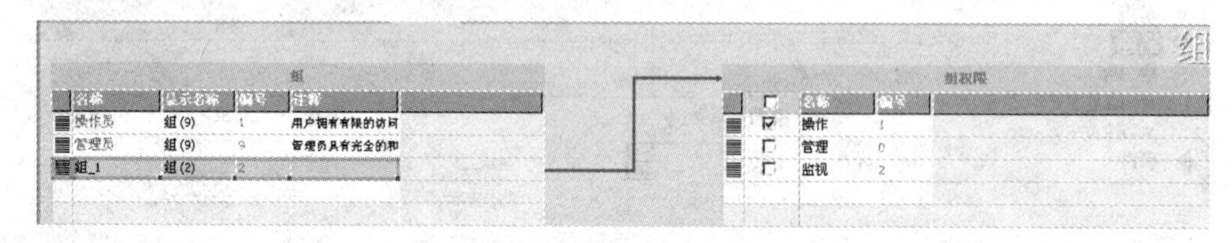

图 4－69　创建用户组

2. 创建用户

单击 WinCC flexible 项目树中的“项目”>“用户系统管理”>“用户”，打开“用户”对话框，双击白色空白处即可添加一个新的用户。在右侧为此用户选择用户组。如图 4－70 所示。

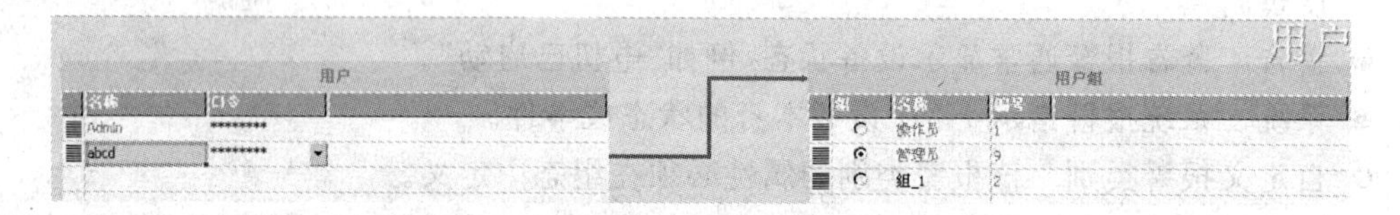

图 4－70　创建用户

在用户的常规属性中输入并确认口令。如图 4－71 所示。

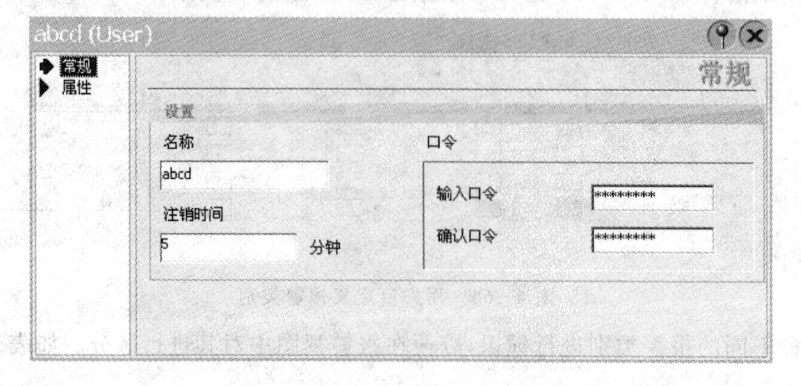

图 4－71　设置用户口令等属性

4.3.8　区域指针

区域指针是参数区域，WinCC flexible 运行系统可通过它们来获得控制器中数据区域的位置和大小的信息。在通信过程中，控制器和 HMI 设备相互读、写这些数据区中的信息。根据对存储在这些区域中的数据进行分析，控制器和 HMI 触发一些定义好的操作。物理上，区域指针位于控制器的内存中，其地址是在“连接”编辑器进行组态时于“协调”中设置的。

以下举例说明区域指针的用法。

1. 切换屏幕

(1) 使用屏幕对象＋切换屏幕函数

在画面中，用户可以为对象(例如变量和按钮)添加激活屏幕系统函数，如制作一个切屏按钮。可以为按钮在“单击”事件中添加系统函数 ActivateScreen。如图 4 - 72 所示。这种切换屏幕的方法并未使用区域指针。

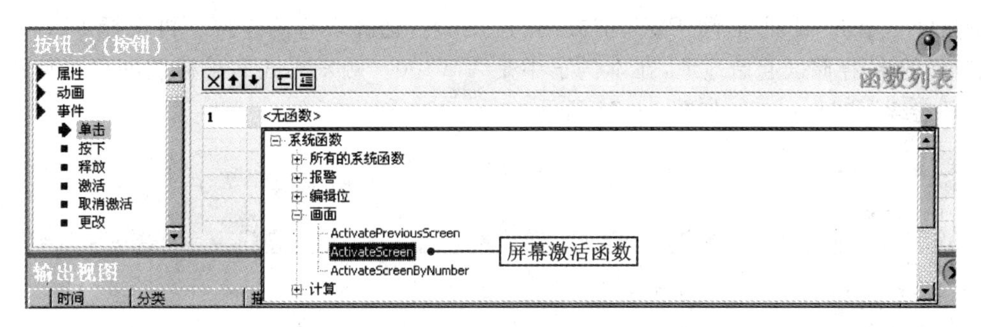

图 4 - 72　添加屏幕激活函数

(2) 使用作业邮箱切换画面

作业邮箱可以为 S7 - 200 CPU 提供一个数据通道，以便在 K-TP 178micro 上触发操作。能实现的功能包括切换显示画面，设置日期和时间等。这是典型的区域指针应用。

⚠ 仅当 HMI 设备在线时才能由控制器触发作业邮箱。

通过作业邮箱，与 K-TP 178micro 相连的 S7 - 200 CPU 可以通过改变作业邮箱对应的 V 存储区地址数值，来改变 HMI 的显示画面。

用户首先需要激活一个作业邮箱，双击 WinCC flexible 项目树中的“项目”＞“通信”＞“连接”，单击“区域指针”，激活一个作业邮箱，输入一个地址。如图 4 - 73 所示。

用于每个连接

激活的	名称	地址	长度	触发模式	采集周期	注释
关	日期/时间		6	根据命令	<未定义>	<未定义>
关	协调		1	循环连续	<未定义>	
开	作业邮箱	VW 70	4	循环连续	1 s	

图 4 - 73　定义作业邮箱的数据地址

作业邮箱的相关数据结构如表 4 - 2 所列。更多信息请参考 WinCC flexible 帮助或其他相关文档。

表 4 - 2 作业邮箱数据地址结构

字	高字节	低字节
n+0	0	作业号
n+1	参数 1	

要使用作业邮箱切换画面,须设置作业号为 51,表示显示选择功能;参数 1 为画面号。

如果 S7 - 200 CPU 要将 K-TP 178micro 的当前画面切换为编号是 5 的画面,因设置了作业邮箱的起始地址为 VW70,控制器首先要传送整数“5”到 VW72 中,再传送整数“51”到 VB71 中。

2. 时钟同步

K-TP 178micro 与 S7 - 200 CPU 做时钟同步时,以 CPU 的时钟为基准。

(1) WinCC flexible 侧

在 WinCC flexible 项目树中,选择“项目”>“通信”>“连接”,打开“连接”对话框。单击“区域指针”,单击“日期/时间 PLC”前方的“连接”列,选择现有的连接。再选择 PLC 中存储日期时间的 V 存储区起始地址,在本例子中是 VW100。触发方式和采样周期可以使用默认的“循环连续”和“1 min”。如图 4 - 74 所示。

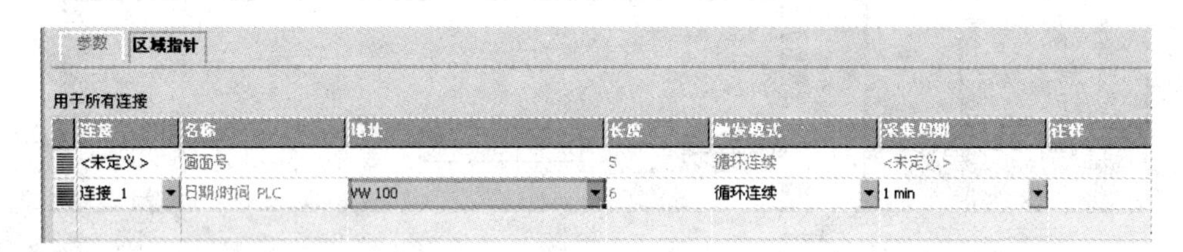

图 4 - 74 设置时钟同步区域指针

(2) S7 - 200 CPU 侧

在 S7 - 200 CPU 方面,使用读取时钟指令将 CPU200 的日期时间读出,存储在 VB100 起始的存储区中,时钟信息缓冲区的起始地址必须与 WinCC flexible 区域指针的设置一致。

4.3.9 配置面板按键

在 WinCC flexible 的配置主画面中,在屏幕下方有 6 个按键,对应于 K-TP 178micro 上的 6 个用户自定义薄膜按键。在画面中单击一个按键,即可在它的属性视图中做组态,如设置运行权限,为事件添加系统函数等。如图 4 - 75 所示。

如果不选择“使用全局赋值”,则同一个按键在不同画面的功能可以不同,在某一个画面中组态的软键功能只在此画面被显示时有效。如果用户需要在显示任意画面时,同一个按键的功能都相同,则需要勾选“使用全局赋值”,并在模板中做组态。

可以为 K-TP 178micro 的薄膜按键插入用户自定义的标签条。可打印的薄膜或纸张均可用作按键的标签条。标签条的允许厚度为 0.15 毫米。在 Internet 网址 http://www.ad.siemens.com.cn/download/下可以找到制作标签条用的模板。

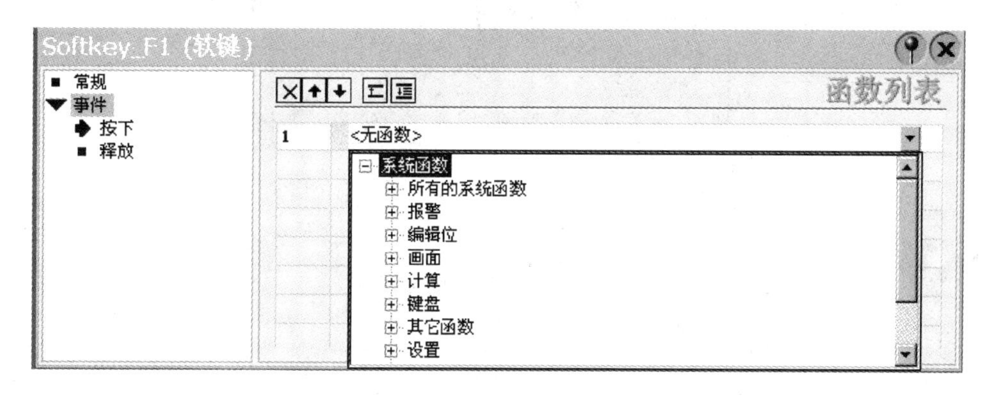

图 4-75　配置软键

4.3.10　启动操作画面

K-TP 178micro 在上电时将短暂显示启动画面。如图 4-76 所示。图中的按钮含义如下。

- Transfer：设置 HMI 设备到“传送”模式。
- Start：运行存储在 HMI 设备上的项目。
- Control Panel：打开 HMI 设备控制面板。控制面板如图 4-77 所示。用户可以双击各图标进入下一级设置。

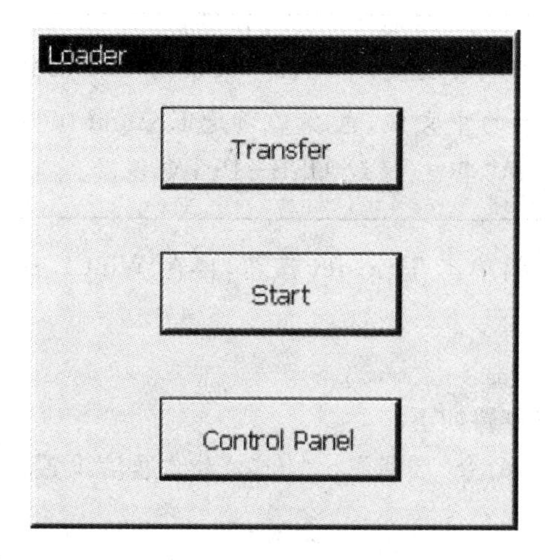

图 4-76　启动画面

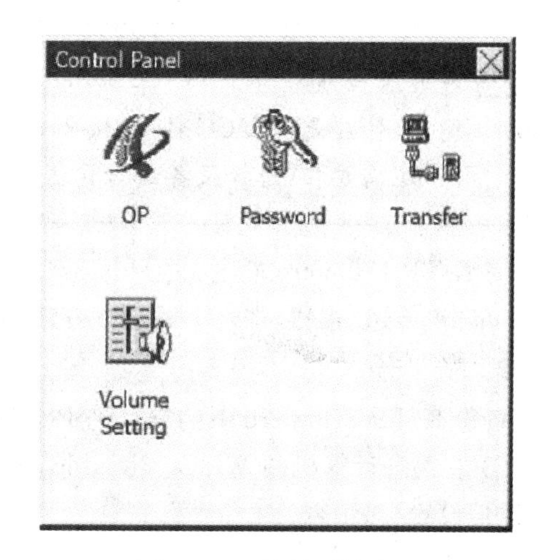

图 4-77　控制面板画面

4.3.11 下载、备份及恢复项目文件

配置好的项目必须下载并保存到 K-TP 178micro 中。

做任何传输之前，必须保证 K-TP178 micro 的通信口必须处于使能状态。通信口在 Control Panel 中的 Transfer 中设置。如图 4-78 所示。

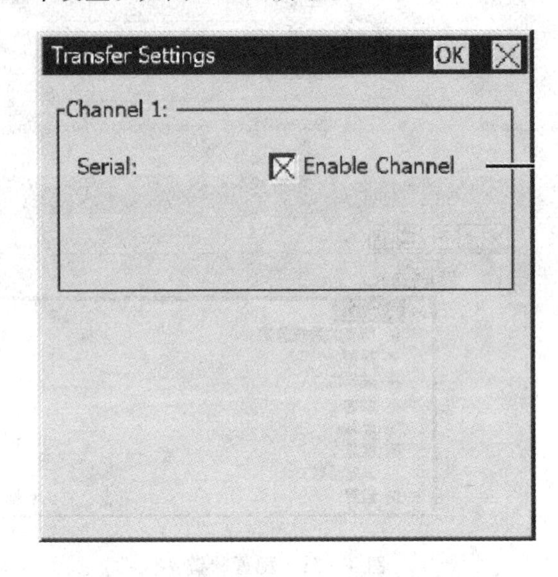

图 4-78 K-TP 178micro 通信口设置

1. 下　载

可以在 WinCC flexible 中直接单击“传送设置”按钮，或者选择“项目”>“传送”>“传送设置”。如图 4-79 所示。

在“选择设备进行传送”对话框中，可以选择传输模式为“串行”或“串口(通过 USB-PPI 电缆)”。如果选择“串行模式”，用户需要继续选择端口和波特率。如图 4-80 所示。

下载项目时，先将 K-TP 178micro 连接到组态计算机，连接电缆是为 S7-200 编程用的 PC/PPI 电缆。

⚠ 如果使用 RS-232/PPI 电缆则电缆的所有拔码开关设为“0”。如果使用 USB/PPI 电缆，软件应是 WinCC flexible 2005 SP1 以上的中文版，电缆必须是 E-stand 05 以上版，还需要在“选择设备进行传送”窗口中选择“串口(通过 USB-PPI 电缆)”。

使 K-TP 178micro 断电，再上电出现启动画面时，单击 Transfer 按钮，再在 WinCC flexible 中单击“传送”按钮，即可下载配置好的项目。

2. 备　份

备份 K-TP 178micro 中的项目到 PG/PC，操作步骤如下：

① 在组态计算机的 WinCC flexible 中选择菜单命令“项目”> “传送”> “通信设置”，打开“通信设置”对话框。

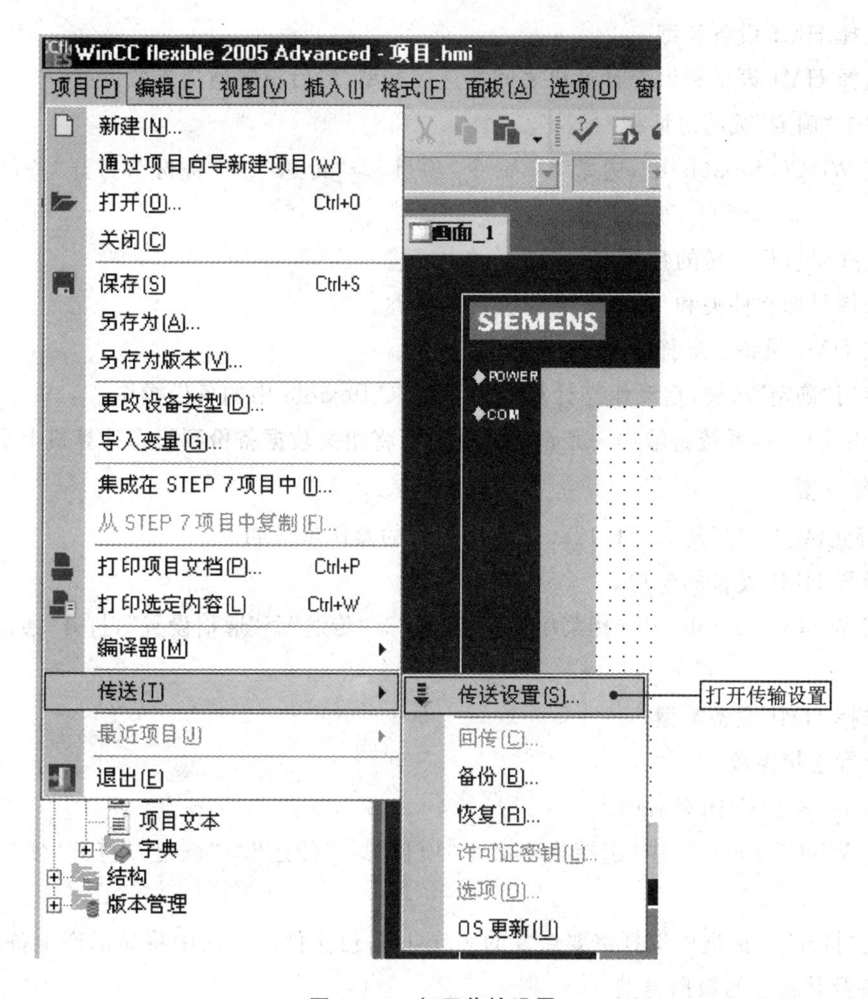

图 4-79　打开传输设置

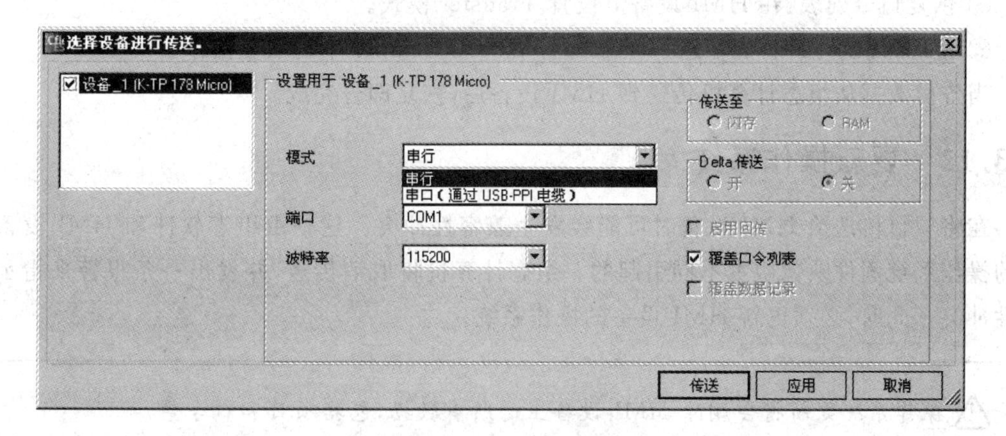

图 4-80　传输设置

② 选择 HMI 设备类型。

③ 选择 HMI 设备和组态计算机之间的连接类型,然后设置通信参数。

④ 单击“确定”关闭对话框。

⑤ 在 WinCC flexible 中,选择菜单命令“项目”>“传送 ”>“备份”,打开“备份设置”对话框。

⑥ 选择要进行备份的数据。

⑦ 选择目标文件夹和 *.psb 备份文件的名称。

⑧ 在 HMI 设备上选择 Transfer 模式。

⑨ 使用“确定”按钮,启动组态计算机上 WinCC flexible 中的备份操作。

当备份完成后,系统将输出一条消息。此时已将相关数据备份到组态计算机上了。

3. 恢　复

通过自引导方式恢复 K-TP 178micro 内项目的操作步骤如下:

① 断开 HMI 设备的电源。

② 在 WinCC flexible 中选择菜单命令“项目”>“传送”>“通信设置”,打开“通信设置”对话框。

③ 选择 HMI 设备类型。

④ 设置连接参数。

⑤ 单击“确定”关闭对话框。

⑥ 在 WinCC flexible 中,选择菜单命令“项目”> “传送”>“恢复”,打开“恢复设置”对话框。

⑦ 在“打开”对话框中选择将要恢复的 *.psb 备份文件。视图中将显示产生备份文件的 HMI 设备及其包含的数据类型。

⑧ 恢复口令列表:在 HMI 设备上设置 Transfer 模式。

⑨ 使用“确定”按钮,启动组态计算机上 WinCC flexible 中的恢复操作。

当备份数据从组态计算机传送到 HMI 设备后,恢复即告完成。

4.3.12　更新操作系统

在将项目传送给 HMI 设备时可能会发生兼容性冲突。这是由组态软件和 HMI 设备使用的操作系统固件映像版本不同引起的。组态计算机将取消传送,并发出一条报警来指示兼容性冲突。此时,必须更新 HMI 设备的操作系统。

⚠ 操作系统更新将会删除 HMI 设备上的所有数据,包括项目和口令等。

具体操作步骤如下所述。

① 将 K-TP 178micro 的 IMAGE 文件,如:K-TP 178micro_V1_2_0_0.img,复制到 WinCC flexible 安装目录下的映像文件文件夹,例如:C:\Program Files\SIEMENS\SIMAT-

IC WinCC flexible\WinCC flexible Images\KTP178MICRO。

② 切断 K-TP178 Micro 电源，打开 WinCC flexible，打开一个 K-TP 178micro 项目文件，单击“项目”>“传送”>“OS 更新”。如图 4-81 所示。

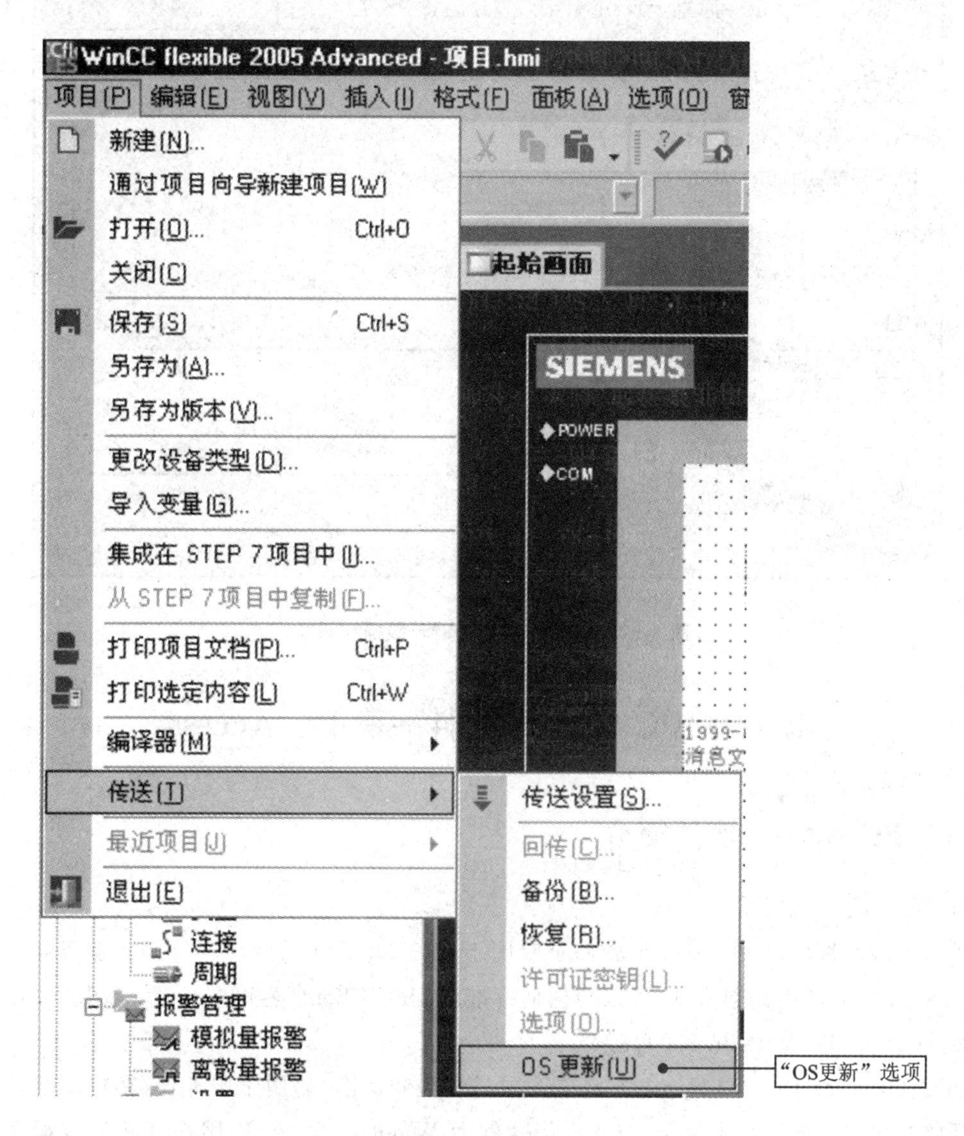

图 4-81　选择更新 OS

③ 单击“OS 更新”选项后弹出如图 4-82 所示的对话框，随后接通 K-TP 178micro 电源。

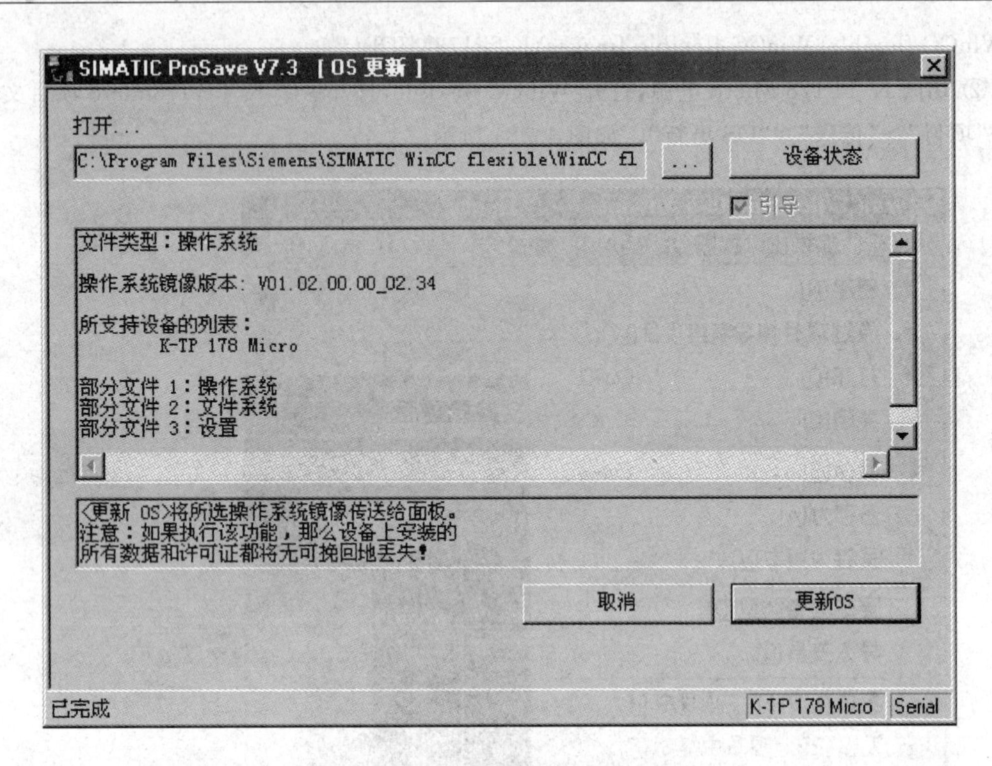

图 4-82 单击"更新 OS"升级操作系统

4.4 OPC Server 软件——PC Access

4.4.1 PC Access 软件简介

1. 概 述

西门子最新推出的 PC Access 软件是专用于 S7-200 PLC 的 OPC Server(服务器)软件，它向 OPC 客户端提供数据信息，可以与任何标准的 OPC Client(客户端)通信，支持 OPC Data Access(DA)3.0 版(Version 3.0)。

OPC(OLE for Process Control)是嵌入式过程控制标准，是用于服务器/客户端链接的统一而开放的接口标准和技术规范。OLE 是微软为 Windows 系统、应用程序间的数据交换而开发的技术，是 Object Linking and Embedding 缩写。

不同的供应商的硬件存在不同的标准和协议，OPC 作为一种工业标准，提供了工业环境中信息交换的统一标准软件接口，用户不用再为不同厂家的数据源开发驱动或服务程序。

OPC 将数据来源提供的数据以标准方式传输至任何客户机应用程序。OPC(用于进程控制的 OLE)是一种开放式系统接口标准，可允许在自动化/PLC 应用、现场设备和基于 PC 的应用程序(例如 HMI 或 Office 应用程序)之间进行简单的标准化数据交换。OPC Server 工作于应用程序的下方。用户程序可以在 PC 机上通过 OPC Server 间接监控、调用和处理可编程控制器的数据和事件。

2. 安装环境

PC Access 软件支持中文、英文等多种语言，可以在 Microsoft 公司出品的如下操作系统环境下安装：

- Windows 2000，SP3 或以上。
- Windows XP Home。
- Windows XP Professional。

3. PC Access 支持的硬件接口及连接

PC Access 支持 S7－200 的多种通信接口，其中包括：

- PPI(通过 RS－232/PPI 和 USB/PPI 电缆)。
- MPI(所有 Micro/WIN 支持的西门子 CP 卡)。
- PROFIBUS－DP(所有 Micro/WIN 支持的西门子 CP 卡)。
- Ethernet(以太网)。
- Modems(内部的或外部的，使用 Windows 的 TAPI 驱动)。

 PC Access 不支持 CP 5613 和 CP 5614 通信卡。

PC 机上的 PC Access 软件通信接口最多允许同时有 8 个 PLC 连接(Modems 除外)，且支持 S7－200 所有内存数据类型。一个 PLC 通信口允许有 4 个 PC 机的连接，其中一个连接预留给 Micro/WIN 。并且 Micro/WIN 和 PC Access 可以在同一个 PC 机上共用通信路径，同时访问 S7－200 PLC。

PC Access 只支持 Set PG/PC Interface 中所设置的单一的通信方式，在同一 PC 机上不能同时使用两种以上的通信连接(如 PC/PPI 电缆、Modem 或 Ethernet)访问同一个或不同的 PLC。

PC Access 不包含 VB 客户端的控件，但用户可以自己在 VB(或 VC)中编写客户端程序访问 S7－200 的数据。在成功安装完 PC Access 软件后，可以在 S7－200 PC Access 目录下找到 VB 客户端例程。用户可以参考这个例程编写自己的 VB 客户端程序。此外还可以通过 Excel 客户端添加功能与 PC Access 通信，实现 Excel 中简单的电子表格监控功能。

4. PC Access 的其他特点

- PC Access 不能直接访问 PLC 存储卡中的信息(数据记录、配方)。
- PC Access 中没有打印工具。
- PC Access 专为 S7－200 PLC 而设计，不能应用于 S7－300 或 S7－400 PLC。

4.4.2 PC Access 软件概貌

在 PC Access 中，S7 - 200 的项目以树形结构排列。项目窗口中显示的树形结构与 Windows Explorer 中的树形结构相似，因此用户使用起来非常简单便捷。PC Access 测试客户端区域中的条目(测试客户端)以列表格式显示。PC Access 软件界面如图 4 - 83 所示。

S7 - 200 PC Access 项目的文件扩展名是.pca(p = Personal，c = Computer，a = Access)。

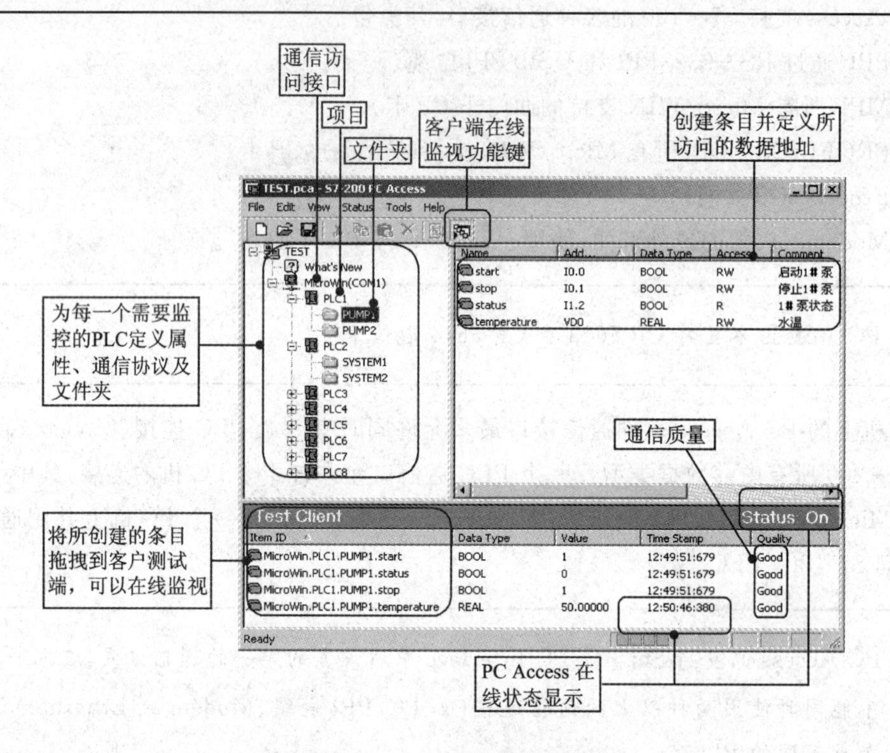

图 4 - 83 PC Access 软件界面

4.4.3 PC Access 软件的使用

PC Access 的软件使用非常方便，创建一个项目主要包括以下所述步骤。

第一步：设定 PC Access 通信访问接口。

鼠标右击 MicroWin 文件夹，进入 Set PG/PC Interface 设定通信方式，此处选择的为 PPI 通信方式。如图 4 - 84 所示。

PC Access 与 Micro/WIN 软件共享一个通信接口，如果改变了 PC Access 所使用的通信接口，也同时改变了 Micro/WIN 中的通信接口。不管是在 PC Access 软件还是在 Micro/WIN 软件中设置 PG/PC Interface(接口)，以最后一次的设置为当前使用的通信方式。

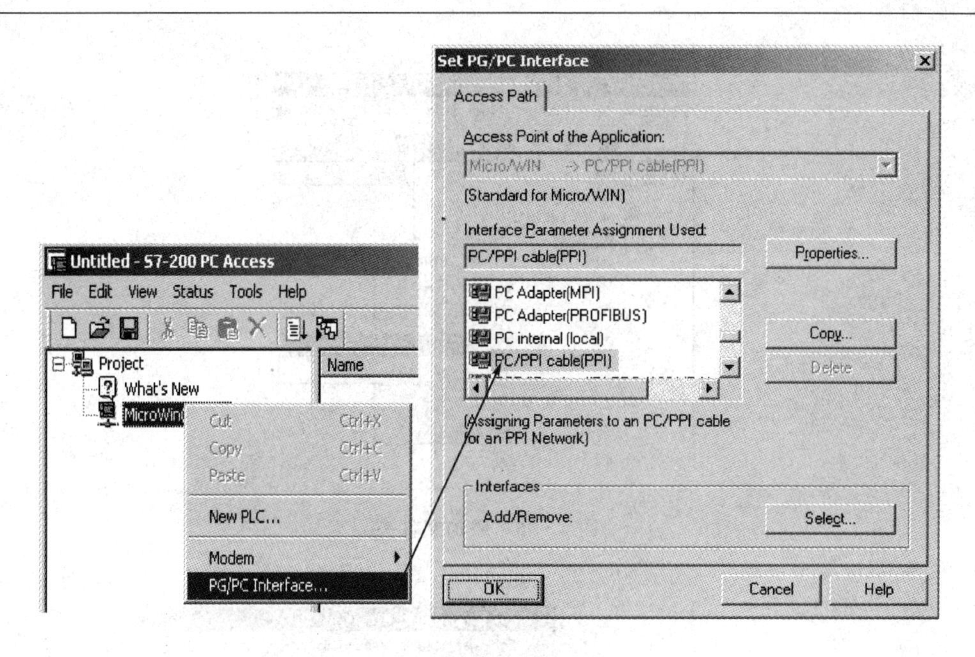

图 4-84　设置通信方式

第二步：鼠标右键单击 MicroWin 进入 New PLC，添加一个新的 S7-200 PLC，最多可添加 8 个 S7-200 PLC。如图 4-85 所示。

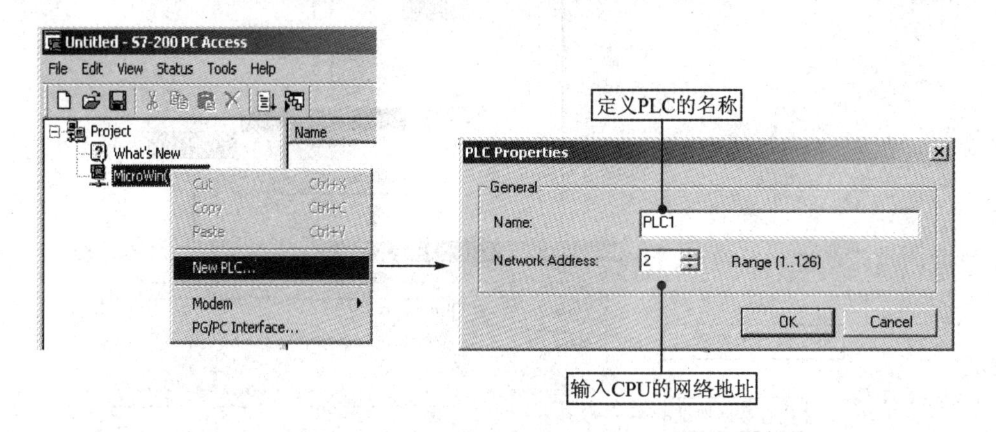

图 4-85　添加 PLC

第三步：鼠标右键单击所添加的 S7-200 PLC 的名称，进入 New(新)>Folder(文件夹)添加文件夹并命名。这一步不是必须的，可以不建立文件夹，而直接在 PLC 下添加条目。如图 4-86 所示。

第四步：鼠标右键单击文件夹，进入 New(新)>Item(项目)添加 PLC 内存数据的条目并定义内存数据。如图 4-87 所示。

可以从 Micro/WIN 的项目中直接导入符号表，则条目的符号名与项目中数据的符号名相对应。

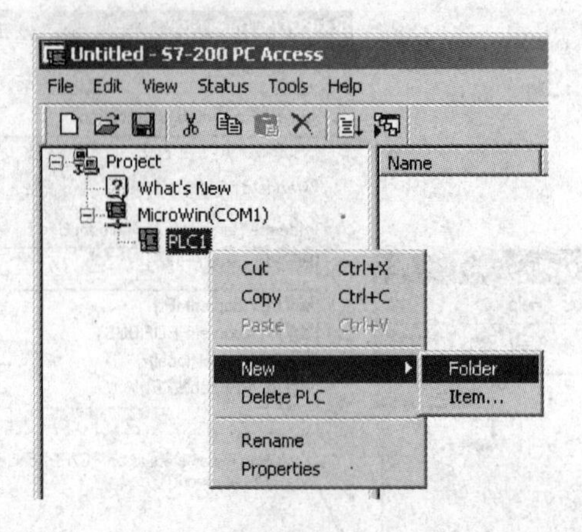

图 4-86　添加文件夹

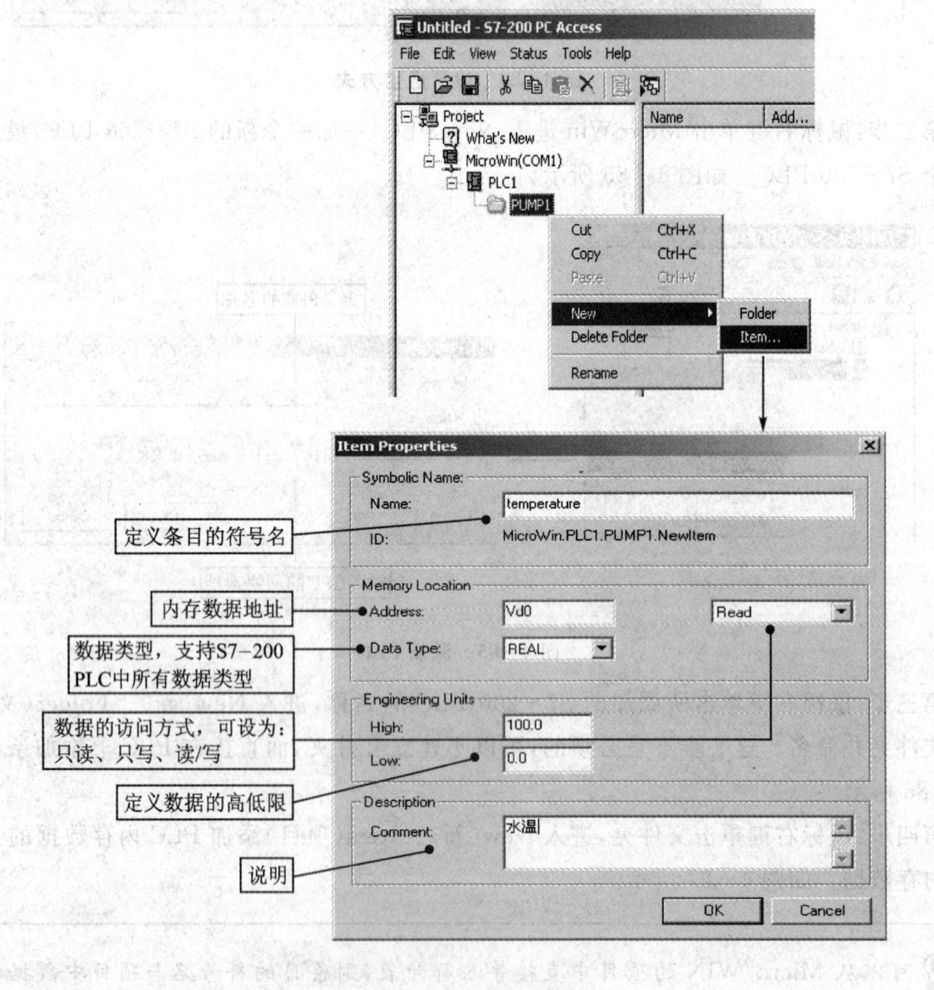

图 4-87　定义条目的属性

第五步：用测试客户端检测配置及通信的正确性。

PC Access 软件带有内置的测试客户端，用户可以方便地使用它检测配置及通信的正确性。只要将测试的条目拖拽到测试客户端，然后单击在线按钮使之在线，如果配置及通信正确，会显示数据值，并在 Quality(质量)一栏中显示 good(好)，否则这一栏会显示 bad(坏)。如图 4-83 所示。

4.4.4　通信接口的设置

PC Access 软件支持多种通信方式，正确的配置是保证 OPC 通信畅通的有力保证。以下介绍 PC Access 中不同通信方式的设置方法。

1. PPI 通信方式的设定

使用 CP 卡通过 MPI 或 PROFIBUS 方式的通信设置与下面步骤相似，只是在 Set PG/PC Interface 对话框中选择所使用的 CP 卡及通信协议即可。

第一步：鼠标右键单击 MicroWin 访问点，进入 Set PG/PC Interface 对话框，定义为 PPI 通信方式。如图 4-88 所示。

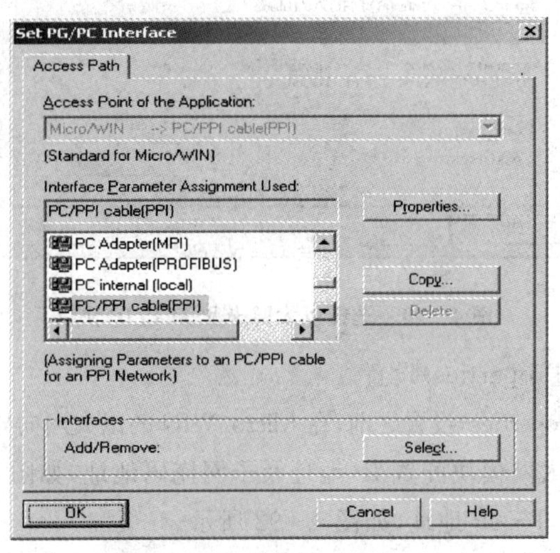

图 4-88　进入"Set PG/PC Interface"对话框

第二步：鼠标右键单击 PLC 进入 Properties(属性)可以改变 PLC 名称及地址。如图 4-89 所示。

2. 以太网通信方式的设定

PC Access 要通过以太网与 S7-200 PLC 通信，S7-200 必须使用 CP243-1 以太网模块，且 PC 机上也要安装以太网卡。

第一步：鼠标右键单击 MicroWin 访问点，进入 Set PG/PC Interface 对话框，选择 TCP/IP 协议。如图 4-90 所示。

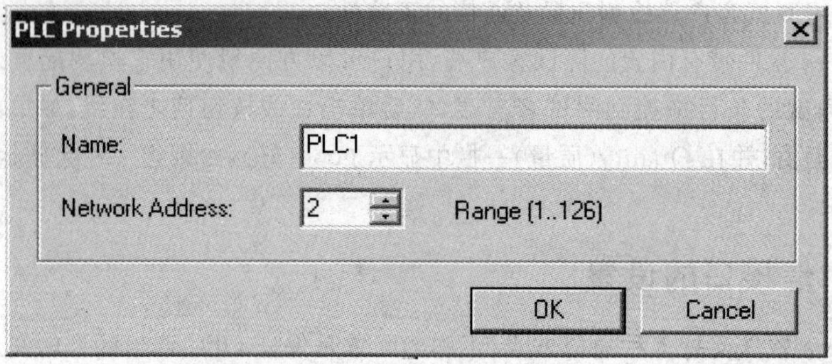

图 4-89 设置 PLC 名称和地址

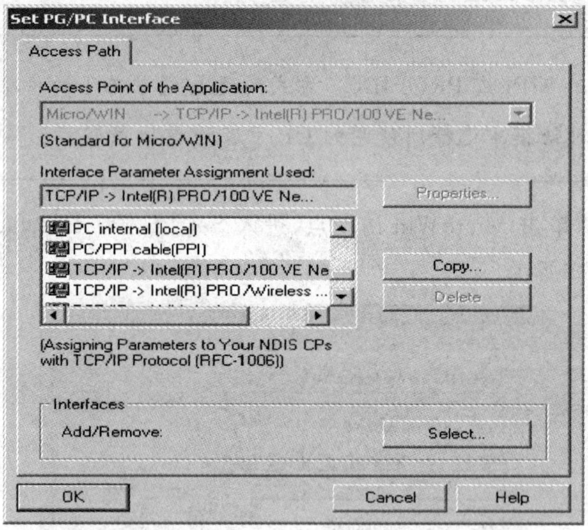

图 4-90 选择以太网卡和 TCP/IP 协议

第二步:PLC 属性(Properties)设置。

在进入 PLC 属性(Properties)设置之前,在 Micro/WIN 的以太网向导中一定要完成以下组态。

① 为 CP243-1 以太网模块配置 IP 地址及子网掩码地址,如图 4-91 所示。

② 配置服务器端及 TSAP 地址,如图 4-92 所示。

完成以太网向导配置后需要在程序中调用以太网向导所生成的 ETHx_CTRL 块,并将项目程序下装到 PLC 后,将 PLC 断电后重新上电使配置生效。如图 4-93 所示。

在 Micro/WIN 软件中完成以上配置后就可以进入 PC Access,鼠标右键单击 PLC 进入 Properties 进行属性设置,要保证 PC Access 中所设的 IP 地址和 TSAP 地址与上面 Micro/WIN 以太网向导中所设置的一致,且要特别注意 PC Access 与 Micro/WIN 以太网向导中的远程和本地 TSAP 地址设置要交叉对应,才能保证正确的通信。如图 4-92 和图 4-94 所示。

3. 调制解调器(Modem)通信方式设定

PC Access 要通过 Modem 与 S7-200 PLC 通信,S7-200 必须使用 EM 241 Modem 模块,而且 PC 机也要连接一个 10 位的 Modem。

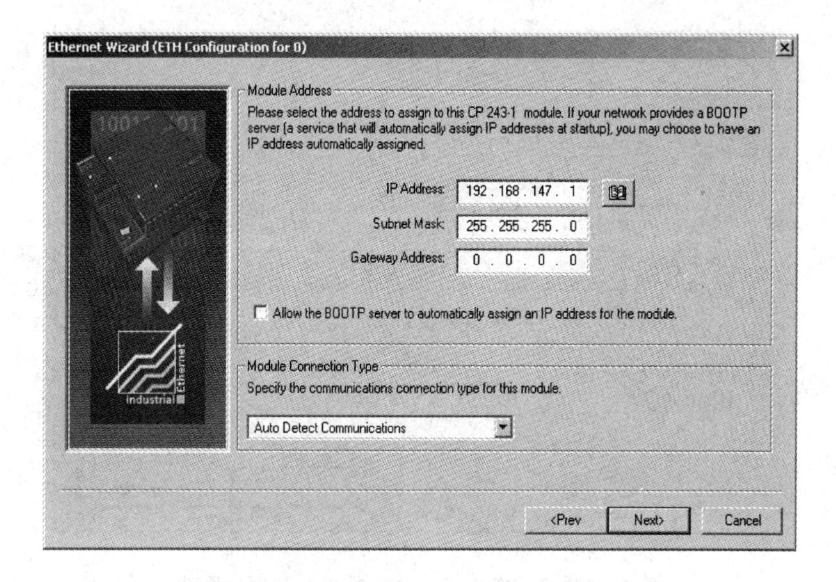

图 4－91　Micro/WIN 中设置 IP 地址

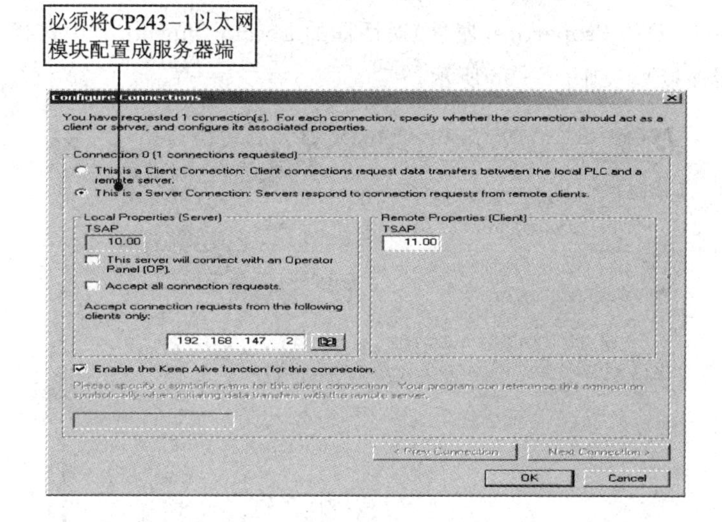

图 4－92　Micro/WIN 中设置连接类型和 TSAP 地址

Network 1　Network Title

Network Comment

SM0.0　ETH0_CTRL　EN

CP_Re~ - V3000.0

Ch_Rea~ - VW3002

Error - VW3004

图 4－93　用户程序中调用以太网控制子程序

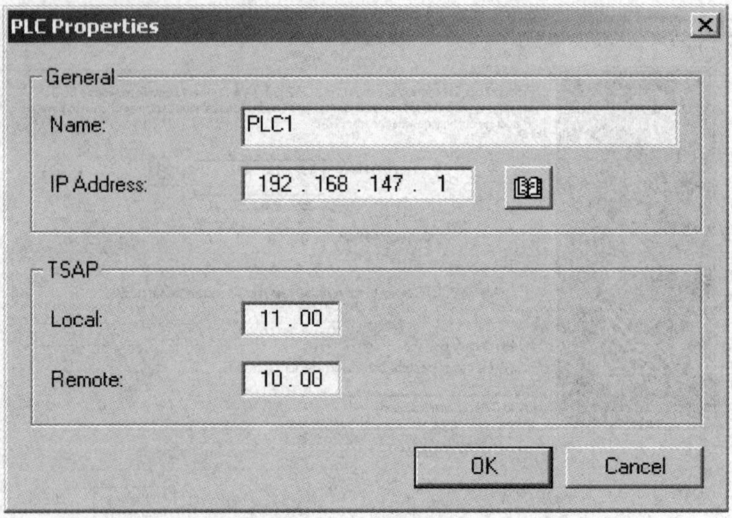

PLC Properties

General

Name: PLC1

IP Address: 192 . 168 . 147 . 1

TSAP

Local: 11 . 00

Remote: 10 . 00

OK Cancel

图 4-94 在 PC Access 中设置 PLC 的通信属性

第一步:在 PC Access 中右击 MicroWin 访问点图标,进入 Set PG/PC Interface 对话框,在 PC/PPI cable(PPI)的 Properties(属性)对话框的 Local Connection 中选择 Modem connection(调制解调器连接)。如图 4-95 所示。

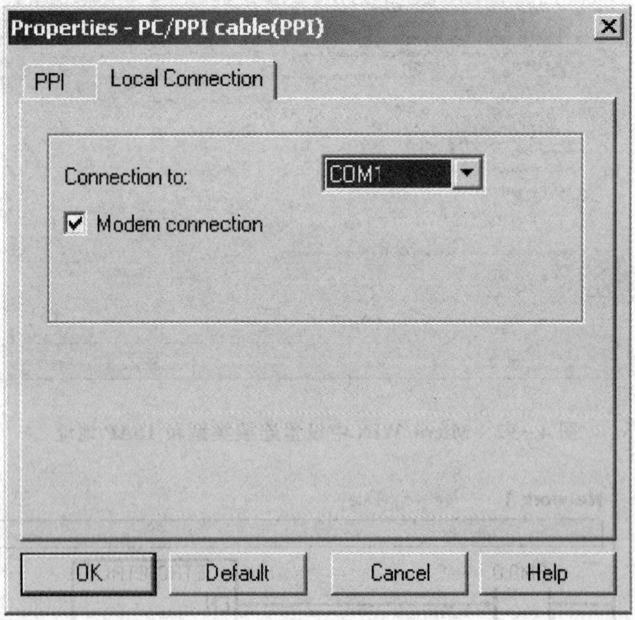

Properties - PC/PPI cable(PPI)

PPI | Local Connection

Connection to: COM1

Modem connection

OK Default Cancel Help

图 4-95 选择 Modem 连接

第二步:配置本地调制解调器。

在 PC Access 中配置本地 Modem 的连接,即 PC Access 所在 PC 机与 Modem 的连接。右击 MicroWin 访问点,进入 Modem>Configure 进行配置。如图 4-96 所示。

Modem 具体每一步的配置可在 PC Access 软件的帮助中找到。

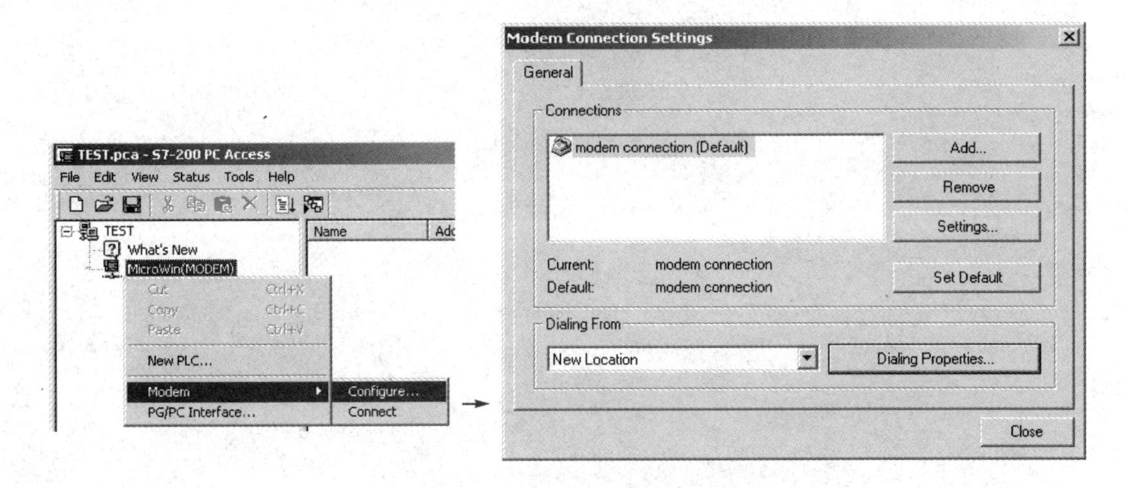

图 4-96　配置本地调制解调器

在启动 PC Access 软件后，它不会自动连接 Modem，需要用户自己右击 MicroWin 访问点操作 Modem>Connect 进行连接，挂断连接的操作也类似。